U0290238

科 学
新视野

分子厨艺

探索美味的科学秘密

〔法〕埃尔韦·蒂斯 著
郭可 傅楚楚 译

Original Edition
CASSEROLES ET EPROUVETTES

“掌握原则是不够的，还必须懂得操作。”

《特雷沃辞典》，迈克尔·法拉第摘自其著作《化学操作》

目录

前言：头盘

Hors-d'oeuvre

烹锅与试管，将两者相提并论似乎颇有些风马牛不相及。不过，随着“分子美食学”的兴起，烹饪技术与科学之间的距离被大大拉近了。尽管如此，将“分子”与“美食”组合成一个词，仍然会让人觉得有些诧异。因为“美食”这个词首先会让人想到鹅肝酱、螯虾和松露这样的珍馐佳肴，“分子”一词则令人大倒胃口，因为会使人联想到恶心的化学反应。所以，我们有必要对“分子美食学”一词进行深入的解释。

先看看“美食学”这个词。很多人都说这个词是美食学家让-安泰尔姆·布里亚-萨瓦兰（Jean-Anthelme Brillat-Savarin）的发明，其实它是由诗人约瑟夫·贝尔舒（Joseph Berchoux）于1800年引入法文的。在烹饪名著《厨房里的哲学家》中，布里亚-萨瓦兰对美食学一词如此定义：“美食学是所有与人类饮食有关的理性学问，其目的在于通过尽可能精美的食物来体现人的价值。为了达到上述目的，美食学通过一些既定的原则，研究、处理或烹煮所有可以转化为食物的材料……因此美食学融合了多种学科：自然史学家对食材进行细致的分门别类；物理学家努力研究食材的构成和性质；化学家则致力于对食材进行分析和分解；厨艺大师们潜心研究如何提高烹饪的技艺，怎样让食物更加可口；商业人士则琢磨如何以最低的价格买进，再以最高的价格卖出；而在政治经济学家的眼中美食学则意味着国际间的食材贸易和税收。”

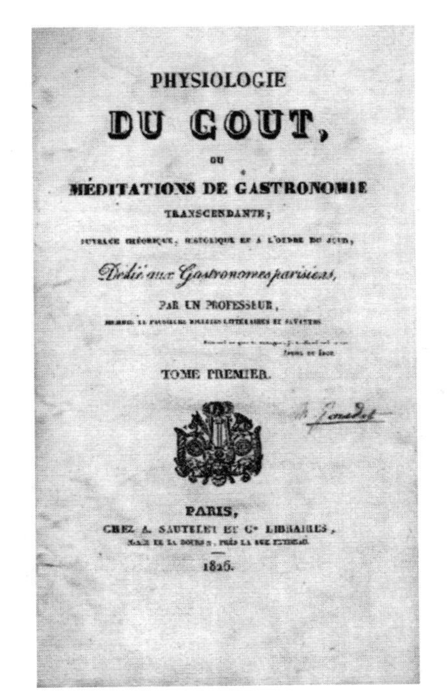

PHYSIOLOGIE

DU GOUT,

OU

MÉDITATIONS DE GASTRONOMIE

TRANSCENDANTE;

Dédié aux Gastronomes parisiens,

PAR UN PROFESSEUR,

TOME PREMIER.

PARIS,

CHEZ A. SAUTELET ET Cie LIBRAIRES,

1826.

因此，尽管步骤繁琐如“阿勒冈塔拉吊挂雏鸡”（faisan à l’Alcantara）或“珍禽枕形馅饼”（Oreiller de la Belle Aurore）一般的珍馐佳肴是美食学的研究对象，水煮蛋这样的家常小菜也属于美食学的范畴。这些相去甚远的菜肴都涉及“理性学问”，只不过相对而言，水煮蛋的学问适用于更多的人。适用？正是！如果一个人一顿饭只有一颗鸡蛋用来果腹，他自然会想方设法去研究如何将水煮蛋做得更好吃！

"分子"这个词现在非常时尚，比如分子生物学、分子胚胎学……各个领域的研究都被冠以"分子"之名，连美食学也不例外。有些所谓分子学问多少有些名不副实，但分子美食学却是恰如其分，因为布里亚-萨瓦兰早就明确指出："美食学是一门融合了物理和化学的学问"。显而易见，分子美食学就是从化学与物理的角度来研究烹饪。

既然如此，为什么不直接将其命名为"分子烹饪"呢？道理很简单，烹饪就是对食材进行加工处理的技艺，确实是分子美食学的中心。但烹饪的研究领域和深度都具有很大的局限性，"为什么富含丹宁的葡萄酒与放多了醋的色拉搭配会变得很难喝？"诸如此类的疑惑均不属于烹饪研究的范畴。这种现象与烹饪技术毫无关系，纯粹是一个化学问题，但研究这个问题却会让美食学向前发展。

由此可见，"分子美食学"拥有独特的价值和意义，值得作为一门独立的学问存在。

一门由历史缔造的学科

既然分子美食学是一门独立的学问，那么它与长久以来无数杰出专家努力研究的"食品科学"真的完全不同吗？历史可以回答这个问题。17、18世纪时，研究食品科学的先驱们都是对烹饪操作感兴趣的化学家，烹饪操作与化学实验确实很相像，都是将各种材料捣烂、切碎、加热、冲泡和浸渍。

鲜为人知的是伟大的近代化学之父安托万-洛朗·德·拉瓦锡（Antoine Laurent de Lavoisier，1743—1794）也是这样一位化学家，他尤其对煨煮浓汤情有独钟。身为包税人，拉瓦锡负责巴黎多家医院的物资采购，他很早就意识到浓汤之所以能够为病人提供营养，不是因为其中的水分，而是肉食被萃取到汤汁中且在长时间煨煮过程中发生了化学反应的物质。他还设计了浓度计，为的是了解穷苦人需要进食多少肉食才能保证基本的健康。与拉瓦锡同时代的安托万-奥古斯丹·帕芒蒂耶（Antoine Augustin Parmentier，1737—1813）也很热衷烹饪，他不仅潜心研究可以用来制作面包的各种面粉，更是成功地将土豆引入了法国人日常的菜谱。在德国，化学家尤斯蒂斯·冯·李比希（Justus von Liebig，1803—1873）甚至以自己的名字开办了一家专门生产所谓"肉精"的公司，并且因为该产品长期得到广泛使用而发了大财。另一位法国化学家米歇尔-尤金·舍弗勒尔（Michel-Eugène Chevreul，1786—1889)则在油脂研究方面取得了重大的成就……

因此，传统食品科学的研究中心最初是烹饪，后来才逐渐转向了食品生产。现在的法国人生活富足，丝毫不用担心食品和营养的问题，但不要忘了，直到几十年前，普通法国民众在生活中关心的首要大事还是吃饱肚子。随着研究的深入和细化，食品科学逐渐偏离了原有的轨道，更加关注于食品本身，而不是食品的烹制。

仅仅在法国，每天烹煮饭食的人数以千万人计。我们每天都购买大量食物，它们都是食品科学发展的成果，但我们真的懂得烹煮这些食物吗？这个问题其实有两层意思：首先，这些食品的质量真的好吗？其次，我们是合格的烹饪者吗？

首先来看看食品好坏的问题。由于大多数人工作或生活在城市中，很少有机会亲近大自然，因此我们无法不怀念"旧时的好时光"：放养的农家鸡、餐前采摘的茎上还在流淌汁液的新鲜芦笋、刚剥荚的豌豆、尚带有阳光余温的草莓……多么富有诗情画意！当然，农村也意味着下雨后到处都是泥浆，野兔在夜晚会偷偷地啃噬园丁辛勤劳动的果实，田鼠会在谷仓里肆虐，还有菜园里劳作必然导致的腰酸背痛。

怀旧是我们内心深处的需求，不妨先放在一边，来客观地比较一下：同样是阿尔萨斯葡萄酒，三十年前让人头痛目眩，只能存放四年时间，如今则被公认为美酒佳酿，且能长期储存；从前的酸奶用笨重的家用酸奶机制作，口味其实很一般，现在它已经完全被工业化生产的酸奶取代，而且我们不得不承认工业化酸奶无论质地还是口味都堪称完美。有些人指责工业化草莓酸奶的口味与果园草莓相去甚远，他们其实应该想想自己为什么非要在冬季吃草莓。西红柿也一样，别再埋怨其味道太淡，要不就耐心等待西红柿自然成熟吧！

对于食品科学进步的赞扬，我们就此打住。让我们正确地看待食物，并承认在改善食物口味的多种可能性中，最为重要的还是烹饪的过程。让我们走进厨房，亲手赋予酸奶自己最喜欢的口味。总之，自己动手，丰衣足食。

现在来看第二个问题：我们是合格的烹饪者吗？要回答这个问题，先想想我们到底是怎样烹煮食物的……不得不承认，我们主要是通过在家里看父母长辈们做饭来学会烹煮的。由于绝大多数菜式是继承而来的，所以我们每次在家庭的传统菜谱中发明或引入一道新菜，都能有一种发现新大陆似的欣喜。在烹饪这个领域，任何人都可以是哥伦布。

做个合格的烹饪者真的那么难吗？让我们引用布里亚-萨瓦兰著作中那位教授的话来回答这个问题。

教授的声音平静而低沉，但带着令人肃然起敬的威严，他说："所有来到餐厅的人都承认您做的肉汤是一流的。这非常好，因为鲜美的肉汤是对胃的第一道慰藉。不过，我很遗憾地发现您的煎炸技术还有待提高。"

“昨日那条上好的鳎鱼被您炸得苍白、松软且难看，当您难为情地将鱼端上来的时候，我的朋友 R 先生只是瞥了一眼就显现出不以为然的表情，MHR 先生则厌恶地将他那高傲的鼻子转向了一旁，S 主席则满脸悲哀，仿佛目睹了一场公共灾难。”

“之所以遭遇如此不幸，是因为您忽视了某些原则，而这些原则对于油炸来说是至关重要的。您这人有些固执，甚至连一些基本法则都难以接受，比如您的实验室（即厨房）中发生的各种现象其实都是大自然的各种恒久法则的体现；另外您做事还漫不经心，对身边发生的各种事情没有真正用心去思考，而只是简单重复别人的做法，从来不会去想如何改进和弄懂。”

拉瓦锡，化学之父。

“所以此时此刻，请认真地听我说，并牢牢记住我的话，否则您将来还会为自己蹩脚的作品而脸红。”

“关键是化学！放在火上加热的各种液

体具有不同的吸热能力；大自然给万物赋予了不同的特性，热容量和很多问题一样，还需要更多深入的研究和了解。”

“由于吸热能力的差异，您即使将手指长时间浸泡在滚沸的乙醇当中也不会有损毫发；如果是烧酒，您就得把手指赶紧抽回来；如果是水，抽回手指的速度还要更快；如果把手指插进滚沸的油中，会在瞬间造成重伤，因为滚油的热度比水至少高三倍。”

“正是因为上述差异，不同的液体对浸入其中的食材会造成不同的效果。用水煮的食材会变得松软，逐渐溶解变成黏稠状，最后变成汤汁或萃取液。油炸则正好相反，食材会紧缩，呈现深浅不一的焦黄，最后发生碳化。”

“第一种情况下，水会溶解并萃取食物中的汁液。第二种情况下，汁液则会保存在食物中，因为油无法溶解汁液。食物之所以会被炸干，是因为不断加热使汁液中的水分蒸发殆尽。”

“两种烹饪方法有着不同的名称，用滚沸的油或油脂加工食材的方法被称为煎炸。以前我提到过，根据物理和化学的观点，油与脂肪其实可以视为一对同义词，因为脂肪是固体的油，而油是液体的油脂。”

“在实践中，煎炸出的食物往往都很受欢迎，尤其是宴会当中。煎炸食物种类繁多，金黄的颜色令人食欲大开，食物的原汁原味得到保存，而且可以直接用手拿着吃，这一点尤其令女士们开心不已。”

“煎炸还有一些独特的优势，可以掩饰存放了一段时间的食材所必然呈现的不新鲜感，也可以让厨师们从容地应对不时之需，因为煎炸一条两公斤重的海鲤鱼与煮一颗带壳蛋所需的时间相差无几。煎炸的功效主要体现为一种令人惊喜的转变，即将食材浸入滚油时，食材表面立即因碳化变得焦脆，并呈现出诱人的金黄色和棕红色。”

“通过这个令人惊喜的作用，食材表面形成了一层包裹全身的脆皮，不仅可以阻止油脂渗入，还能使内部继续收汁。食材在脆皮内部完成烹饪的过程，最终形成各自特有的滋味。”

“想要成功地获得这个惊喜，油温必须足够高，才能保证热油在食材的表面迅速作用；而要使油的温度足够高，必须用大火对油进行足够长时间地加热。”

“从以下方法可以知道油温是否达到理想程度：将一小块面包切成长条状，浸入平底锅里的热油中煎五六秒，然后取出，如果面包条变得坚实而金黄，就可以立即开始煎炸食材。否则，需要对油继续加热，然后再用一小块面包试一次。”

“一旦食材表面形成脆皮，就把火调小一些，这样既可避免表层碳化的速度过快，又能使食材封锁在内的汁液慢慢地受热，调和各种味道，提升最终的口味。”

“想必您一定注意到了，煎炸物的表层无法再溶解盐和糖，然而食材因性质不同偏偏需要不同的调味。因此，千万不要忘了将盐或糖磨制成极细的粉末，以增强其依附性，然后用撒粉器将盐或糖均匀地撒在煎炸物的表面来进行调味。”

“这里不再赘述如何选择油的问题，此前我已经提供了足够多的书，从而在这个问题上给了您足够的建议。”

“不过，有时候可能要炸一条从远离城镇的小溪中捕来的只有大约八分之一公斤重的鳟鱼，记得务必要使用顶级的橄榄油。这道菜如此简单，煎炸完成后只需要撒上少许盐，配上几片柠檬，就能拿来招待最尊贵的客人了。”

度量衡演进图：在厨用量器中，尚需加入电热偶。

“用同样的方法煎炸的胡瓜鱼，也是一道广受欢迎的佳肴。胡瓜鱼是淡水鱼中的夜莺，同样娇小，同样鲜美，同样上乘。”

“我给出以上建议的依据是食材的自然本质。经验告诉我们：橄榄油只能用于不适合高温和不能长时间煎炸的食材。如果煎炸时间过长，橄榄油会冒出一股令人厌恶的焦臭味，主要原因是橄榄薄壁组织的一些成分不仅难以去除而且容易产生焦味。”

“记住这些建议吧，以后您所有的煎鱼，哪怕是体形较大的平鱼，都会得到众人喝彩的。品尝到您的煎鱼将会是一种幸运。”

“去吧！用心琢磨烹饪的诀窍，绝对不能忘记：一旦宾客上门，我们就肩负着用佳肴令他们愉悦的责任。”

布里亚-萨瓦兰笔下的这位教授其实就是他自己的化身，其观点中不乏科学的谬误，反映了 1825 年《厨房里的哲学家》一书出版时的科学发展水平。不过，其中的一些话绝对是至理名言：做事要用心，不能简单地重复别人做的事情，要琢磨其中的科学道理。换句话说，烹饪展现出的各种现象，即烹饪操作产生的各种作用，其实都是物理和化学变化。想要提高烹饪的技巧，必须深入地了解物理和化学知识。

收集和测试有关烹饪的格言、成语和技巧

综上所述，分子美食学作为一门单独的学问名正言顺。物理和化学知识可以明确地让我们知道如何使肉质保持鲜美，如何让烤肉皮脆肉香，如何成功地调制出蛋黄酱（mayonnaise）、蛋黄酱调味汁（béarnaise）、荷兰酱（Hollandaise）和酸辣调味汁（ravigote）。但我们敢于尝试吗？我们会怀疑，因为本能地害怕改变食物。像其他灵长类动物一样，我们不敢吃不熟悉的东西。美国哲学家约翰·佩恩（John Payne，1784—1848）曾说过："第一个敢吃牡蛎的人，是个英雄。"没错，每道新菜的发明都可以媲美新大陆的发现，科学不仅能帮助我们理解烹饪的奥秘，同时也推动我们运用各种"大自然的恒久法则"进行烹饪创新。

研究各种烹饪书足以帮助我们进行烹饪创新吗？当然不行！因为烹饪书通常是多种食谱的合集，即使将这些书读得再透，也不过是沿袭前人的方法。此外，这些烹饪书中的谬误比比皆是，诸如牛排必须大火快煎，才能封锁住其中的肉汁；制作肉汤时要在冷水中开始加热，因为白蛋白（albumine）的凝结会阻止肉汁的溢出；女人在来例假时制作蛋黄酱必定失败；打蛋白时如果不始终朝同一方向打，蛋白势必发不起来……这些传承下来的经验实在需要进行科学的验证和推敲。

烹饪原有的诗意呢？也许只有那些宁愿味道糟糕也要固执地遵循古法的人才会惋惜诗意！何况，诗意无所不在，它取决于每个人的心境，散发着紫罗兰芳香的分子“紫罗兰酮”（ionone）和初榨橄榄油香味的分子“己烯醛”（hexénal），难道不比“漏勺”（passoire）和“削皮刀”（économe）更有诗意吗？

谈过诗意后，剩下的就是效率问题了。倘若烹饪的格言、谚语及所谓厨师的技巧有误，那将成为羁绊我们的锁链；反之则事半功倍。这就是分子美食学的重要使命之一，即鉴别和区分这些传统方法。如果可以在大量累积的经验法则中将精华和糟粕分开，那么烹调的艺术将大大得益于此。分子美食学有了哪些研究成果？本书第一部分将介绍关于高汤、水煮蛋、法式咸派、小泡芙、意大利式面疙瘩、蛋奶酥、法式鱼浆条、奶酪锅、法式烤牛肉、果酱等二十多种研究，并借此揭开许多烹饪的秘诀。

味觉生理学，烹饪活动的基础

那些全凭理性，完全根据物理与化学定律做菜的人，很快就会发现这两门科学在烹饪上的局限性。以蛋白糖霜为例，一般人都喜欢发得愈大愈好？那干脆把蛋白糖霜放进玻璃皿抽真空，蛋白里的气泡将会一直膨胀、一直膨胀，直到形成一个“空气水晶”为止。但放入口中，却什么也没有。这就像拿破仑远征俄国遭遇的惨败一样，成为烹饪的大灾难。

问题应该是：我们喜欢吃什么？为什么喜欢吃？紧接着会引申出其他问题。我们为什么不喜欢吃？我们可以分辨出几种味道？味道会随着温度改变吗？

味觉生理学家研究过这些问题，不过他们是在各自的领域中探索，再将各种特定的实验结果集合起来，他们揭露了一些跟烹饪有关的咀嚼的知识。这是一个我们几乎毫无意识的动作，不过根据某些文明的观点，正是由此区分狼吞虎咽和细嚼慢咽。这也是布里亚-萨瓦兰在他的著作末尾的观点。味觉生理学的最新研究将呈现在本书第二部分中。

建立食谱的新典范

相对于布里亚-萨瓦兰那种文绉绉的学者，味觉生理学家是一些真正的科学家，他们的研究成果对于想找到烹饪意义的人非常有用。不过应该在这个基础上，将一个更完整的科学体系建立起来。回顾一下之前定义的分子美食学，我们将格言、谚语及烹饪技巧视为研究的中心，因为我们只接受传统所认可的烹饪知识。然而由味觉生理学研究成果导引出的烹饪技巧，应该被实际应用在烹饪上。如何做菜？这一次，将略有不同，这正是我们所需要的新烹饪典范。而这些典范，自然扎根于对食物的知识。

这将是本书的第三部分。再次，这双重的“理性知识”应当由烹饪来决定。拉丁谚语“Sutor ne supra crepidam”意指“靴匠不管靴子以上的东西”，然而厨师所注重的却高于烹锅，因为他知道自己的作品不只照顾人的胃，更触及心灵。由此看似无用的研究，在这里找到了一席之地。这是纯粹的知识之美。

不妨举一个不会透露太多秘密的例子。以平凡的蛋黄为例，历代厨师只会想到如何避免打碎它或打翻在地，而丝毫不会给予更多的关注。而食品科学为我们揭露出这个平凡无奇的蛋黄其实有着令人意想不到的构造。从此以后，我们在看到蛋黄时至少会稍微赞赏一番。让我们感到无聊的，不是重复，而是平淡：幸亏食品科学的进步，使我们不再感觉烹饪无聊，即使最微不足道的蛋黄也会让我们充满好奇。

当然，分子美食学的研究目标并不仅仅是纯粹的科学，同时也希望建立食谱的新典范。比如将面粉倒入热水中会凝结成块，研究者研究这种现象后得出的结论可以应用到烹饪当中，让一些食谱更加合理。

在此，我推荐一种新的理念，即越能了解每个步骤的目的，就越能使烹饪趋于完美。这也是我品评食谱时最重视的观念。比如厨师遵照食谱制作蛋黄酱，结果却失败了，尽管他严格按照食谱的步骤放入蛋、芥末和油，却无法令它们融合在一起。相反，如果厨师了解蛋黄酱只不过是一种"乳化剂"，也就是说它等同于将小油滴打散后融入水中的油水混合物，那么他就不需要再多加蛋黄也能够挽救做坏的蛋黄酱。很多食谱中的建议实际上是浪费蛋黄，要知道蛋黄对于很多人来说并不是随时都吃得起的。

第三部分围绕着一个主题，即如何让食谱更加完美。理性认知和追求完美为烹饪赋予了灵魂。

发明新食谱

那些研究物理和化学的科学家们很快也会投入到对美食的研究，致力于改善传统的食谱。以蛋奶酥为例，我们测验了传统的方法，即蛋白必须打得细密坚实，用感官分析了蛋奶酥膨胀的结构，用嘴品尝和了解了蛋奶酥应有的口感，然后我们仔细地分析了传统食谱，发现蛋奶酥应该从下方加热。通过理论结合实践，我们得出一个结论：制作蛋奶酥，烤箱并不是必需的。我们该怎么做呢？不循传统而放弃烤箱，最后做出较成功的蛋奶酥；遵循传统，却忘了就在几个世纪之前，蛋黄酱和千层饼这样的美食也曾是新的发明。

本书第四部分旨在摒弃墨守成规和保守主义，所依据的是另一个传统“理性思考”。正是本着这种“理性思考”，我们接受了对巧克力慕丝的改进，在制作蒜香蛋黄酱的过程中放弃了多余的滤清程序，而且在保守人士高喊“回去吧，撒旦”之时，我们仍然执着地在厨房中做“化学实验”。

还有，我需要再解释一下，厨房里的化学或物理研究其实由来已久：乳化酱料是化学，烤肉也是化学。厨房里的化学家早就存在，只不过我们不知道而已，更糟糕的是我们满足于已有的东西，而不去追求完美。这将会是我在第四部分一再强调的，即烹饪的灵魂所在。了解让我们感到畏惧的化学和物理，不是为了让自己中毒；相反，是为了更好地运用食材，获得更加精致和美味的食物。

要在了解原理的前提下烹饪！

第一部

厨师的技巧

Explorer les tours de main

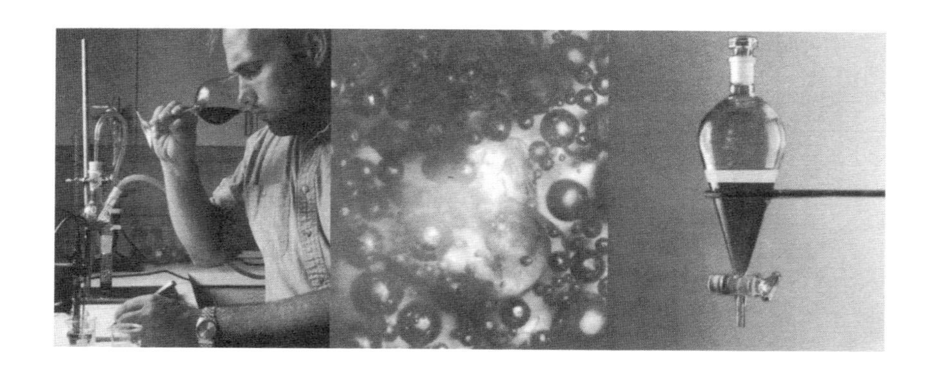

Le bouillon

高汤

不管用沸水还是冷水煮，从肉里流出的精华都是等量的。

牛肉高汤是“家常烹饪的灵魂”，近代法国名厨于勒·古菲（Jules Gouffé）1867年曾这样写道：“在开始用餐前我们会先享用这些由肉或蔬菜熬出的汁液。除此之外它也可以用作许多菜肴的基底，或用来调制其他酱汁。”高汤是怎么做的？

烹饪食谱里面充满了各种告诫，1925年圣安姬夫人（Madame Saint Ange）建议：“要得到清澈美味高汤的关键，必须缓慢加热。”为什么要把肉放入冷水中炖煮呢？这个观点可以追溯到1847年，著名的“皇帝们的厨师”安托兰·卡汉姆（Antonin Carême）曾提供一种解释：高汤加热至沸腾必须非常缓慢地进行，否则“白蛋白”将凝结变硬，而水则没有时间渗透到肉里，胶状的“肉香质”故而无法释出。

而在圣安姬夫人提出上述观点三十多年前，布里亚-萨瓦兰在书中曾这样写道："要做出好的高汤，加热要慢，这样白蛋白才不会在肉里面凝结；同时要用文火小滚，这样在不同时间溶解出的分子才会紧密地结合在一起而不被打散，从而既可得到肉汁精华，汤也会清澈。"

"如果将肉放在热水或冷水炖，会释出不同程度的精华"，这一观点我们能同意吗？很明显肉中精华的释放与烹饪的时间长短有关。古菲曾说过高汤要炖好几个小时。"汤煮到最后肉熟透成渣了，这时再也无法释出任何精华和香味。如果继续把完全枯竭的肉留在炖锅里，只会糟蹋整锅汤而不会使味道更好。根据我的经验，一道牛肉蔬菜锅最多只能炖五个小时。"

我们难以理解，为什么炖了五个小时之后，不同香味或滋味分子的移动还会与烹煮初始的水温有关系？不过，我们理解一点：滚水的物理碰撞会使肉屑脱离，让高汤浑浊，最后导致不得不过滤高汤，从而减损汤的滋味。

1995 年，我们曾经尝试将完全相同的材料用不同方法炖煮，结果很明显：把肉直接放进滚水中炖出来的高汤比较浑浊。然而，熬汤起始温度这个问题，始终挥之不去，尽管过去德国化学家李比希也曾研究过这个问题。李比希可是以他的高汤跟肉精制作闻名于世的。

李比希认为肉的营养部分并不在肌纤维里，而在肉汁中。这些液体在烤肉或制作高汤时都会流失。"把肉放进滚水里，表面的白蛋白会凝结而形成一层壳阻止水的渗透。然而热量却会继续侵入肉中，让里面的白蛋白慢慢被煮熟。结果肉最主要的滋味就被困在里面了。"所以，他坚信要做出好的高汤，不能把肉放在热水中，要避免肉汁被困在里面而变成一锅无味的高汤。

这个教条成为李比希在制造业上冒险的基础。他先用绞肉从冷水

德国化学家尤斯蒂斯·冯·李比希（Justus von Liebig）因其提炼的“肉精”而闻名世界，该产品最初用来为康复期病人增强体力，后来作为调味品销售。

中开始煮成一锅高汤，再用真空干燥把水蒸发，从而得到所谓的“肉精”。这种肉精，伴随着“用冷水煮高汤”的理论，被推销到全世界。

李比希是优秀的化学家，不过在这次他只是重复半个世纪以前布里亚-萨瓦兰的结论，而布里亚-萨瓦兰却既不是科学家也不是厨师！确实实物操作上，我们看到肉在滚水中会立刻发白，然而这么做萃取出的精华就真的少了吗？

流失的肉汁

实验是最有效的检验手段。我们把一块肉分成两等份，一份放在冷水中加热，另一份放在滚水中加热。每到一个固定时间称一下两块肉的重量。我们会发现滚水加热的肉的重量会快速减少，而冷水加热则比较慢。

然而炖了一个小时后，两块肉的重量流失变得几乎一样（差距仅以克计），在接下来几个小时的炖煮里，肉的重量不再改变。除此之外，两种高汤的味道几乎毫无分别。要用冷水煮高汤这种说法，理论似乎有道理，但操作后被证实纯属谬误。

不过这个实验倒是提供了炖肉的另一种用法。在汁液流尽之后，炖煮过的肉若继续放在高汤里冷却足够长的时间，重量会增加约 10%，因为肉又把一些液体吸了回去。如此一来，何不把炖肉放在松露汁里冷却，让松露汁液进入肉中呢？

Particules de bouillon assommées

澄清高汤中的杂质

对流是净化高汤的好方法吗？用咖啡渣来做实验！

食谱中常有一些奇怪的主张。比如建议在一锅浑浊的高汤里加入冰块会使杂质沉淀下去。这个主张乍听起来十分可疑，但是烹饪的经验总归有些可信之处吧？让我们通过实验来检验。

可以模拟高汤的模型

首先要找到与浑浊高汤里的杂质相似的粒子。研磨咖啡渣应该是不错的材料，因为它是由许多大小不同的颗粒组成的。由于咖啡渣会将水染成深黑色，所以我们先将大量的水从咖啡渣上流过，直到将其颜色洗去，最后得到大小不一的黑色颗粒细末。

把这撮儿细末分成两部分，放入两个相同的杯子里，倒入等量的水。接下来用微波炉把两杯水放在一起加热。加热完毕后取出杯子，可以观察到水中的悬浮粒子因受热而移动，不过几秒钟之后就会静止下来。这时候小心地在一杯水中放入冰块，另一杯水中则倒入跟冰块体积相等的热水。第二杯水中的颗粒并没有什么变化，但在放入冰块的杯子中则可以清楚地看到咖啡渣显示出激烈的水流。

这个现象其实并不让人惊讶。冰块会冷却跟它接触的热水，同时冰块也会融化而释放出冷水，冷水的密度比较大，因此就会往下沉。而在下面的热水则往上浮，再被冷却，如此冷热水对流一直循环到所有的冰块都融化为止。

那么颗粒呢？浑浊的液体因此变得澄清了吗？这时出现了一个很有趣的分离现象。大小颗粒都会因对流而被带到杯底，不过上升的热水会把小颗粒再次带着一起走，而大颗粒则留在了杯底。为什么大颗粒不往上回升呢？也许是因为大小颗粒往下移动的“临界速度”不一样。

在静止不动的状况下，咖啡渣会受到两种力的影响，即往下的重力和往上的浮力。所有的咖啡渣都往下沉，这说明咖啡渣的密度比水大，而重力与浮力抵消后是往下的净力。

不过咖啡渣在下沉的过程中会受到一股往上的阻力，阻力的大小，跟液体黏度、颗粒下沉的速度以及咖啡渣半径有关系（阻力的计算，是上述诸多参数相乘）。咖啡渣下沉前的阻力为零，接着咖啡渣受到向下净力的影响下沉，愈沉愈快，阻力也随之增加，最后达成平衡，使咖啡渣下沉的速度变得稳定，即达到“临界速度”。

粒子的分离

当液体从底部往上升时，它倾向于将大小颗粒都往上带。但既然两者下沉的临界速度不一样，对水流的反应也不同。小颗粒因为半径较小，往下沉时的临界速度比水流上升速度小，所以会跟着上升。而大颗粒呢，因为下沉临界速度大于水流上升的速度，因此水流带不动它，只好沉在杯底。

要如何证明这个推测呢？可否做个实验，比如说改变液体的黏度，从而改变颗粒下沉的临界速度呢？在巴黎高等物理与工业化学院从事流体动力学研究的马克·费米吉耶（Marc Fermigier）教授观察到：增加液体黏度有可能减缓对流速度，从而改变整个现象。在纯水环境中，水流在降至杯底后循着曲线路径回升，因为其速度足以穿越充满颗粒的水层，所以能够带着小咖啡渣往上升。而液体黏度太大的话，水流将很难穿越上方的液体（根据达西定律）。

他的同事爱德华多·魏斯弗莱（Eduardo Weisfred）则指出：一般情况下，因为大颗粒比小颗粒惯性大，因此当其降至杯底时有可能离开水流行进路径，进入流速较慢的区域而沉积。而小颗粒则可以随着水流走完全程然后回升。

从这里我们可以学到什么烹饪技巧呢？其实只有大颗粒会因对流沉淀在底部，小颗粒上升会继续让高汤浑浊，就像拉封丹寓言中无辜的羔羊那样，在小河下游喝水，却被上游的恶狼归罪污染了水。

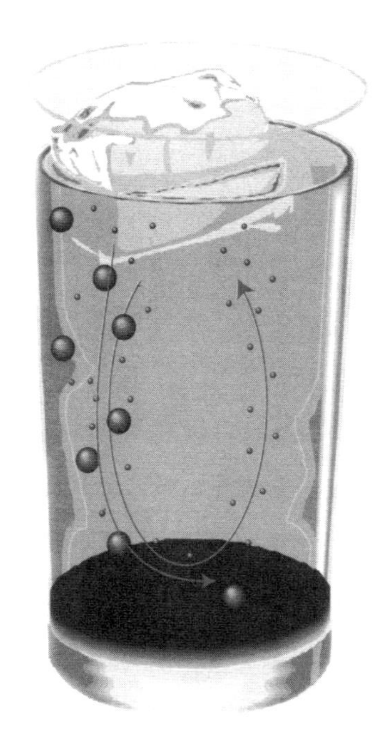

咖啡渣在放入冰块的热水杯中的运动：对流只会导致大颗粒的沉积。

L'œuf dur maîtrisé

水煮蛋的精准控制

如何让蛋黄在水煮蛋的正中心凝固？如何把握煮蛋的时间？

烹饪书中通常会这样建议：要想让蛋黄在水煮蛋的正中心凝固，必须将鸡蛋放入滚水中煮。这个根据经验归结出的建议有时候确实奏效，却也经常不管用：有些厨师严格地遵循了这个建议，可蛋黄还是偏了。而且，有时将蛋放入冷水中煮，蛋黄反而也能在正中心凝结。如果一个建议经常失灵，那它还有存在的价值吗？

某些经验可以帮助我们理解这个问题。为什么蛋黄有时候会偏离中心？因为蛋黄会在蛋壳内移动。为什么蛋黄会移动？因为蛋黄受到两种力的影响，即重力和浮力。这两种力的共同作用是将蛋黄往上推还是往下拽？我们通常以为蛋黄比蛋白重，不妨做个实验来验证一下：将一颗蛋放入一只又高又细的玻璃杯中（这只玻璃杯就像是一个透明的蛋壳，让我们可以清楚地看到蛋黄与蛋白的相对位置），然后在蛋黄上面倒入四至五份蛋白。我们会意外地看到蛋黄将慢慢地上升，仔细琢磨后我们会恍然大悟：原来蛋黄比蛋白密度小而轻，因为蛋黄含有较多的脂类（或油脂），而蛋白中的水分比例更大。

蛋黄在蛋白当中的上浮能否解释水煮蛋中蛋黄的偏离？让我们用另一个实验来解答。首先将一颗鸡蛋横放在盛水的长柄锅当中加热，水烧开后，滚水煮10分钟，此过程中要注意让鸡蛋保持不动。完成水煮过程后，剥开蛋壳，我们会看到蛋黄向上方偏移。然后我们将此实验重做一次，区别是将鸡蛋竖着放置，而且加热前要放置足够长的时间，让蛋黄能够足够地上浮。同样将水烧开后继续煮10分钟，我们会发现蛋黄仍然向上方偏移。两次实验证明：蛋黄在水煮蛋当中出现偏移，确实与蛋黄与蛋白的密度差异有关。

有些熟悉鸡蛋结构的人会反驳说："蛋黄外面那层薄膜不是具有将蛋黄固定在中央的作用吗？"确实，在玻璃杯实验中，蛋黄外面那层薄膜被剥除，自然无从体现其作用，但上述煮蛋实验却清晰地显示：蛋黄薄膜不足以将蛋黄维持在鸡蛋的正中心。

那么到底怎样做才能将蛋黄固定在鸡蛋的正中心呢？根据此前的实验，我们可以归纳出这样的结论：要避免蛋黄在蛋壳中上浮。怎样才能达到这个目的呢？要努力消除蛋黄承受的垂直方向的力，这个方向的力是蛋黄上浮的根本原因。实际上应该这样做：在滚水中煮蛋，加热过程中要使鸡蛋不断地翻滚。这样用沸水加热10分钟后，取出鸡蛋，剥去蛋壳，蛋黄一定在鸡蛋的正中心。

同样的操作在冷水中进行也能达到目的，但要在将冷水烧开的过程中以及随后的10分钟内使鸡蛋不断地翻滚，挺累人的。综上所述，烹饪书的建议还是有一定道理的，但只对了一半，反映了不求甚解的态度。蛋黄停留在水煮蛋的正中心的关键是让鸡蛋不断地翻滚。

犹太低温煮蛋

现在提出另一个问题：如何做出一颗完美的煮蛋？这个问题乍听起来有些怪异，因为人们的口味不尽相同。有些人喜欢熟透的蛋黄外面包裹着一层绿圈，有些人则痛恨这层绿圈带有的令人厌恶的硫黄味。各种食谱几乎都建议要在滚水中煮 10 分钟，却从来不解释为什么。现在让我们来研究一下煮蛋所需的时间。

为什么要煮 10 分钟，而不是 5 分钟？有些烹饪书解释说只煮 5 分钟鸡蛋将不够硬，但煮 15 分钟的话，蛋白会变得像橡胶一样硬，蛋黄则变成粉状。不过，结果并不是始终如一的。有一种“低温煮蛋法”普遍应用于某些犹太人社区，比如希腊的犹太人聚居地，这种方法尽管持续数小时，却以口感柔软香滑闻名。犹太人如何避免过长时间加热鸡蛋产生的硫黄味呢？为什么犹太人煮的蛋黄不会包裹绿圈，而法国人水煮鸡蛋只要 10 分钟就会有呢？

这些问题又引发出更多的问题：为什么鸡蛋会煮熟？蛋白的成分是 90% 的水溶解 10% 的蛋白质（蛋白质是氨基酸长链折叠和卷曲而形成的）。受热时，这些折叠和卷曲的氨基酸长链会部分地舒展开来（被称为变性），然后再互相任意链接，形成一个能够锁住水分的网络，即凝胶。

鸡蛋的柔软程度取决于凝胶中水分的多寡。加热时间越长，水分的流失就会越多，蛋白就会变得跟橡胶一样硬。同样道理，加热时间过长的蛋黄会变成粉状。

通过在不同温度的水中煮蛋的实验，可以揭开犹太低温煮蛋柔软香滑的奥秘：在 100℃的滚水中煮蛋，随着凝胶中水分的逐渐减少，蛋的重量也随之减轻；相反，如果只用比蛋白质凝结所需温度稍微高一点的水温煮蛋（约 68℃），鸡蛋将会凝结，但其水分不会丧失，从而保持其柔软香滑的口感。

传统上，犹太低温煮蛋法是周五晚上将鸡蛋埋在炉灶的余烬中加热，温度大约介于 50℃—90℃之间。因此，长时间加热并不会必然导致鸡蛋变硬，只需要根据经验，掌握好煮蛋时蛋白质凝结的温度就行了。

不过，在滚水中煮蛋有一个好处：由于温度是恒定的，只需要固定煮蛋的时间长度就能够获得稳定的品质。可惜水的沸点 100℃与鸡蛋的特性不相吻合，所以我们需要利用科技进步带来的便利。精准的温控器可以将烹煮温度控制在接近蛋白凝结的温度，即 62℃，这样蛋白会凝结，蛋黄则因为温度低于 68℃而不会凝结。当然，这意味着煮蛋的时间会比较长，但想要得到一颗完美的煮蛋总是要付出代价的。

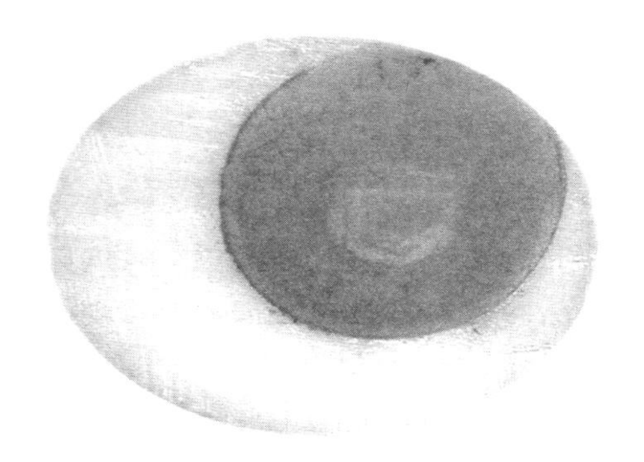

横放的鸡蛋静止在滚水中煮熟后蛋黄会明显上浮。

Quiches、petits choux et pains à l'anis

奶油鸡蛋猪肉丁馅饼、圆形泡芙和茴香面包

膨胀与是否包含鸡蛋只有间接的关系，主要原因还是水分受热产生的水蒸气导致面团膨胀。

奶油鸡蛋猪肉丁馅饼（quiche）不能烤得太久，否则会丧失柔软细腻的口感；按照法国洛林人的说法就是，奶油鸡蛋猪肉丁馅饼不绵软。由此而形成这样的烹饪法则：奶油鸡蛋猪肉丁馅饼一旦开始膨胀，就要停止加热。馅饼为什么会膨胀？膨胀是停止加热的信号吗？

要回答这个问题，让我们先来研究另一种也会膨胀的食物——肉浆条（quenelle）。鱼肉或猪肉绞碎后与奶油、鸡蛋及面糊（将面粉加入滚水中调制而成）揉制成团。先用沸水煮熟，然后立即把肉浆条放入某种酱汁中，如果操作正常，肉浆条会膨胀起来，即使最初的鸡蛋没有打发也无妨。

奶油鸡蛋猪肉丁馅饼与肉浆条的共通之处就是奶油和鸡蛋，而两者之中哪一个是膨胀所必需的？很明显，奶油在加热之后并不会胀大。通过研究由面糊和鸡蛋制成的圆形泡芙（petit choux），揭示出鸡蛋才是

各种食品得以膨胀的共同的决定性因素。这一点很早就有厨师发现了。1905年，一位佚名作者在所著《烹饪手册》中就明确指出：所有包含鸡蛋的食品都会膨胀。

那么鸡蛋为什么会有让食品膨胀的功用呢？无需将奶油鸡蛋猪肉丁馅饼的组成材料蛋白、蛋黄、奶油或猪肉丁按照不同的比例进行组合来实验，只要稍微反思一下：空气没有任何理由从加热的鸡蛋中自行产生，但鸡蛋包含丰富的水分（蛋白含90%，蛋黄含50%），可以通过加热产生水蒸气。此外，任何煎过鸡蛋的人都会观察到蛋白受热后会鼓起来，因为蛋白中的水分在接触到平底锅后会汽化，但又被凝结的蛋白封锁在内。

完美的膨胀

既然知道了膨胀的原因，那么如何优化呢？如果从上方加热蛋白，蛋白表面的水分会被蒸发掉，不会使蛋白鼓起。相反，如果从下方加热，比如煎蛋，就会看到蛋白如前所述膨胀起来。因此我们可以得出以下结论：如果想要食品膨胀，就得从下方加热。比如蛋奶酥要放在烤箱的底层；杏仁圆饼（macaron）、茴香面包（pain à l'anis）在烘烤时都要放在铁盘之上：奶油面包肉肠要避免串烤，而应使用从下面加热的烤盘……

让我们深入地研究膨胀优化的问题：仅凭水分的蒸发能使含鸡蛋的食品膨胀多大？一颗鸡蛋的蛋白大约有 30 克重，其中包含约 27 克水分，这些水分全部蒸发后的体积可以达到 30 升。那么为什么蛋奶酥、杏仁圆饼、茴香面包和奶油酥饼（gougère）的膨胀度都很有限呢？因为很大一部分水蒸气都从食物的上端跑掉了。在加热这些食物的时候只要仔细观察，就会发现水蒸气散失的现象。所以，要想让食物完美地膨胀，首先要制造一个能够阻挡水蒸气散失的圆顶。

回到奶油鸡蛋猪肉丁馅饼

为什么奶油鸡蛋猪肉丁馅饼能够充分地膨胀呢？在馅儿里环绕着猪肉丁的液体主要由油脂、水和蛋白质等成分构成。蛋白质在变性时会形成凝胶，因为蛋白质可以锁住水和油脂。水分越多，凝胶就越柔软。相反，烤干的肉、鱼或鸡蛋都会形成啃咬不动的硬块。换句话说，当水分开始蒸发并将奶油鸡蛋猪肉丁馅饼撑起时，也意味着水分开始丧失，即柔软度降低。所以，洛林人有关"奶油鸡蛋猪肉丁馅饼一旦开始膨胀，就要停止加热"的说法是有道理的。

但这种说法完整吗？当然不，因为只有从下面加热奶油鸡蛋猪肉丁馅饼才会膨胀。所以洛林人的那句诀窍应该更正为：从下方加热奶油鸡蛋猪肉丁馅饼，当它开始膨胀时，就意味着已经烤好了。

如此烤出的奶油鸡蛋猪肉丁馅饼必然是绵软的。

Les gnocchis

意式面疙瘩

面疙瘩漂到水面上即表示煮熟了，真是这样吗？

您喜欢吃意式面疙瘩吗？面疙瘩的种类很多，有传统的土豆面疙瘩，也有巴黎面疙瘩，不过制作原理是一样的：各种面疙瘩都是由淀粉、鸡蛋和水组成的。在土豆面疙瘩中，额外的淀粉由土豆细胞里的淀粉粒提供（烹饪时先将土豆煮熟，然后压成土豆泥）。有些食谱还建议加入帕尔玛奶酪（parmesan）和牛奶等材料。用抹刀将面糊拌匀后，放在铺满面粉的面包板上揉搓成长条状，再用刀切成等分小段，这样就得到了面疙瘩。如果遵循传统的话，还要用餐叉在面疙瘩表面压出花纹。接下来就要煮了：将面疙瘩倒入装了清汤或加了盐的滚水当中，据说面疙瘩一旦漂浮起来，就表明已经煮熟了。这种说法可信吗？为什么这么说？这个问题并非无关紧要，因为很多食材都有着类似的烹煮法，比如阿尔萨斯面团和中欧各国常见的鸡蛋面丸等。

首先，我们来验证一下。将几粒面疙瘩扔入滚水中：一开始它们全都会沉到锅底。接着逐渐膨胀，面疙瘩慢慢地“变轻”了！随着滚水的对流作用，面疙瘩开始上浮，几十秒钟后就完全漂浮在了水面上。所以，面疙瘩会漂浮起来是千真万确的。

漂浮起来的面疙瘩煮熟了吗？尝一口，您会发现此时的面疙瘩确实可以吃，但真正的问题是：漂浮起来是面疙瘩煮熟的信号吗？

平均密度比水大

为了回答这个问题，我们来分析一下传统的意式面疙瘩，它的主要成分是土豆、面粉和鸡蛋。因为沸水温度超过68℃，鸡蛋中的蛋白质会变性凝结，使面疙瘩在烹煮的过程中保持稳定的形状。土豆泥加入时已经煮熟，其细胞中的淀粉粒处于膨胀状态。面粉是由淀粉粒和面筋组成的，面筋是多种植物性蛋白的总称，它们在揉和面团时会形成一张网络，将淀粉粒和土豆细胞均匀地网罗其中。面粉中的淀粉与土豆细胞中的淀粉一样，都不溶于冷水。但当其泡在热水中时形成浆质，呈现糊状，因为水分子渗入到了淀粉粒分子中间。

这可以解释面疙瘩为什么会在烹煮时膨胀。淀粉的比重比水大（如果把面粉倒入水中，它们会沉到容器的底部）。面疙瘩的总比重虽然趋同于水，但仍然比水大。那么面疙瘩为什么又会浮起来呢？一定是有某种比重比水小的物质参与了其中，这些物质可能是空气或水蒸气。但用什么实验可以证明这些推测呢？

首先我们让开水滚久一点，以让溶于水中的空气跑光（水刚开始滚的时候从锅底跑出来的气泡其实是溶于水中的空气，而不是水蒸气），再把面疙瘩丢进去煮。在这种情况下，面疙瘩同样会浮起来。由此可知让面疙瘩上浮的并不是水中的空气。

剩下唯一的可能，就是水蒸气形成小气泡，小气泡又包裹面疙瘩，带着面疙瘩一起上浮。为了证明这一点，可以把前面实验中已经漂浮起来的面疙瘩捞起一粒，使其在流理台上轻轻地滚动，以压碎我们假设存在的水蒸气泡，然后再将其扔回锅里，这粒面疙瘩会沉入锅底。再煮一阵子后，当其多孔的表面再度充满水蒸气泡后，又会漂浮起来。

如果想要更清晰地看到这些水蒸气泡，有一个好办法。将一棵花椰菜的菜花投入水中烹煮，由于表面极其凸凹不平，菜花可以有效地锁住水蒸气，当它浮上水面时，会呈现一层闪闪发亮的气泡。敲破这些气泡，花菜又会沉入水底。

更准确的说法

至此，有关意式面疙瘩的探索并没有完全结束，因为我们还是不知道面疙瘩漂浮起来是否足以证明它们煮熟了。另外，到底煮到什么程度意味着意式面疙瘩煮熟了？是其中的鸡蛋凝结吗？还是其中的淀粉变成浆？为了弄清楚这些问题，让我们把面疙瘩制作成大小不一的尺寸：比如直径半厘米的和十厘米的。将这些大小不一的面疙瘩一起烹煮，一旦它们浮起来，就测量中心的温度：小面疙瘩中心的温度比大面疙瘩要高得多。这证明“漂浮起来”并不是判断面疙瘩是否煮熟的恰当的指标。或至少，按照这个评判标准，大小不同的面疙瘩必须采用不同的烹煮法。

更糟糕的是，有些特别大的面疙瘩漂浮起来时的中心温度甚至低于淀粉变成浆和鸡蛋凝结所需的温度。换句话说，漂浮起来并不足以判断面疙瘩已经煮熟，有些面疙瘩在漂浮起来后还需要再煮一段时间。所以，如果您想要成为一位精益求精的好厨师，最好根据面疙瘩的大小确定详细的烹煮时间长度。

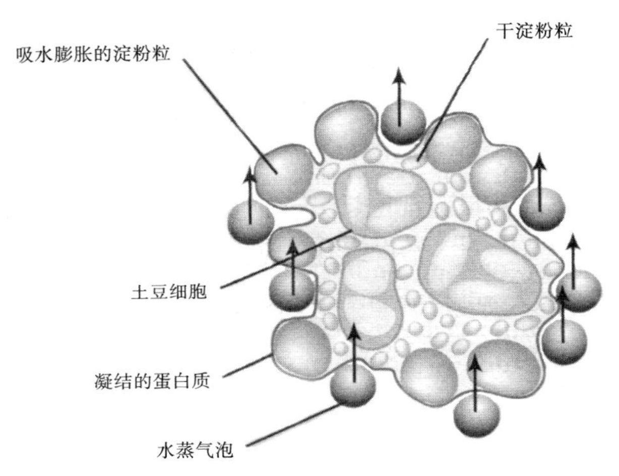

烹煮后膨胀的意式面疙瘩，由水蒸气泡支撑着漂浮起来。

Soufflés gonflés

膨胀的蛋奶酥

蛋奶酥包含的水分接触到热容器后蒸发，使蛋奶酥膨胀起来。

如何使蛋奶酥充分地膨胀？这个问题着实让不少厨师苦恼：在烘烤的过程中测量奶酪蛋奶酥中心的气压和水分的丧失，有助于我们了解蛋奶酥内部的热能传导。

其实，烘烤蛋奶酥的技巧即使初学厨艺的人也能掌握。以奶酪蛋奶酥为例，首先通过加热面粉和黄油，添加牛奶和奶酪屑来调制出奶油白色调味汁；离火后，加入蛋黄，并小心翼翼地加入充分打发的蛋白；然后送入温度设定在180℃—200℃的烤箱中烘烤约20分钟即可。

长久以来，人们一直以为蛋奶酥之所以会膨胀，是因为其中的空气受热而膨胀。然而，只要简单计算一下即可知道，空气受热只能使蛋奶酥膨胀约20%。但事实上，所有制作蛋奶酥的高手都清楚地知道如何使蛋奶酥的体积膨胀两至三倍。

真正让蛋奶酥膨胀起来的，其实是牛奶或鸡蛋里的水分在受热后形成的蒸汽。如何证明？宴会中的一幅场景就是最好的例证：当我们在充满期待的宾客面前一刀切开蛋奶酥时，可以看到一缕蒸汽升起，随即蛋奶酥会在众人的叹息声中凹陷下去。

蛋奶酥的模子

蛋奶酥最多能膨胀到什么程度？建立一个蛋奶酥的热力学模型有助于准确预测。在烤箱中，加热的空气首先将热量传递给模子和蛋奶酥的上部，此时蛋奶酥的温度从外至内是逐步递减的。模子的内壁或蛋奶酥上表面的温度一旦达到 100℃，蛋奶酥所含的水分就开始蒸发，随之形成一层外皮。

这个简单的描述可以通过测量蛋奶酥中心的温度来证实：将热电偶（一种精准的温度计）的探针插入正在烘烤的蛋奶酥中心，我们会测得蛋奶酥上层的面皮跟烤箱温度相同，然后越深入蛋奶酥的中心温度越低，但是到达接触模子的底层时温度又重新升高。

除此之外，上述测量还可以揭示蛋奶酥中另一个看不到的动态：如果将探针固定在蛋奶酥当中，始终与模子保持不变的距离，我们会发现刚开始烘烤时温度会上升，随后温度会稍微下降或保持不变，最后又重新上升至 70℃左右。之所以有这样的动态变化，是因为热能逐渐地传导至蛋奶酥内部，随着接触底部模子的水分开始蒸发，形成的气泡将整个蛋奶酥往上顶，于是探针接触到温度较低的一些部分；这些部分当然会继续升温，直至蛋奶酥当中所有的鸡蛋凝结（大约 70℃），整个烘烤即告完成。

膨胀得更多

那么水分是如何蒸发的？对比两个几乎完全相同的蛋奶酥，可以在一定程度上回答这个问题，两者的差异只有蛋白的打发程度。相对而言，蛋白打发得坚实的蛋奶酥要比蛋白只是稍微打发的膨胀得多，因为水蒸气的气泡很难穿越打发得坚实的蛋白。所以，蛋奶酥的膨胀程度至少由两种现象的交互作用所决定，即形成水蒸气泡和气泡在蛋奶酥内部被锁住，锁住气泡的部位的温度要足够高，才能避免水蒸气重新凝结成水。

那么蛋奶酥的膨胀需要多少水分呢？经过对蛋奶酥烘烤前后的称重比较，重量损失大约为10%。当然，并不是所有的水蒸气都被封锁在蛋奶酥内部，否则的话，蛋奶酥内部的压强将超过100个大气压。最近进行的测量显示，压强计中的水银柱高度仅仅增加了几十毫米而已。这证明只有一部分蒸发的水分封闭在了蛋奶酥的内部，其余的水分全部从蛋奶酥的表面蒸发掉，或形成气泡然后在蛋奶酥表面破掉。

鉴于这个事实，如果厨师们还要追问：到底怎样才能做出充分膨胀的蛋奶酥呢？其实答案已在此：只要蛋奶酥的表面具有一定的不透气性，从而避免蛋奶酥内部形成的水蒸气泡逃逸，就能获得膨胀得较为充分的蛋奶酥。那么如何使蛋奶酥的表面具有一定的不透气性呢？烘烤之前炙烤一下蛋奶酥的表面应该是个不错的办法。这么做还有一个额外的好处，除了可以让蛋奶酥整体上统一地向上膨胀，形成均匀的表皮，还能让表皮呈现金黄色，味道也更加浓烈。

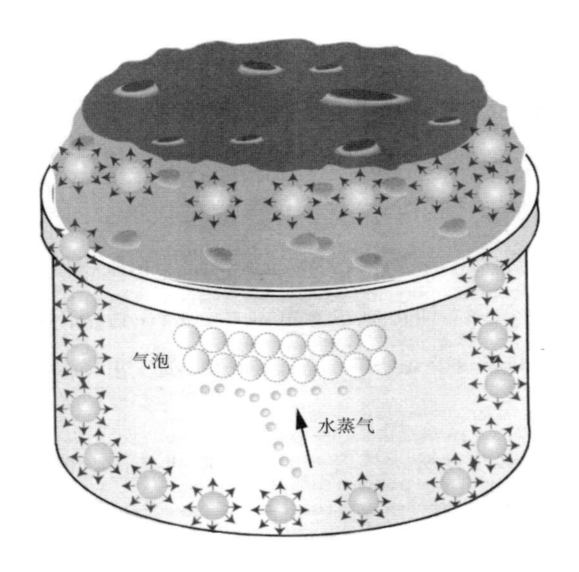

水在温度超过100℃的地方会蒸发（模子四周以及蛋奶酥的顶端），形成的气泡如果封闭在内就会使蛋奶酥膨胀。

Les quenelles

鱼浆条

放置一段时间后再用小火烹煮，鱼浆条会更加美味。

您是否曾用鲑鱼或鳟鱼制作过鱼浆条（quenelle）？有关鱼浆条的食谱很多，但全都遵循相同的原则，无非是在绞得细碎的鱼肉中添加油脂（牛肾油、黄油或奶油……），如有必要再加入鸡蛋和面包汤（要么是将面包直接泡在牛奶中，要么是将面粉加入滚水中做成面糊）。这些材料的准备都很费时，伊莎贝拉·碧顿（Isabella Beeton）于1860年在英国出版了一本很出名的烹饪书，她在书中这样写道："法国鱼浆条是世界上最好的，因为比其他国家的鱼浆条膨胀得都大。"对此，她的解释是法国鱼浆条的制作最费工费时，自然膨胀得最大。

为什么制作法国鱼浆条所花费的功夫能够决定其美味程度？另外，法国鱼浆条没有鸡蛋，为什么在烹煮的过程中不会散开？法国农业研究所雷恩分所的两位科学家弗洛伦斯·勒费弗尔（Florence Lefèvre）和贝努瓦·弗科诺（Benot Fauconneau）通过研究“鳟鱼肉中的肌原纤维的热凝特性”间接回答了这个问题。

现在让我们来看看这项研究。鳟鱼肉是由很多肌细胞组成的，肌细胞就是所谓肌纤维，其主要成分是肌原纤维蛋白，其功能是让肌肉能够收缩。当肌原纤维蛋白溶在水中被加热后会形成凝胶，原理有点像蛋白加热后的变化，因为鳟鱼肉中的肌原纤维蛋白会重新连接，构成一张能够封锁水分子的网络（在鱼浆条中，该网络还会锁住油脂和面糊里吸饱水的淀粉粒）。

处理得当的话，蛋白质的热凝胶特性可以用来制作鱼浆条和各种类似的食品。一些挪威公司正准备用人工饲养的鲑鱼来制作多种产品，这些产品与某些亚洲食品很相似，比如蟹棒（surimis）或鱼糜面条。法国的养殖鱼主要是鳟鱼，法国人也尝试着利用这种鱼的蛋白质来创造出一些新颖的食物。

鱼肉中的哪些蛋白质可以形成凝胶呢？和所有的细胞一样，鱼的肌肉纤维也包含多种肌原纤维蛋白质和肉质膜蛋白质，前者主要包含肌动蛋白和肌凝蛋白，后者的功能则是维系肌肉纤维并保障其机能。

勒费弗尔首先研究证实：在稀释的溶液中，主要是肌凝蛋白发生凝结；肌动蛋白如果单独存在是不会发生凝结的，但肌动蛋白的存在会增强肌凝蛋白形成的凝胶的硬度。

在什么条件下会形成凝胶？在鱼浆条当中和在肌原纤维蛋白质凝胶当中一样，根本问题是将较高的软度（与包含大量水分有关）与足够的坚实度结合起来。决定凝胶坚实度的因素有多个，包括溶液存放时间、加热的速度、烹煮的最高温度，还有蛋白质的浓度、溶液的酸度以及盐的浓度等。

为了研究这些不同因素的作用，法国雷恩的几位生化学家进行了透度测试：他们将一根探针用适度的力量插入肉中，同时测量肉的变形程度。在精确模拟和记录了牙齿撕咬所感受到的肉的坚实度后，科学家们又分析了对不同蛋白质溶液进行烹煮所形成的凝胶，发现蛋白质溶液浓度的上限是每升最多十克蛋白质。

静置值得一试

凝胶的硬度与静置有关：在放置的过程中，蛋白质会相互作用，最终形成凝胶。此外，凝胶的硬度在烹煮过程中也会逐渐变化。如果烹煮温度在 70℃—80℃之间持续几分钟，足够形成稳定的凝胶，但如果烹煮更长时间会使凝胶开始脱水（即丧失柔软性）。每分钟使烹煮的温度提高 0.25℃最适合形成弹性与硬度俱佳的凝胶。

蛋白质在溶液中的移动性与溶液的酸度有很大的关系，因为这些分子携带可电离的基团：在酸性的环境中，蛋白质的酸基不会发生改变，但碱基会与氢离子连接，由此携带的负电荷，蛋白质会彼此排斥，而不会融合在一起。相反，在酸性不够强的环境中，蛋白质的酸基已经电离，碱基被中和，这也同样会导致蛋白质相互之间的排斥。因此，溶液的酸度决定了蛋白质之间以及蛋白质与水分子之间的连接。由于各种动物肉质具有差异性，它们所含蛋白质的性质不同，因此各自形成凝胶的最适宜的酸度也不尽相同。根据法国农业研究所科学家们的研究，鳟鱼形成凝胶需要最高的酸度（pH 值约为 5.6），远远超过其他鱼类蛋白质。

科学研究还可以让我们对传统鱼浆条的制作方法进行改良。首先，将鱼浆条肉糜放在冰箱中长时间静置，以便绞过的肉糜释放出的蛋白质能够相互作用并形成凝胶。接着把肉糜放入低温烤箱，用非常小的火慢慢加热。最后，如果能让鱼浆条稍微具有一点酸度，再补充一点水分，其凝胶将会在保有硬度的同时又具有柔软性。此时补充的水分当然是指带有浓郁香味的汁液，比如海鲜汤或鲜鱼汤……

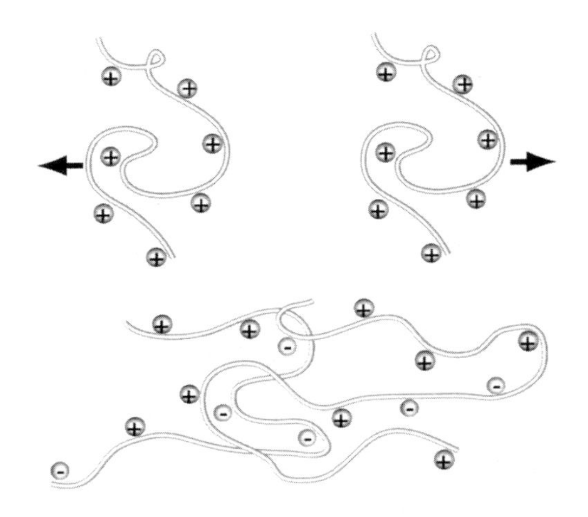

当总体静电斥力降到最低时，蛋白质（下）会组合起来。

La fondue

干酪火锅

如何选择葡萄酒与奶酪，以确保干酪火锅万无一失？

正统的干酪火锅（foudue）来自法国的萨瓦省、瑞士的瓦莱城，还是德国的弗莱堡？干酪火锅中到底要放一种、两种，还是四种奶酪？这几个小问题一直令几个民族争得面红耳赤，物理化学研究能够消除人们之间的分歧，因为它可以解答“干酪火锅的制作为什么有时候会失败”这个困惑。干酪火锅看似简单，只不过是将葡萄酒与奶酪放在一起加热而已，但经常会遭遇硬块沉到奶酪锅底而油脂漂浮在液面之上的情况。为了避免上述事故，日内瓦 Frimenich 公司食品技术科研中心主任托尼·布雷克（Tony Blake）先生进行了详细的解释，教我们制作干酪火锅的万无一失的方法。

既然是由水（葡萄酒中的水）和不溶于水的油脂（奶酪中的油脂）

组成，那么干酪火锅的成功必然取决于“乳化液”，也就是说必须使油脂以微小颗粒的形式均匀分散在水性溶液之中。从这个角度来看，干酪火锅与蛋黄酱调味汁或荷兰酱其实是非常类似的，因为两种酱汁也都是将油脂（黄油）打散均匀分布在水溶液（来自醋或蛋黄的水分）之中形成的。

在蛋黄酱调味汁当中，微小的油滴由蛋黄中的一种“界面活性分子”所包裹。由于有一端不溶于水（疏水性），众多界面活性分子会聚集在一起，形成覆盖油滴的膜；而溶于水的另一端（亲水性）则面向外面的水，让油滴能够均匀地分散在水中，而又不会漂浮于水面。那么干酪火锅当中的界面活性分子是什么呢？是被称为酪蛋白的蛋白质，这种蛋白质本来就存在于牛奶这种乳化液当中，构成围绕着油滴存在的“胶团”。这些胶团所包含的酪蛋白有多种，通过钙盐（大部分含有磷酸根）牢固地连接在一起，形成直径约为100纳米的球体。所有这些酪蛋白当中，K酪蛋白最为集中地分布在胶团的外围。因为K酪蛋白带负电，所以胶团之间彼此排斥。这种排斥对于牛奶的稳定性至关重要，因为这样可以避免被胶团包围的油滴彼此融合。

在制作奶酪的过程中，在牛奶中加入的“凝乳素”包含一种酶，可以将K酪蛋白的疏水端剥离开来，导致胶团聚结成封锁油脂的凝胶。既然我们在制造奶酪的过程中主动破坏了牛奶的乳化液特性，那么奶酪显然无法直接将干酪火锅还原成乳化液。不过在加入葡萄酒之后，情况就大不相同了。

奶酪成熟度与干酪火锅的黏稠度

干酪火锅的成败实际上主要取决于奶酪的选择，这是制作干酪火锅的真正老手们都很清楚的道理。于是奶酪的口味与香味成了需要考量的重要因素，显然成熟度更高的奶酪更适合制作干酪火锅，因为成熟的过程中，肽酶会将酪蛋白和其他蛋白质切割成小段，从而能够更加均匀地分散到水性溶液当中：这些蛋白质的小段会将油脂的微粒乳化，增加液相的黏稠度。正是因为这个原因，用成熟的卡芒贝尔奶酪（camembert）制作的干酪火锅成功率极高。

上述原理其实和一些所谓“非正统”的做法十分类似，比如在干酪火锅中加入面粉或其他包含淀粉的材料，如土豆粉：在热水环境中膨胀后，淀粉颗粒会增加溶液的黏稠度，阻止油滴的移动，从而使干酪火锅的乳化液处于稳定的状态之下。

酸酒与替代物

不过，有些行家指责这种做法会改变干酪火锅的口味，他们更喜欢巧妙地搭配奶酪和葡萄酒。通过选择含糖量非常低的，尤其是酸度极高的葡萄酒，甚至是果酒来制作干酪火锅。这些酒为什么会大有用处？布雷克先生解释说：这些酒都富含酒石酸、苹果酸和柠檬酸。这些酸中的离子都很容易与钙相结合，制作干酪火锅的专家于是使用酸性葡萄酒和果酒来分解酪蛋白的胶团，释放蛋白质，使蛋白质能够包裹油滴，稳定乳化液。

化学家们则选择了颠覆传统手法的方式，他们会在火锅中加入碳酸氢钠，即小苏打，一边中和酸，一边形成碳酸氢根与钙离子结合。还有一个办法，如果您担心葡萄酒中的酒石酸、苹果酸和柠檬酸剂量不够的话，最好再加入一些，首选是以钠盐形式存在的柠檬酸。只要加入一两个百分比，干酪火锅就万无一失了。

用水做的干酪火锅出现油水分离（左）；加入柠檬酸钠之后则变成乳化液（右）。

Le rôti de bœuf

烤牛肉

牛肉烤好之后要适当静置，以便中心的肉汁能够扩散到烤干的外层。

现代的厨师通常都追求快，但匆忙之下经常让人吃不到最好的烤牛肉，因为他们经常忽略一个不可或缺的步骤：烤完肉之后，要把烤箱门打开，让肉在炉膛中静置一段时间。否则，烤肉将变得又干又硬。职业厨师知道这个步骤是让烤肉柔软易嚼的关键所在，不过他们的解释是：在烤肉的时候，肉汁为了“逃避炉火”，会往中心聚集；烤好之后的静置，可以使躲避到中心部位的肉汁有时间在整个肉块中重新分布。真是这样吗？

让我们用物理化学家冷静的眼光来分析一下烤肉。肉是由肌细胞即肌纤维所组成的，肌细胞被细胞膜像小袋子一样包裹起来，里面大部分是水，以及维持细胞功能与新陈代谢所必需的分子。多个肌细胞又被胶原蛋白围成肌束，许多肌束再被围成更粗一些的肌丝。当然，上述描述其实过于简单，因为动物的肌肉事实上还包含脂肪和血液等。

受热的时候，这种结构会发生怎样的变化呢？烤肉过程中热量是通过热传导传递到肉块内部的：烤箱的温度设定为200℃左右，受热的空气将热量传递给肉块，导致肉块外层的水分蒸发，蒸发现象一直深入到温度等于100℃的内层为止；于是极薄的外层被完全烤干了，变得松脆。往里面，每个点的温度上升都很缓慢，肉的结构分阶段发生变化，因为肉的不同蛋白质凝结的温度有所不同。比如，从70℃开始，在血液中传输氧气的肌红蛋白出现氧化，其携带的铁离子从亚铁转变成正铁，肉色因而转为粉红。另外，到了80℃的时候，细胞膜开始破裂，丧失屏障的肌红蛋白于是与各种氧化物发生接触，肉色因而转为棕红。

血液会在烤肉的中心聚集吗？在肉块外层的温度达到50℃后，胶原会发生收缩，将肉汁向外压迫，也向内压迫。但肉块的中心由几乎无法压缩的液体和固体组成，不能接受这种汁液。如果有人不相信这个解释，可以亲自去烤几块牛肉，在烘烤前后分别测量一下肉块的密度（重量与体积的比例），就可以信服了。要想知道烤肉的体积，只须将肉放入盛满水的盆中，然后测量溢出的水的体积即可。

正确的建议，错误的解释

上述测量很能说明问题。首先，我们注意到用传统方法烤过的肉块，其体积会缩小，重量甚至会减轻约1/6。重量的丧失是由于肉汁因胶原的收缩而被压迫排出，以及外层的水分被蒸发导致的。上述测量还证明了传统炙烧理论的谬误，该理论认为肉块凝结的表面能够将内部的汁液封锁在其中。19世纪时，厨艺书《模范女厨》的匿名作者曾指出：将肉块叉在铁钎上，放在大火上烤，可以使其表层迅速收紧，并封闭汁液流出的孔隙，从而将汁液封锁在肉块之中。另外，法国厨师奥古斯特·埃斯科费耶（Auguste Escoffier，1846—1935）在《烹饪》一书中曾提到："快煎"的目的在于使肉块的周围形成一种"护甲"，阻止内部汁液过快地流出，从而使肉块内部更像是被煨煮，而不是炭烧。两个人的观点都是错误的，一方面，肉块上肉汁流出的孔隙与解剖学的研究不符；另一方面称重显示肉汁的流失随着烧烤时间的长度增加。

烤肉密度的测量还证明了肉汁并没有往中心流动。烤肉中心的密度，其实跟生肉没有什么差别，因此经过了烘烤后肉块中心并没有什么改变（这其实很合理，因为法国烤牛肉的中心部位基本上就是生的），中心部位并没有获取来自外层的汁液。

那么烘烤完成后为什么要将烤肉静置一段时间呢？静置前后对肉块中心和外层进行称重，我们会发现肉块中心比外层丧失了更多的汁液。外层因为被烤干，自然没有多少汁液可以丧失。因此，将烤肉静置可以使肉汁从中心向外层扩散，从而使外层重新变软。

综上所述，建议如下：既然烤肉的柔软度取决于汁液的多寡，为什么不能用注射器将流失的肉汁注射回去，从而使肉块重新变软呢？这些汁液用盐和胡椒调味后，可以给烤肉带来前所未有的味道。其实在古代，有些厨师已经知道在烤肉上面扎上一些用盐和胡椒调味过的肥猪肉丁，会使烤肉的味道更好。

因为所达到的温度不同，烤肉内部呈现清晰可辨的三个层次：由内而外，肉块中心低于70℃；粉红色区域为70℃—80℃；棕色区域为80℃以上。

Temps de sa (la) ison

调味的时机

如同《格列佛游记》中小人国的国民争论应该从尖头还是从圆头吃带壳水煮蛋一样，调味的时机也有两派相反的意见：一派认为应该在烹煮前，一派认为必须在烹煮后。

煎牛排时，您自然会通过撒盐来调味。问题是什么时候撒，是在煎之前，煎的过程中，还是在吃之前？

厨师们会根据各自的经验作出回答。但有时候，经验是不够的。如同奥斯卡·王尔德（Oscar Wilde）在书中写道的那样：经验就是所有经历过的错误的总和，如果错误没有被发现，就会被误以为是真理。因此，为了证明一些经验的正确性，我们有必要做些实验，有效地控制各种变量，找到问题的关键或煎牛排的真谛。有人主张在开始煎牛排时撒盐，以便让盐有足够的时间渗入肉中，就算无法完全进入中心部位，至少可以透过相当的厚度。反对者则认为这么做不妥，因为肉汁会因为"渗透"作用而流淌出来。

让我们来检验一下第二种说法。肉是由肌肉细胞，也就是肌肉纤维组成的，细胞会将水、蛋白质和所有维系细胞生命所必需的分子包裹其中。如果肉在烹饪之初即与盐直接接触，水在肉中的浓度会远远大于撒上盐的外层，于是水会因渗透作用而向撒盐的部位转移，于是肉块内部就变干了。

逐渐地，肉块丧失主要的水分，导致糟糕的结果：一部分肉会被流出的汁液"煨煮"，而不是真正被"煎烤"，从而不能顺利地形成诱人的棕褐色。肉块还会因脱水而丧失柔软性，谁都知道肉干是难以下咽的。在有关分子美食学的研讨会上，某些参与者在讨论以上问题时，会强调这样做还会造成煎出来的肉块颜色不均，而且血液或细胞间水分有可能从肉块中流淌出来。这些人忘了重要的一点：肌肉纤维是由胶原蛋白构成的结缔组织包裹着的。

不同的肉食（牛肋排、牛排、猪肋排……）的结构大不相同，有关撒盐与脱水之间的关系，需要更加细致深入地进行分析，比如牛排类型的瘦肉和家禽的白肉之间的差异不言而喻。各种肉食之间的差异可以通过测量肉在腌制过程中的脱水速度、重量的丧失和肉食中盐的分量来明确。

撒盐与失水

首先来研究第一个问题：撒盐后肉块中有多少水分会流失？我们将一块肉裹上细盐，然后间隔固定时间称重。测量结果显示，失水跟肉食的种类有关。因为各种肉的切法不同，有些肉是顺着肌肉纤维切，有些肉则是沿着与肌肉纤维垂直的方向切，有些肉则需要斜着切。显然，如果将肉切块时斩断肌肉纤维，汁液将会更容易流出：与牛的腰腹部细肉相比，牛排骨肉在撒盐后会丧失更多的水分。

实验结果显示：在室温条件下，牛的腰腹部细肉失水的速度很慢，而禽肉在撒盐后的半小时内会丧失 1% 的重量。当然，这些在常温环境中的失水与烹饪过程中的失水程度大不相同，因此还需要进行更加深入的探究。但是有一点很明显，即使将肉裹满盐，肉中的水分也不会倾泻而出，更何况煎肉时我们只是撒上少许盐，水分流失只会更少。看起来，我们暂时可以下这样的结论：您可以在自己喜欢的任何时刻撒盐，牛的腰腹部细肉不会因为撒盐而变干。

那么在烹饪的过程中撒盐会使盐进入肉里去吗？实验如下：对两块相同的肉撒盐，一块在煎之前，一块在煎之后；除了测量两块肉失水的程度，更进一步地使用扫描式电子显微镜观察，同时用 X 光射线检查肉食内部的化学成分。

以上实验是巴黎高等物理与化学学院的罗朗德·奥利特洛尔（Rolande Ollitrault）和法国厨艺高等学校的玛丽–保尔·帕尔多（Marie-Paule Pardo）和埃里克·特罗松（Eric Trochon）合作进行的。X 光射线非常适合检查肉食中化学物质的存在（尤其是构成厨用盐的氯和钠），并显示盐分是否扩散到肉食当中。检查结果很清晰：盐分并没有扩散到肉食中心，而是在烹饪的过程中流失了一些。此外，当肉未加油脂直接接触金属表面煎烤后，表面会带上一部分金属离子（别紧张，金属离子的量微乎其微）。

X 光射线检查再次证明，盐分并没有进入到肉食当中，因此我们既不反对也不鼓励在煎肉之前撒盐。

不过，各种肉食的自然属性如此不同，必然会有一些细微的差异。根据达·芬奇（Léonard de Vinci）的预言（《哈姆雷特》中也有类似的话），大自然包含着大量细微的道理，这些道理是人类的实验永远也无法解释的。这并不是说我们就不必做实验了，而且要对实验进行更加精细的设计，以在个人想象以及经验的烟雾背后找到真理之火。

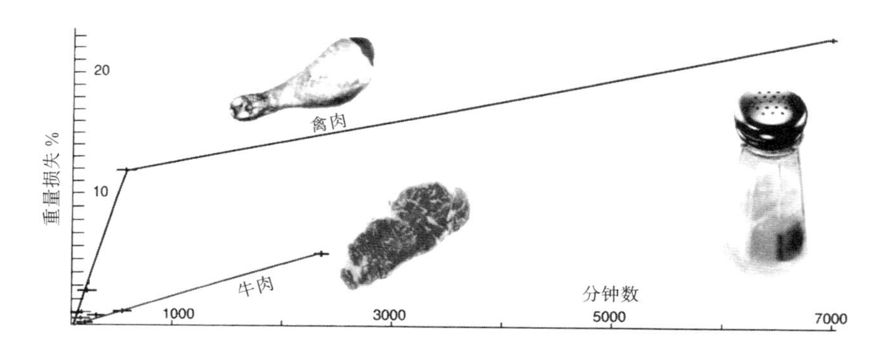

Vin et marinade

葡萄酒与腌肉

红葡萄酒比白葡萄酒更适合腌泡牛肉。

人们常说：烹煮鱼要用白葡萄酒，而比较硬的肉必须用红葡萄酒腌泡或烹煮才能使其变软。人们还常说时间超过两天的腌泡不应该使用欧芹，以及腌泡过的肉不能烤，以免变得太干。这些传统的秘诀站得住脚吗？近日，几位日本物理化学家证实了我们的一些烹饪经验。

二十多年前，法国农业研究所克莱蒙费朗分所进行的一些研究显示：通过在酸性溶液中浸泡，可以使牛肉软化，原因是与生肉硬度有关的胶原蛋白以及其他蛋白会在酸液中溶解，同时由于电离增加肉食中的含水量。但是，醋并不是唯一的腌泡溶液，葡萄酒的作用还无法得知。在日本甲子园大学的家庭经济系，奥田和子（Kazudo Okuda）和上田隆藏（Ryuzo Ueda）两位教授完成了法国人未完成的研究，他们揭示了醋和酱油等产品对肉食的确切作用。

在最初的研究中，他们发现肉的重量、含水量（肉的柔嫩关键就取决于含水量及水分流失的难易程度）和质地在被腌泡后发生了改变，腌汁中发生作用的是以下五种成分：酒精、有机酸、葡萄糖、氨基酸和盐。

决定性的腌渍

1995年，他们进行了进一步的研究，分析了牛肉块在三种不同溶液中腌泡后再滚汤煮的结果，这三种溶液是白葡萄酒、红葡萄酒或含有少量葡萄酒的水。牛肉被切成了大约50克重的方块，腌泡三天，然后再滚汤煮十来分钟。肉块切开后，科学家对内外两层分别进行了分析。与用白葡萄酒腌泡的肉块相比，用红葡萄酒腌泡的肉块的重量和含水量都略高，但脱水后两种肉的重量是相同的：换句话说，用红葡萄酒腌泡更能保持肉的柔软度。

另一方面，用红葡萄酒腌泡过的牛肉块，其内层的最大抗压性明显较低，也就是说，用红葡萄酒腌泡过的肉块的质地更加柔软。最后，对经过滚汤煮的肉块进行比较，用红葡萄酒腌泡过再滚汤煮的肉块的内外柔嫩度均高于未经腌泡即滚汤煮的肉块。

如何解释红葡萄酒的这些优点？两位日本物理化学家此前就已经证实腌汁中糖、氨基酸和无机盐的作用都比较小，但红葡萄酒比白葡萄酒包含更多的多酚，因为红葡萄酒的丹宁含量更高，颜色也更深（丹宁和色素均属于多酚）。由于多酚会与蛋白质发生化学反应，两位科学家进行了以下实验，他们将肉块放入不同类型的溶液中腌泡，每种溶液具有已知浓度的丹宁酸（代表多酚）、有机酸和乙醇。

经过在由水、乙醇、有机酸和丹宁酸组成的溶液中腌泡，肉块发生了有如浸泡在红葡萄酒中一样的变化，这证明腌泡过程中主要发生作用的是有机酸和丹宁酸；乙醇和有机酸在烹煮过程中也很重要。

这些反应的分子细节有待研究，但是蛋白质和红葡萄酒所含多酚之间的反应看来使肉块表面形成一层外壳，阻止了水分的流失。如同那些传统食谱建议的那样，同时使用红葡萄酒和酸（比如醋）是软化肉的良好搭配。至于腌泡过的肉是否适合烘烤，以及是否适合在腌液中加入欧芹还有待研究。

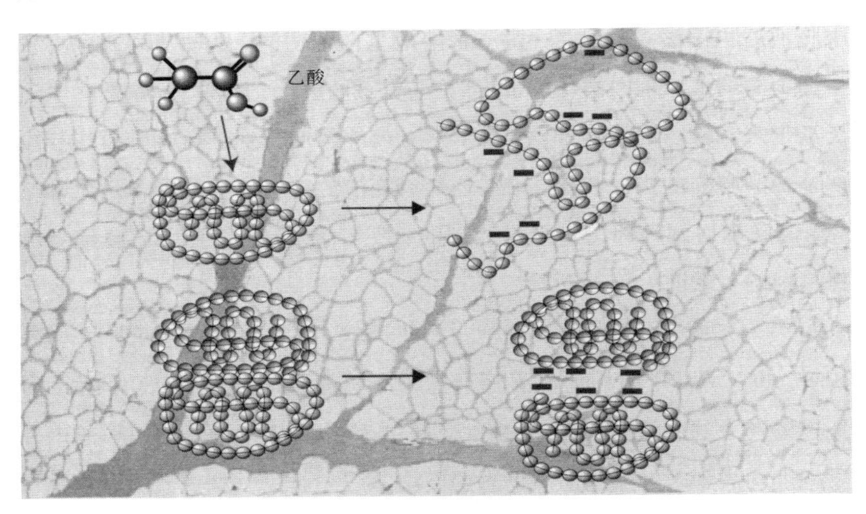

酸可促进蛋白质变性（上），因为它能使氨基酸长链电离，带相同电性的部分会相互排斥。酸也可以让蛋白质溶解（下），通过分解胶原蛋白，酸可让肉质软化。

Fraîches couleurs

新鲜的颜色

如何防止水果与蔬菜变黑？

生鲜蔬果的时代到来了。蔬果的颜色显露出它们的新鲜度。很不幸，有些蔬果一经切开，像鳄梨、波罗门参或蘑菇，马上就会变黑。如何避免这种衰变？家常压榨的苹果汁一端上桌就变成暗色，如何才能避免？厨师们会建议使用柠檬，因为柠檬汁能够保护蔬果，使它们不会呈现过于成熟、遭到损害或腐烂变质的颜色。使用柠檬的建议站得住脚吗？

让我们来做个实验。将鳄梨切成薄片，一部分洒上柠檬汁，一部分不洒，然后将其放置在空气中。几个小时过后，两者的区别显现出来，虽然证明了厨师们的建议有效，但柠檬为什么能起到保护作用还无法解释。如果主要原因是酸度，那么醋应该可用来替代柠檬汁，但实验又否定了这种推测。

其实，柠檬汁有效的秘密是其富含的抗坏血酸，也就是维生素 C，这是一种抗氧化剂。换句话说，药房里能够买到的纯抗坏血酸应该会比柠檬汁更有效，事实也确实如此。另外，我们还观察到空气中的氧气参与了蔬果的变黑。随着食品工业的日益发展，又有好几种物质被发现拥有相同的功能，除柑橘类水果的汁液，包括柠檬、橙和绿柠檬等，还有卤水，美中不足的是卤水还会为蔬果带来咸味。

维生素C可防止酶变

蔬果会变黑主要是因为一种名为“多元氧化酚”的酶在起作用，它会改变蔬果多酚分子（多酚的分子结构包含至少一个苯环和分布在六边形苯环外端的六个碳原子，并连接若干羟基）。在有氧环境中，这些多元氧化酶会通过氧原子置换羟基，由此形成的“醌”会发生反应，产生一些与三聚氰胺同族的棕褐色碎片。因酶到褐变似乎是植物抵抗天敌的手段，这种现象非常普遍，绝大多数水果、叶子和蘑菇被切开后都能看到。但如果没有切开，这种现象则不会出现，因为蔬果内的酶和多酚被细胞薄膜分隔了开来。

想要避免切开的蔬果发生褐变，还可以利用多种物理方法，这些方法基本上都可以在家庭厨房中实现：尽管不能完全阻止，但冷冻和冷藏可以明显延缓褐变的发生；巴氏消毒法更加彻底，因为它可以将酶去活，但并不适用于所有的蔬果，因为加热常常会破坏蔬果的质感或颜色。在无氧环境中对蔬果进行一定处理，也可避免褐色化合物的出现，比如食品工业采用的充满氮气或二氧化碳的环境。

回到化学，是否存在一些酶抑制剂，只要经过简单的处理就可阻止蔬果发生褐变呢？答案是肯定的，比如非常微量的水杨羟胺酸就能完全抑制苹果和土豆所含的多元氧化酶；膨润土作为一种黏土可以吸收蛋白质，同时降低酶的活性；明胶、活性炭和聚乙烯吡咯烷酮

（polyvinylpolypyrrolidone）也可以从葡萄酒和啤酒中提取水溶性酚，可惜它们同时也会改变蔬果的特性。

亚硫酸盐广泛应用于农业食品工业，通过与醌链接形成无色的硫醌，可以避免蔬果的褐变。在酿酒业中，二氧化硫和焦亚硫酸钠一起使用，构成一种常用的酿酒材料，不过它们导致的副作用让食品卫生当局感到不安：亚硫酸盐含量过高的葡萄酒会导致轻微偏头疼，同时还会导致气喘、荨麻疹、恶心，甚至过敏性休克。因此，很有必要再找到一些同样有效但更安全的酶抑制剂。

到目前为止，科学家已经找到或合成了多种酶抑制剂，不过它们的安全性还有待验证。比如半胱氨酸（一种带有硫的氨基酸）或其衍生物，无论是天然化合物（存在于蜂蜜、无花果跟凤梨中）还是合成化合物，都属于这个行列。

新的保护性试剂

国立工艺研究所的雅克·尼古拉（Jacques Nicolas）及国家农业研究中心蒙特法维研究站的一些同事开辟了一条新的道路：使用环糊精，环糊精分子的形状与灯罩相似，可以通过将多酚分子嵌在其环状中心，从而达到防止褐变的效果。尼古拉及其同事们首先研究了这些分子在溶入了一种或两种多酚以及苹果的多酚氧化酶的抗褐变效果。在等待他们将研究结果工业化之前，如果您想在普通有氧环境中榨出苹果汁，可以采用“净化法”，即让褐变缓慢地发生。由于苹果的多酚氧化酶存在于细胞中的叶绿体中，且属于固体沉积物，它们会引起褐变、色素聚集，然后沉淀。所以只要将果汁静置一段时间，就自然能够得到澄净而呈琥珀色的苹果汁了。

静置在空气中，鳄梨块会发黑（左）；使用柠檬汁就能避免褐变（右）。

Lentilles amollies

软化豆类

小苏打粉的神效。

还需要继续证明化学在烹饪中大有用处，并不会伤害到法国人最引以为豪的传统美食吗？1838年，有位佚名作者出版了《巴黎厨师》一书，其中有这样一段文字："只有非常纯净和非常'轻盈'的水，才适合用来煮豆类、豌豆、兵豆和其他很多蔬菜，河水和溪水始终是最好的，井水则完全不值得考虑。在只有井水可用的地方，可以加入一点儿碳酸钠（俗称碱），让其在水中溶解，从而使水质变得纯净。这样处理会形成一些沉淀，但我们只取用上面纯净的水，就可以用来烹煮蔬菜了。"为什么水的质量会影响蔬菜的柔软度？苏打粉和同样由该作者推荐的木炭灰到底有什么作用？

因为碱性而变得柔软

木炭灰和碳酸盐具有相同的特性，即能使水变成碱性。为了解这种"碱化"是否会作用在蔬菜上，我们不妨做一个实验。准备三口完全一样的锅，用相同的火力煮兵豆。在第一口锅中注入蒸馏水，第二口中注入被碳酸氢钠"碱化"过的水，第三口中则完全相反，注入的是被醋"酸化"的水。实验结果非常明显，完全不需要使用实验室仪器就可以清晰地区分：当兵豆在蒸馏水中刚好煮熟时，酸化水中的兵豆还硬得像石头，而碱化水里的兵豆已经煮成粉末了。因此，水的酸碱度决定了蔬菜的柔软度。

为什么会这样？因为植物细胞由一层细胞壁包围，细胞壁的主要成分是果胶和纤维素。想要让植物组织软化，首先必须改变这层硬如水泥墙的果胶外壳。在酸性溶液中，果胶会被中和：其羧基 $-COO^-$ 会捕捉氢原子，由此形成的羧酸基 -COOH 为电极中性。由于中性的果胶分子不会相互排斥，因而可以紧密地结合在一起，让兵豆变得坚硬。碱性溶液中则正好相反，碳酸氢钠会将羧酸基 -COOH 中的氢离子释放出来，形成带负电的羧基 $-COO^-$，彼此都带负电的果胶分子会相互排斥，导致植物纤维外壁分崩离析，最终使兵豆变软。

水的硬度

水的酸碱度的改变只与碳酸氢钠有关吗？《巴黎厨师》一书间接地提到水的硬度与钙离子的存在也有关系。为检测钙离子的作用，我们再来做一个实验：使用两口一样的锅，用相同的火力再煮一次兵豆。第一口锅里注入蒸馏水，第二口锅中则是加入了碳酸钙的蒸馏水，水质因此变硬。煮了 45 分钟后，当第一口锅里的兵豆已经煮熟时，第二口锅里的兵豆却仍然硬得像木头一样。这一次的区别，是钙离子造成的。钙离子带有二价正电，会跟两个植酸（来自植物细胞质）或果胶结合，将它们链接在一起，从而强化而不是弱化它们的结构。单价离子，比如钠离子，就无法产生这种作用。

食品工业界对这些现象非常感兴趣，尤其是豆类种植者，因为这一发现可以让他们的作物得到更广泛的使用。兵豆可以先被煮熟吗？法国国家农业研究所蒙特法维站的研究员帕特里克·瓦罗科（Patrick Varoquaux）、皮埃尔·奥方（Pierre Offant）和弗朗索瓦兹·瓦罗科（Françoise Varoquaux）正在研究让兵豆软化的最佳办法，既不会令其中的淀粉粒渗出，又不会破损兵豆的表皮。蒸的方法可以达到这个目的，美中不足的是费时过长。

通过使用不同的温度和不同长度的时间来烹煮兵豆，并不断测量兵豆硬度，研究员们首先观察到了兵豆硬度的降低与加热时间和加热温度成正比关系。这一发现很有价值，尤其将测量结果进行量化研究后更有教育意义：以时间和温度为坐标轴，兵豆硬度的曲线呈现出一个（向上的）明显的拐点，这反映出兵豆变软是两种现象作用的结果。第一种现象发生得很快，肯定是热量迅速传导到了兵豆的内部；第二种现象来得缓慢一些，应该与豆类淀粉在热水中的“糊化作用”有关，从而形成了曲线的第二段。

温度超过 80℃后，兵豆破碎的比例随着水煮的时间延长成指数增加。此时，温度对兵豆完整度的影响超过对其柔软度的作用。一旦超过 86℃，“破碎的兵豆”将会超过“变软且完整的兵豆”。以上研究结论，对于烹饪实践大有指导意义，即最好在低于 90℃的温度下烹煮兵豆。不过，控制温度也意味着较长的烹煮时间。

在《圣经·旧约》中，次子雅各向父亲以撒呈上一盘兵豆（红豆）汤（他刚用一盘兵豆汤骗取了长子以扫的继承权）。要想烹煮出价值如此巨大的兵豆汤，需要将水温控制在80℃—90℃之间。

Les pommes de terre soufflées

空心土豆球

通过分析一道传统食谱，揭示如何避免油炸食品带有过多的油。

空心土豆球看起来像小气球，而且有炸成金黄色的漂亮脆皮。据说空心土豆球是1837年8月25日偶然发明的，那天是巴黎至圣日耳曼昂雷之间铁路线首次通车的好日子。正式午宴中有一道“炸土豆圆片”，因为火车爬不上最后一段上坡路出现了延误，厨师临时决定中止了正在进行的油炸。等到宾客们终于入座后，他才将油炸过一段时间的土豆片放入极热的油锅中，希望将其迅速炸脆，没想到土豆片竟然膨胀成了球形！

油炸空心土豆球被视为法国烹饪中的名菜，但厨师们对其制作方法有着不同的见解。好在科学分析不仅揭开了土豆膨胀之谜，还让我们找到了在油炸过程中省油的诀窍。

普通食谱都会介绍油炸空心土豆球的制作工序，但一般不会解释土豆球膨胀的原理所在。长时间以来，人们都说土豆圆片的最佳厚度是由著名的化学家欧仁·谢夫勒（Eugène Chevreul, 1786—1889）研究确定的。此说或许正确，因为谢夫勒确实是油脂和食物研究领域的权威。然后，我始终未能在谢夫勒的著作中找到与此有关的只言片语。反而是在法国大厨奥古斯特·科隆比耶（Auguste Colombié）写于1893年的一部著作中找到这么一段文字：多亏博学的德戈（Decaux）先生的热心帮助，这位已故化学家谢夫勒先生的得力助手主动借给了我一些必不可少的温度计，使我能够于1884年4月14日星期三在巴黎煤气公司的展示厅，完成了三次与土豆球有关的科学实验。

在这段文字随后的几页中，科隆比耶详细描述了他的实验结果，却根本没有提到过谢夫勒的名字。因此，传说很可能是谬传，将科隆比耶和德戈混淆，又将德戈和谢夫勒混淆。

膨胀背后的科技

那么如何制作空心土豆球呢？大部分食谱都建议：将土豆切成厚约3—6毫米的小圆片，冲洗后稍微晾干，然后将圆片放入180℃的油锅中炸第一次。6—7分钟后，土豆片会浮起，将其捞出静置，冷却后再放入更热的油锅中炸第二次。很多厨师将制作成功的关键归因于三个因素：圆片的厚度、两次油炸间隔的时间和炸油的温度。

以上三个因素中哪一个最重要？为什么土豆会膨胀？如何让膨胀的效果最佳？如果严格依照食谱来做实验，我们会观察以下几个事实：土豆是隔热体，将土豆的内部煮熟需要花上一些时间。土豆细胞中含有许多淀粉粒，当细胞中水分被加热时，淀粉粒会膨胀然后糊化。若第一次油炸的温度过高，则土豆片表面会在中心尚未炸熟之前，就形成一层极厚的硬壳，土豆就不会膨胀。

水蒸气会将油推开

通过对油炸过的土豆片称重，可以证实我们通常的猜测是正确的：土豆中因为油炸受热而流失的水分并不会被油所取代。在土豆片总共约100平方厘米的表面上，每秒钟大约有80立方厘米的水蒸气跑出来，水蒸气形成的压力会将油往外推开。同样，土豆片之所以会浮起来，是因为水变成水蒸气，而不是因为水被油取代（土豆中含有78%的水分和17%的淀粉。淀粉比水重，更比油重）。

通过观察水蒸气泡的形成，我们揭示了土豆膨胀的关键。想要土豆膨胀，水蒸气必须"突然形成"，这样才能撑起因为被炸脆而几乎不透气的表面。如果水蒸气无法"突然形成"（所以第二次油炸时的温度需要更高），水蒸气就会慢慢从炸脆的表面孔隙中成串地溜走，内部压力将不足以撑起土豆的表面。

土豆膨胀还有一个关键，即不透气的表层必须在第一次油炸时就形成。这样在两次油炸之间隙，土豆片内部尚有余温可以慢慢地加热，此时水分也有机会重新分布到那些脱水的地方。其实，土豆炸脆的表层很容易在冷却的过程中与中心分离。在第二次油炸时，水蒸气会将脆面撑起，因为它们很难一下子从表层的孔隙中溜走。

上述分析也揭示了土豆片厚度的重要性。如果太薄，就无法得到两个脆面中间夹着软泥般的土豆的理想状态，水蒸气量也不足以撑起土豆。如果土豆片太厚，则中心需要受热较长时间，如此一来土豆片的表面会变得太厚，从而妨碍土豆的膨胀。

因此，土豆片的处理要非常小心。如果在薄脆的表层戳一个洞，我们会看到在第二次油炸时产生的大量气泡从洞中溢出。如此一来，土豆片内部的水蒸气压力将不足以撑起土豆球。

最后，如何将空心土豆球的吸油量减至最低？耶路撒冷大学的萨基（Saguy）教授指出，大部分油都停留在土豆球的表面，其残留量取决于土豆球表面的平滑度和炸油的使用程度。土豆球的表面越不平滑，积油就越多。此外，久炸的油也会形成比较多的界面活性分子（证据是久炸的油会起泡），从而更多地残留在土豆球的表面。

Bassines et confitures

金属盆与果酱

通常推荐用铜盆来做果酱，但不是镀锡盘。原因何在？

先从格言说起。1847年，《乡村与城市烹饪》一书的作者M.L.E.A.（完整姓名无从考证）提道："要制作出好的果酱，一定要用没有镀锡的铜皿。陶器无论是否上釉，都会将水果烧煳，从而使果酱带上一丝怪味。"接着，在1907年，地质学家兼美食家亨利·巴班斯基（Henri Babinsky）在其著作《实用美食学》中强调："要用各种红果制作果酱，最好使用搪瓷锅来煮，否则果酱会带有呛人的味道。用没有镀锡的铜锅煮出的果酱最容易有这种怪味。"就在同一时期，蓝带厨艺学校的教授们却给出了完全相反的建议："制作果酱时，要避免使用铁皿或镀锡的器皿。"

制作果酱的器皿的选择还有很多说法，却大相径庭。那么结论到底是什么？到底用不用铜皿？或用不用镀锡的金属皿？让我们首先来看看铜皿。毫无疑问，其橙黄色金属光泽容易产生怀旧的温暖情绪，而且能让厨房增色不少。然而铜皿的使用也很麻烦，因为每次使用前，都必须彻底清洗干净。而且还不能用氨水洗，因为那样会让果酱带上令人非常不舒服的味道。为什么不能使用不锈钢或搪瓷器皿呢？铜除了导热比较快，还有其他不容置疑的效果吗？

铜盆在制作果酱过程中的角色

实验最具有说服力。首先，我们将一些红醋栗或覆盆子放入铜盆中。为了更精确，我们要测量它们的酸碱度。这些水果的酸度，有时候非常惊人，比如，我们会测到约为3度的pH值（pH值用来表示酸碱度，取值在0到14之间，0度代表强酸，14代表强碱），这意味着红果的酸度已经和某些醋非常相近了。然后，将铜锅倾斜放置，仔细观察果汁流过的地方，我们会发现铜锅似乎被果汁“剥皮”了，换句话说，覆盖铜锅表面的铜离子被溶解了。

这些铜离子对果酱有什么作用呢？让我们再做一个实验。先把水果放在低化学活性的容器中煮熟，比如玻璃容器。将煮好的果酱分成两份，在其中一份中加入铜盐。等果酱冷却后，我们会发现含有铜盐的那一份明显比另一份硬。为什么会这样呢？因为果酱是由果胶分子凝结而成的。果胶从水果中释放出来，彼此连结成一张网，封锁住水分、糖分和水果。通常用几滴酸柠檬汁就可以促使果酱凝结，因为果胶分子上带有羧基（-COOH），它会因为环境中的酸度不同进行离解或结合。当环境中酸度不够时，羧基会释放出氢离子而本身变成-COO，许多带负电的羧基会相互排斥；相反，当环境的酸度足够高时，羧基就会接收氢离子变成中性，因此彼此不会相互排斥。

那么铜在这一过程中扮演了什么角色呢？溶入果酱中的铜离子是带有两个正电的离子，因此可以和两个带负电的羧基结合，这样就会增强果胶的连结。换句话说，铜离子会让果胶变得更坚硬，如同前面的实验所证明的那样。

不过，我们的肌体只需要极微量的铜离子，而且铜锈的灰绿色令人望之生惧，能否找到另一种二价离子来代替它呢？其实钙离子也能产生类似的效果，那么到底使用哪一种钙更好？白垩听起来大伤食欲，柠檬酸钙倒是还可以接受。

那么锡呢？

为什么铜能有如此功效，而从前常被用来镀在金属器皿内壁上的锡就会对果酱造成损害呢？

实验证明，将各种红果，比如覆盆子或红醋栗，放入镀锡的器皿中其实一点负面的影响也没有。那么所谓镀锡器皿不适合制作果酱的说法是厨艺经验积累过程中的一个讹传吗？如果锡并不会对水果造成损害，那么人们应该质疑铜皿本身，可是大家都清楚水果在铜皿当中并不会产生什么坏的变化。

不过，金属在金属盐的形态下通常会发生反应。让我们在红果上面撒上一些金属盐，比如银盐、铝盐、铜盐、锡盐和铁盐等。很快，我们在撒上锡盐的水果表面会看到难看的紫色。这是因为水果中的色素跟金属发生了结合，抢走其电子，从而导致电子分布的改变，最终导致水果色素吸光程度的差异。因此，银盐会让水果略为泛白，铜盐却会让水果变成诱人的橘红色。而锡则会让水果变成紫色，这就是人们一直以来认定锡对果酱不好的原因所在。

随着科技的进步，洁净金属器皿的技巧远胜以往。因此制作果酱的经验之谈应改成：无论如何都要避免使用不洁净的镀锡铜锅盛放或烹煮红果。

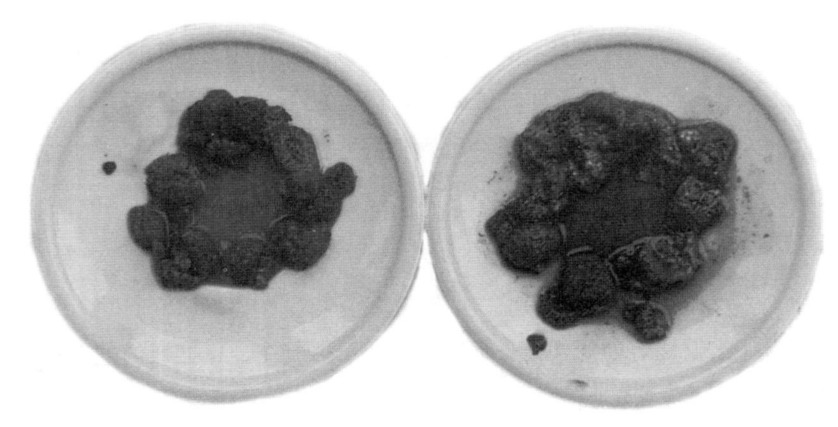

添加了锡盐的覆盆子（右）会呈紫色。

Rattraper une crème anglaise

拯救结块的英格兰奶油

一小撮面粉可以避免蛋白质结块，不过结块的蛋白质可以用搅拌器打散。

如何拯救已经结块的英格兰奶油（crème anglaise）？这是一个非常重要的问题，因为英格兰奶油可以在甜点中有各种不同形式的运用。英格兰奶油与卡士达奶油（crème pêtissière）非常相似，都是用牛奶、蛋黄、砂糖和人工香料（比如香草）做成的，但两者存在着一个关键的差异，即卡士达奶油还会加入一定量的面粉来防止结块，而英格兰奶油则因为少了这个成分而很容易做坏。

1995年4月22—29日，"第二届国际分子与物理美食大会"在意大利西西里岛的马约拉纳会议中心召开，厨师与科学家齐聚一堂，重点讨论了诸如此类的问题。一些世界著名的大厨，比如克里斯蒂安·孔蒂奇尼（Christian Conticini）和雷蒙·布朗（Raymond Blanc）在会上提出了许多与酱汁和菜肴有关的烹饪问题，主要涉及英格兰奶油、卡士达奶油、蛋黄酱、打发蛋白、蛋奶酥、巧克力奶糊、果冻、果酱等。牛津大学的物理学家尼科拉斯·库尔蒂（Nicholas Kurti）和皮埃尔-吉儿·德·热内（Pierre-Gilles de Gennes）则努力希望揭示这些在日常烹饪中司空见惯却难以理解的现象的科学机制。在实验室里，他们将酱汁进行归类，分成溶液、乳化液、泡沫、凝胶或悬浮液等。

通过实验，有关英格兰奶油的疑问得到了解答。由于广泛应用于很多精致的菜肴，所以有关英格兰奶油的格言或经验之谈非常多，但它们都得通过实验来核实。有人说，只要撒入一小撮面粉就能防止其结块，为什么？还有人说，只要在瓶中使劲摇晃，就能拯救已经结块的英格兰奶油，真是这样吗？

一撮面粉和搅拌机

在实验中，科学家们认真研究了英格兰奶油制作过程中的每一步。首先，酱料要用小火缓慢加热（加热温度低于65℃）：如同所有成功制作的完美的英格兰奶油一样，牛奶、糖和蛋黄的混合物逐渐地变厚。把酱汁放在显微镜下观察，我们可以看到其中出现了一些细小的结构，长度只有几微米。

随后，将以上获取的酱汁放入微波炉中微波几秒钟，直到凝块出现。再将酱汁放在显微镜下观察，我们会看到与上述完美的英格兰奶油相比，那些细小的结构扩大了两倍多，彼此之间也更加紧凑。尽管如此，整体结构仍然得到了保持，并没有发生显著的变化。

然后，使英格兰奶油受热时间过长，再用显微镜观察就会发现其结构完全改变了：两种不同的区域明显区分了出来，一种区域清澈透亮，主要由液体组成；另一种区域则很稠密，主要是由以上观察到的细小的结构组成。

然后，将这盆做坏的英格兰奶油用搅拌器搅打几十秒，用肉眼就能看出，酱汁变成了泡沫状，结块消失了，完美英格兰奶油的结构又找回了。用显微镜观察，会发现此时酱汁的状态实际上介于完美的英格兰奶油和那种刚开始结块的英格兰奶油之间。

凝结不可避免

很明显，制作成功的英格兰奶油之所以会凝结，是因为奶油当中存在着蛋黄。在显微镜下观察到的细小结构，应该是蛋黄中的蛋白质分子因受热而部分延展，然后因为建立微弱的化学链接而形成的凝结。

一旦加热过度，英格兰奶油的凝结现象就会加速出现，最终结成大得多的凝块，好在这些凝块是可以用搅拌器打碎的。但是搅拌器能彻底打碎凝块吗？是否可以通过搅拌器的搅打，使一盆失败的英格兰奶油重新变得完美吗？

显微镜观察的结果显示，搅拌器能够显著地打碎凝块结构，但想要让英格兰奶油中不再包含任何细小的蛋白质机构，即完全得到完美英格兰奶油的程度，还需要更长时间的搅打。

最后，对于那些味觉极度灵敏，甚至能够区别“完美的英格兰奶油”和“曾经失败但被挽回的英格兰奶油”的人，还有一个防止英格兰奶油结块的办法，那就是在烹煮之前，在其中加入一小撮面粉。经过这样的处理，即使英格兰奶油被煮滚，也不会形成凝块。

为什么面粉能有如此奇效？尽管意见不一，但大家都很清楚，当淀粉粒被放置进入热液体当中时，某些分子（直链淀粉）会被释放出来，而水分则会渗入其中，导致淀粉粒膨胀。膨胀的淀粉粒和释放出的直链淀粉长分子都会阻碍蛋白质的移动，从而避免了蛋白质凝结成大块结构。

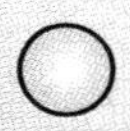

Crème anglaise

Fouetter quatre jaunes d'œufs avec 100 grammes de sucre

Quand le mélange fait le ruban (il blanchit et devient lisse), ajouter 20 centilitres de lait bouillant et une pincée de farine

En fouettant, chauffer doucement jusqu'à ce que la crème épaississe et qu'elle couvre une cuillère.

Si, malgré la farine, des grumeaux apparaissaient, passer la crème au mixeur pendant quelques secondes.

英格兰奶油

将四颗蛋黄和 100 克糖打匀；

当混合物打匀呈胶状后（发白且变得光滑），加入 200 毫升牛奶和一撮面粉；

搅打的同时，用小火加热，直到奶油变得稠厚；

如果加入面粉仍然出现凝块，将奶油倒入搅拌器中搅打。

Grains de sel

盐粒

关于“白色黄金”的烹饪传奇。

很多跟盐有关的传说都流传久远。在通过实验进行分析之前，让我们先来看几则。有些厨师建议，煮水时一定要等到水滚开后再加盐，因为他们相信加盐过早会导致水滚开得比较慢。这个观点得到了普遍接受，但它是事实吗？

至于烹煮肉类高汤，有些食谱则建议要从一开始就加盐，因为这样做肉的“精华”才会被萃取得比较充分。果真是这样吗？

相反，制作生菜沙拉的时候，则不能过早地加盐，因为盐分会让蔬菜叶子枯萎。对于这种从日本传来的观点，我们应该如何看待呢？

1835 年，法国化学家米歇尔-尤金·舍弗勒尔在其论文《研究用纯水或盐水烹煮蔬菜所溶出的物质》中指出：“熬煮蔬菜后，汤水会变成红棕色，同时还带着一股容易察觉的气味。用盐水烹煮相同的蔬菜，气味会更加强烈。用盐水煮菜时，菜肴的滋味也更加浓厚，不过有一点值得注意，盐水含有的萃取物相对更少”，这种观点值得信服吗？

所有未经实验证明的观点，我们都要谨慎对待。比方说，确实将盐加入水中会使其降温，因为一部分水中的热量被消耗溶解盐分的过程中，水的沸点因而会升高，整体需要加热的质量也增加。无论在水滚开之前或之后加盐，最终结果都将一样。在实验当中，对两锅水进行加热，采用相同的水量、相同的锅和相同的加热强度，唯一的区别是一锅水中加盐，另一锅的水中不加盐，结果在实验误差的范围之内，两锅水滚开的时间是一样的。

接下来看看盐对高汤的影响。通常人们相信加盐的效果源于渗透作用：分子倾向于在周围环境中均匀散布，直到整个环境的浓度相同。既然大分子无法穿透细胞膜，由于细胞膜两侧的浓度差异，造成水分渗入或渗出细胞。

如果只考虑到渗透作用，那么从理论上推论，用盐水煮肉时，肉应该比在纯水中煮要流失更多的水分。但实验结果并非如此，这个实验非常简单，也稍显枯燥：将两块相同的肉放入一样的锅中，只不过一口锅中注入纯水，一口锅中注入饱和的盐水。将这两锅肉煮 5 个小时，其间每隔 10 分钟称一次肉的重量。5 个小时，我们会发现两块肉的重量基本一样。

鸡蛋对盐水的反应会有所不同吗？有些人认为要用盐水煮整鸡蛋，因为这样做可以避免水分渗入蛋壳之中，否则渗入的水分会造成蛋壳胀裂。再做一个实验，将 10 只鸡蛋放入纯水中煮，再将 10 只鸡蛋放入盐水中煮，目的是了解渗透作用是不是会让鸡蛋变重，然后再看两口锅里各有多少鸡蛋裂开了。

实验的结果证实费这么大劲来研究这个问题是值得的。盐其实并不能防止鸡蛋裂开，真正有效的办法是用针在蛋壳上戳一个小洞，使气室中的空气更加容易溢出，而蛋壳可以保持完整。不过，在煮蛋的水中加入盐有一个明显的好处，即让蛋白有咸味，蛋也更加美味，20 世纪的厨师们就已经知道了这一点。

枯萎的生菜

最后，我们来研究一下盐对蔬菜的影响。将盐撒在生菜叶子上会有什么后果呢？如果将细盐撒在生菜叶上，如果叶子是干的，是不会造成什么后果的，即使让盐在生菜叶上停留几个小时也没有关系。究其原因，是由于生菜叶子的表面有一层起到保护作用的蜡质，可以抵挡渗透作用。

那么用盐水煮蔬菜呢？为了解蔬菜在烹饪中流失的物质，我们把烹锅盖起来煮，然后每隔一段时间再称一下菜的重量。结果发现：洋葱在盐水中煮时，刚开始确实会损失比较多的重量，因为渗透作用明显；但胡萝卜则没有受到什么影响。因为无论是洋葱，还是胡萝卜，在盐水中煮都会烂得更快。当然，如果煮的时间足够长，那么蔬菜无论是在盐水中煮，还是在纯水中煮，最后的结果都是一样的。

为什么用渗透作用来预测肉类与蔬菜在盐水中煮的结果，会与事实不相符呢？用显微镜观察一下就可以知道，植物细胞与动物细胞并不是由半透膜组成的，所以渗透作用并不能顺利地进行。动物肌肉被胶原蛋白所包裹，而植物细胞则有一层坚硬的细胞壁。刚开始煮时，稍微会发生渗透作用，但当煮了一段时间后，细胞结构会遭到破坏，此时的食物就变得像多孔的海绵一样，盐对其无法造成什么影响。

关于盐，还有什么说法吗？据说将削过皮煮熟的土豆放在过咸的酱汁中可以吸走其中的盐分，有些厨师宣称自己看到过咸的酱汁中的盐结晶。

14世纪的厨师纪尧姆·蒂莱尔（Guillaume Tirel）曾说过："汤或炖锅中如果不加入盐或油，就会很容易煮得溢出来。"对于烤肉，有人坚持认为不能在刚开始烤的时候撒盐，而要等到烤熟后再撒，因为这样"盐才会进入到肉里面"。吉奈特·马蒂约（Ginette Mathiot）是一位多产的食谱作家，他曾经说过："将一块糖放入酱汁中浸两秒钟，可以去除酱汁中过多的盐。"对于上述观点，您有何看法？

Champagne et petite cuillère

香槟酒与小汤匙

在香槟瓶口插入一个小汤匙并不能阻止气泡跑掉。

有人说在打开的香槟酒瓶口倒着插入一把小汤匙，就可以让气泡保存得更久一点。有人甚至强调必须使用银汤匙才能有此奇效。这种说法听起来非常可疑，似乎从一些操作错误的实验得出的谬论，应该相信它吗？到底是什么物理或化学作用，使得小汤匙居然能够阻挡气泡从香槟这种高档饮品中逃逸呢？在我们开始相关研究之前，“香槟区葡萄酒跨行业委员会”的酒类专家们已经做了一系列严谨的实验，以揭示“小汤匙效应”的奥秘。他们将研究结果发表在《香槟区酿酒者》期刊中，对所谓“小汤匙效应”予以了否定。

参与实验的三位研究员分别是米歇尔·瓦拉德（Michel Valade）、伊莎贝尔·特利宝—索耶（Isabelle Tribaut-Sohier）和弗雷德里克·帕诺伊蒂斯（Frédéric Panoïotis），他们拥有齐备的条件，所以能够进行非常可靠的实验。委员会有幸拥有多瓶同一款香槟，每瓶香槟酒之间几乎没有差异。

为了模拟出香槟被部分饮用的状态，他们把酒倒去 1/3 或 2/3。第一组瓶口保持完全敞开；第二组在敞开的瓶口插入那著名的小汤匙，视情况用银质或不锈钢汤匙；第三组用酒塞塞住；第四组及最后一组则用瓶盖盖住。所有的酒瓶都直立，温度控制在 12℃。为了了解气泡残留的状况，他们每隔一段时间就测量瓶内压力和液体重量，最后还品尝四组酒口感上的差异。

压强的差异

香槟瓶内最初的压力大约为 6 巴，随着瓶中香槟逐渐地减少，压强也随之降低，当瓶中剩余的香槟大约为 500 毫升时，压力降为 4 巴；而当剩余香槟为 250 毫升时，压强降至 2 巴。

稍后开始静置时，研究者发现，那些敞开静置的酒，无论瓶口是否插入小汤匙，瓶内压力降低的程度都是一样的。而瓶口被塞住的香槟则大不相同，压力降低比较少，静置 48 小时后，其压力仅降低 10%。而敞开静置的情况下，压力则降低达到 50%。

当然那些相信小汤匙有奇效的怀疑论者，多半会质疑这些初步结果。因此，研究者又测量了第二个参数，即因为气泡流失而造成损失的重量。他们再次发现，无论瓶口是否插入小汤匙，敞开放置的香槟酒的重量都减少得差不多。相反用酒塞塞住的香槟酒则没有减少多少重量。虽然还是有一些气体会从酒中释放出来，但是渐渐累积在液面上的气体压力变大后，会阻止其他的气体继续跑出来。此外，当我们把酒瓶打开来做测量时，会听到清脆的开瓶声，证明了有气体积在瓶内。塞住的酒瓶中气压明显更大，是因为酒塞或瓶塞有效地限制了香槟酒的气泡逃逸。

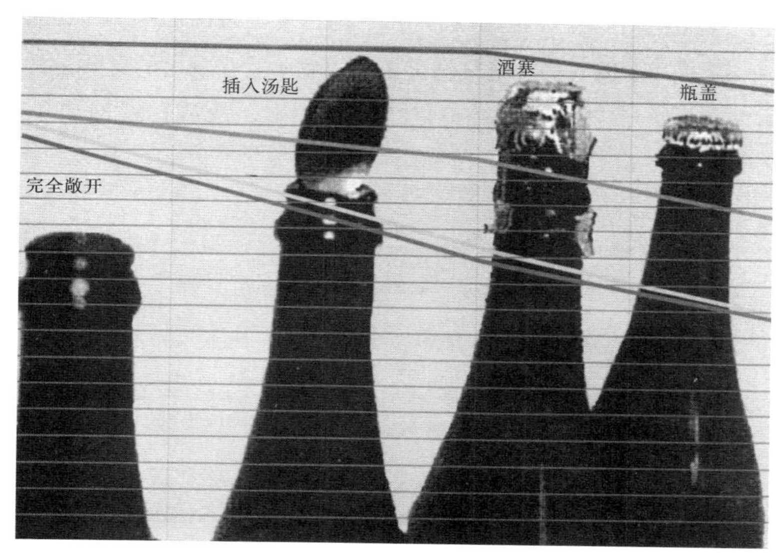

不同形式的封瓶法决定了气泡保存的效果。无论银质还是不锈钢小汤匙，都没有效果。

酒后吐真言

这些测量还证实了与香槟酒内气泡的流失有关的几个因素，包括瓶内液体表面上的压力、液体中的悬浮物质和瓶内玻璃壁的平整性。最后一点很容易观察到，比如撒一把沙子到一杯香槟酒中，或将香槟酒倒入打毛的杯子里，都可以看到很快产生大量气泡。这是香槟跟沙子不规则的表面，或者跟打毛杯子不规则的表面发生接触造成的。

最后，酒类专家们还研究了最重要的一件事，即对上述几种使用不同方式放置的香槟进行了品尝，再次否定了小汤匙的作用。在不让品尝者知道酒的来源的情况下，他们证明了小汤匙对于保存香槟酒的气泡一点作用也没有。相反，如果用工具把打开的香槟瓶密封起来，气泡的保存效果会好很多。不过，无论用哪种方法保存，香槟酒都会略微氧化，因为酒瓶一旦打开，就必然有氧气钻进去。因此不管小汤匙的奇效是真是假，喝酒都应该“今朝有酒今朝醉！”“瓶子打开了就马上喝完！”

Café, thé et lait

咖啡、茶和牛奶

如何让热饮更快变凉?

日常生活中有很多实践值得思考。比如下雨时跑起来是不是可以比走路少淋湿一些?穿白色衣服真的更凉快吗?在北半球拔开浴缸塞子,水总是会顺时针往下流吗?这些问题都很容易通过做实验来回答,只是我们很少会去做。

在烹饪中也有很多诸如此类的疑问。比如每天早上喝的咖啡刚开始总是很烫,但我们一直都不知道怎样让它很快凉下来。好在有些天才对这个问题很有兴趣。根据英国大物理学家斯蒂芬·霍金(Stephen Hawking)的说法,想要避免被热咖啡烫伤,最好等咖啡稍微冷一点再加入糖(前提是愿意喝加糖的咖啡),这样做比一开始就加入糖能使咖啡冷却得更快。

这种结论有什么理论根据吗?因为热的物体辐射出来的热能比冷

的物体多，确切地说物体在单位时间内所释放出来的热能与物体绝对温度的四次幂成正比。因此最好首先让咖啡自行冷却，此时咖啡的温度较高，可以辐射出更多的热能，咖啡的温度下降就会更快。最后加入糖则可以让咖啡温度在瞬间大幅下降（糖溶解会吸热），从而完成冷却程序。如果在最初就加入糖，咖啡的温度确是会立刻降低一些，但热能辐射的效果会明显减弱，总体冷却速度会慢得多。这听起来似乎很有道理，但实际情况果真如此吗？

从理论到实践

经过严格控制的实验，科学家尽可能模拟了平时喝咖啡的状况，对此进行了针对性的研究。实验证明霍金所推崇的快速冷却效果微小到几乎无法察觉。不过，该实验却凸显出咖啡杯所扮演的重要角色。刚开始冷却时，咖啡杯会被加热（吸收咖啡的热量），然而因为杯子只能靠传导来散热，所以冷的速度比液体慢很多，因此整个冷却程序较慢。

如果我们加入冷牛奶而不是砂糖，霍金推崇的方法能够更有效吗？跟刚才一样，这个实验也有些复杂。首先准备一杯很烫的咖啡，马上倒入冷牛奶，然后测量温度下降的情况；而对照地准备一杯同样烫的咖啡，让它先冷却一会儿，然后加入牛奶，再测量温度。

这一次，霍金的观点得到证实。我们在 200 毫升滚烫的咖啡中加入 75 毫升的冷牛奶，然后让咖啡冷却到 55℃（也就是说嘴唇通常可以接受的温度），大约需要 10 分钟时间。而如果我们让咖啡先降到 75℃再加入牛奶，总共只需要 4 分钟就能将咖啡温度降到 55℃了。总之，运用好物理原理，冷却咖啡只需要一半的时间。

小汤匙跟散热器

那些喝咖啡既不加糖也不加牛奶的人该怎么办呢？浸入咖啡的金属汤匙能成为有效的散热器吗？咖啡的热量是否会迅速通过金属匙辐射到周围的环境中呢？

无需猜测，也不必计算，使用热电偶来测量就能马上知道答案：放和不放小汤匙的效果几乎没有差异。对两杯刚开始温度达到100℃的咖啡进行比较，在其中的一杯放入汤匙，10分钟之后两者的温差不超过1度。因此，小汤匙不是好的散热器，即使是银质的也一样。

咖啡凉得慢，那么茶冷却的速度如何？热辐射的程度虽跟液体颜色有关系，但却不足以显著影响液体的冷却速度：如果杯子完全相同，液体的体积相等，那么咖啡和茶的冷却曲线完全趋同。不过，大碗中的茶比小杯中的咖啡凉得快，这又是另外一个问题了。

最后，让我们来研究一下一件我们在喝热饮时经常凭本能去做的事情：用嘴吹气来让热饮降温。这么做有效吗？用汤匙搅拌是否有用？实验结果显示，滚烫的液体每分钟会自然降温6℃，而如果一边吹一边搅的话温度每分钟可降低11℃。那么，吹气和搅拌相比哪种方式效果更好？

搅拌液体会造成两种效果：一方面会让液体均匀混合，因为搅拌可把较热的液体带到表面，从而加速冷却；另一方面，搅拌会增加液面的表面积，从而增加冷空气与热液体之间交换能量的机会。吹气的方法可以吹走已经变成蒸汽的移动速度最快的水分子，这些分子不会再回到液体中，因为液体分子的平均动力能量降低。既然温度反映的是分子的平均移动速度，因此液体发生了冷却。

使劲吹气，或使劲搅拌杯子中的液体，以尽快增大液体与空气的接触面，哪种方法会更有效呢？让我们根据理论知识来判断一下吧……

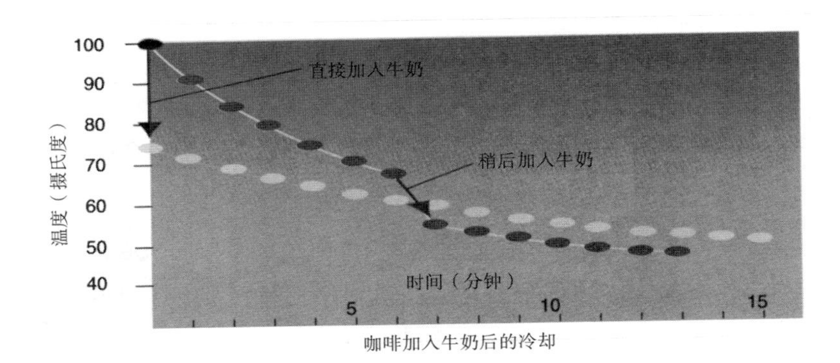
100
90
80
70
60
50
40
温度（摄氏度）
直接加入牛奶
稍后加入牛奶
时间（分钟）
5
10
15
咖啡加入牛奶后的冷却

答案（倒转文字）：吹气的方法比搅拌更有效。吹气每分钟可使咖啡降温6℃，而搅拌只能降低3.5℃。

第二部

味觉生理学，烹饪的基础

La physiologie du goût, base de la cuisine

Alimentation curative

药膳

灵长目动物会根据自身需求来选择食物。

在希腊人眼中，所谓野蛮人就是那些即使生病也不愿改变饮食习惯的人。研究员克洛德·马塞尔·拉迪克（Claude Marcel Hladik）供职于布努诺依自然历史博物馆的生态实验室，他和同事研究发现，猴子在某些方面反而和文明人更加相似：为了平衡饮食，甚至治疗肠道疾病，它们会主动吃一些含有生物碱的植物或直接吃土。

对甜味汁液的反应无疑是灵长目动物最重要的适应之一。动物的体形越大，就越能感受到甜味。似乎大型动物更善于分辨带有甜味的食物，并从中吸收比较多的能量。上述原则同样适用于食果动物和食草动物，只有懒猴是个例外，它对甜味非常不敏感。难道是因为懒猴必须忍受昆虫和其他猎物的苦味，从而避免与其他猴类的食物竞争吗？

人类，正常的灵长目动物

从能够感受甜味的观点来看，人类是一种正常的灵长目动物：人类体形较大，因此对甜味非常敏感。不过，这种基本生理特性因环境的差异而发生了改变：例如热带丛林地区和稀树草原的居民对葡萄糖和蔗糖的感知度明显不同。俾格米人生活在非洲的热带雨林地区，那里的水果具有较高的含糖量，因此他们对甜味的敏感度比草原居民低，因为草原上植物的含糖量较低。

一些研究利用甘味剂来测量不同物种对甜味的敏感度，证实了上述结论。对于人类来说，锡兰莓甜蛋白（存在于非洲藤本植物的红色浆果当中）的糖度是蔗糖的十万倍。非洲灵长目动物可以和人类一样感知这种甜蛋白，但美洲的灵长目动物则丝毫无法感知到。同样的区别还体现在索马甜（提炼自另一种非洲的植物）身上。1994 年在另外一种非洲藤本植物中发现的布拉柴甜是否也会有同样的差异呢？

动物味蕾感知甜味的差异化发展可能从三千万年前就开始了，即新世界的阔鼻小目猴与旧世界的狭鼻小目猴分道扬镳之时。在各自的环境中，它们找到了不同的植物，并与这些植物一起进化，一边吃植物的果实，一边又散播植物的种子。科学家在美洲还没有分辨出新型的植物甜味剂，但自然进化很可能已经造就出新的甜味分子，可以被新世界的灵长目感知，却不会令旧世界的灵长目感觉到甜。

几十年前，科学家们发现脊椎动物不仅有能力品尝出氯化钠（即食盐），还会在缺盐的时候主动去寻找。比如马的例子早就众所周知，它们只在需要的时候才会去舔舐含盐的岩石；对老鼠的研究也证实了同样的结果。在自然环境中，尤其是在森林里，通常不会出现盐分匮乏的情况。但是美国生物学家约翰·奥茨（John Oates）在1978年发现了东非黑白疣猴的一种特性，这种胆小的猴子通常不会离开茂密的森林，但有时候它们会专门跑到水泽地带去吃一种天胡荽属的植物的叶子，因为这种植物含有比其他植物多得多的盐分。

天然药物

有些灵长目动物居然会在体内盐分并不匮乏的情况下吃土，比如生活在加蓬森林中的黑疣猴，它们吃的土中含有的盐分含量低于它们常吃的各种水果。吃土的行为主要发生在每年的两个特殊时期，期间黑疣猴会食用老叶来补充食物，而通常它们一般只吃植物的嫩叶和嫩芽，以及花蕊、水果和种子。老叶中含有一些多元酚分子（几个羟基和苯环相连，还带有六个碳原子），尤其是能够和蛋白质形成链接，从而抑制蛋白质消化的丹宁。由于黏土和土的其他成分是优良的丹宁吸收物质，所以“吃土”这种癖好就有了解释，这是对丹宁被吸收的补偿。希腊医学之父希波克拉底（Hippocrate）曾说过“食物即药物”，这个方法难道是非洲的黑疣猴告诉他的？

加蓬森林里的一只母猩猩，正在剥食一种苋属藤条，以吸取其中对身体必不可少的氨基酸的汁液。

对苦涩的厌恶可以避免人类食入危险的生物碱，以及各种收敛剂，比如丹宁、萜烯、皂素和强酸等。但是，并非所有有毒物质的味道都是苦的，比如地奥素，这种薯蓣类植物含有的致病生物碱几乎是无味的。动物均受到“恐新症”这种心理现象的保护，即对吃不熟悉的东西有着本能的恐惧；另外，在不慎食用新的食物后，还会产生一种强烈的厌恶感，这一点在鼠类和灵长目动物身上都能观察到。但也有相反的情况，比如黑猩猩通常会极力避免吃苦涩的扁桃斑鸠菊，但在生病的时候却会专门去吃它，因为扁桃斑鸠菊含有多种糖类固醇，能够有效地治疗胃肠疾病。我们该如何定义这种本能的行为呢？天然药膳？

Goût et digestion

味道与消化

吸收谷氨酸钠会启动吸收蛋白质的机制。

为什么只要有一点消化后的代谢物进入血液，我们就会感觉吃饱了从而停止进食？胃胀满并不一定会让动物感到吃饱了，实验室的老鼠尽管胃被一个小气球胀满也不会停止进食。相反，机体会通过一系列反应，预先对食物的新陈代谢做好准备。比如将糖块放在舌头上，几乎立即就会导致肝脏分泌葡萄糖。

1960 年，法兰西学院的研究员斯蒂利亚诺斯·尼克拉依迪斯（Stylianos Nicolaïdis）与同事有如下发现：用糖精刺激味觉感受器，会导致胰脏分泌两种荷尔蒙。第一种是胰增血糖素，负责让身体释出葡萄糖；第二种是胰岛素，负责代谢葡萄糖。此外，刺激甜味感受器还会让身体产生一系列等同于摄入碳水化合物的预期反应。

最近，克莱尔·维阿鲁日（Claire Viarouge）、帕特里克·伊文

（Patrick Even）、洛朗·柯里耶（Roland Caulliez）以及尼克拉依迪斯等人进行了深入的研究，揭示了动物在感受到蛋白质后使机体对新陈代谢做好准备的反应。其中一项研究的主题是动物在品尝到谷氨基酸之后的预期性反应，谷氨基酸的摄入通常被机体视为已经吸收了蛋白质的信号。过去，谷氨基酸即味精主要是用于亚洲汤菜的调味品，如今已经被西方食品工业广泛使用为提味剂。除了咸味，谷氨基酸还有一种特别的味道即"鲜味"，区别于甜、酸和苦等几种传统的味道。

那么谷氨基酸真的会像摄入蛋白质那样提高新陈代谢的强度吗？它也会导致胰增血糖素和胰岛素的分泌，就像氨基酸出现在血液中之后通常会导致的反应那样吗？

为研究这个问题，法兰西学院的研究员们制作了一台专门分析新陈代谢的装置，可以测出新陈代谢的不同组成，并且能够分开记录多种状态下的新陈代谢需求，包括"移动"、"进食"和"休息"（表面上动物在休息，但机体的新陈代谢从不停歇）。1991 年，他们观察到如果将味精放入老鼠的口腔或胃中，只会导致轻微的荷尔蒙分泌，由此推断只有在和其他进食信号同时出现时，味精才能促使身体对新陈代谢提前做好准备。

为证实这个假设，他们从头顶为老鼠的口腔安装了一些针管，与固定在笼子上方的一根导管相连，以便直接将谷氨基酸或蒸馏水的溶液直接注入其嘴中。尽管与导管连接在一起，老鼠仍然可以在笼子里自由移动，它们的新陈代谢得到了持续的跟踪。

手术后不久，老鼠很快就习惯了从安装在嘴里的针管接收蒸馏水或味精溶液。当它们开始进食后，一部分老鼠被注入了不同浓度的味精溶液，而另一些参加实验的老鼠则只接收到蒸馏水。

上述实验证明，当动物在正常进食时，味精的味道能够显著增强新陈代谢：进食诱发的“热生成”更多也更快。因此，味精在其中的角色有些像“糖精”，通过味道欺骗机体做出反应：糖分丰富的餐食会被视为具有很大的蛋白质价值。

机体在新陈代谢时会发现进食的真实信息与此前收到的信号不一致，它需要多长时间才能意识到自己受骗呢？预期的反应能够让机体产生饱足感吗？研究还需继续……

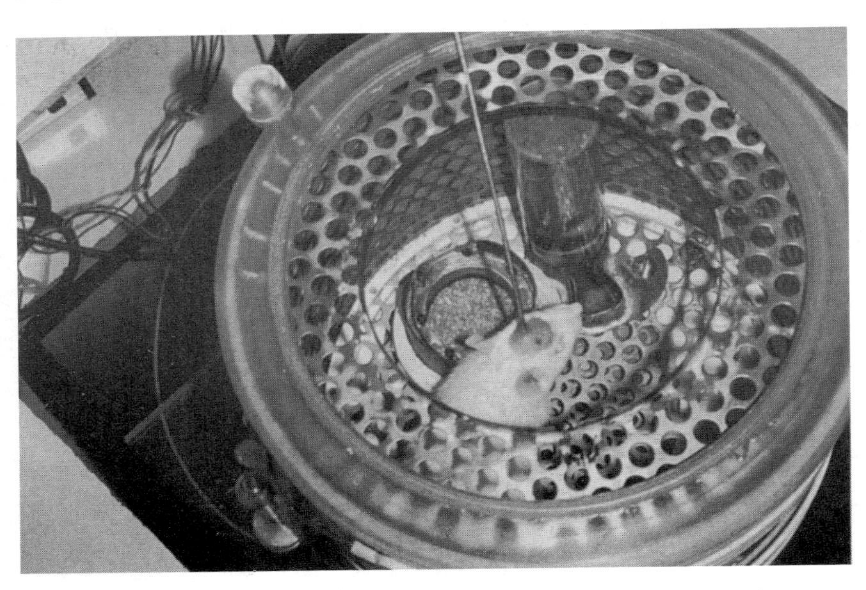

一只带有导流管的老鼠在记录其新陈代谢的笼子中。

La saveur dans le cerveau

大脑中的味道

核磁共振帮助我们在感知味道时辨别出激活的大脑区域。

“直到目前为止，尚未有足够的词汇能够对各种味道进行精准的定义，所以我们不得不用为数不多的几个意义广泛的词汇来表达味道，比如酸、甜、苦、涩等，另外还用两个反义词对味道进行补充说明：好吃的和难吃的。也许将来的人能够比我们更有智慧。”

布里亚-萨瓦兰的话很有预见性，如今的神经生理学家们确实已经开始研究舌头味蕾表皮细胞表面的味觉感受器。与此同时，核磁共振摄影技术也揭示出这些感受器在感知到味道后，如何将讯息传至大脑，以及大脑随后如何处理。

核磁共振摄影技术已臻成熟，可以通过检测相关大脑区域的血液流量的变化来记录这些区域的活动。此前，神经生理学家利用该项技术对认知能力进行了深入研究，包括语言、计算和记忆等，但味觉几乎完全被遗忘。终于，马西感觉神经实验室的芭芭拉·赛尔（Barbara Cerf）和雅尼克·弗尼翁（Annick Faurion），以及奥赛医疗中心的德尼·勒·比安（Denis Le Bihan）对滋味分子激活的大脑区域进行了辨别。

有关这方面的基础认知非常匮乏，只不过通过观察那些在“二战”中大脑受损的伤员，人们发现靠近中央沟（即罗兰多沟）的大脑顶盖可能在味觉感知中扮演着一定的角色。然而，电极生理研究的实验却得出了不同的结论：味觉功能区应该位于脑岛叶中。

现在用核磁共振摄影技术来研究这个问题。受试者需要躺在一个两米长的管内，通过一根软管进食喂给他们的各种溶液。在这样的环境中，受试者先后进食了多种味道的溶液，包括阿斯巴甜（天门冬氨酸，一种甜味剂）、食盐、奎宁（苦味）、糖尿酸（甘草味）、乌苷酸（鲜味，接近于谷氨基酸，广泛用于亚洲烹饪）和D-苏氨酸（味道难以言说，强烈建议品尝）。研究者首先给受试者输送水，然后是味道溶液，然后又是水，如此继续，以避免受试者对任何一种味道的刺激形成习惯，但又使每种味道的刺激至少能够保留十几秒钟，这个时间长度足够核磁共振摄影仪检测到足够多的信号。

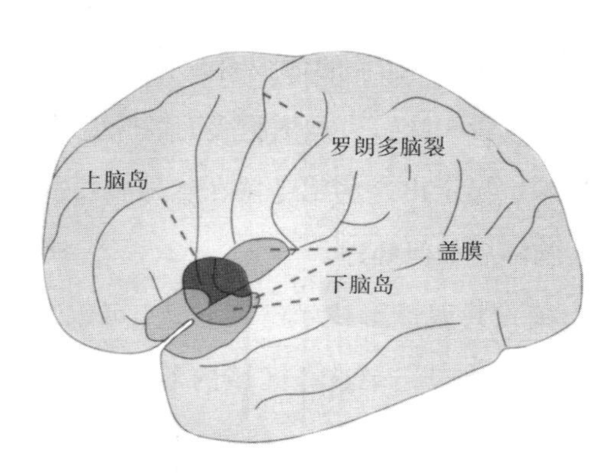

感知味道时收到刺激的大脑区域。

味觉的“单脑优势”

接受不同味道溶液的受试者们需要专注于每种味道，以避免任何大脑活动的干扰。受试者通过沿着一个标尺移动一个游标来描述味觉感受的强度。神经生理学家负责计算不同溶液与大脑不同区域活动的关联性，由此确定与味觉感知关联的大脑活动：个体之间的差异性较大，而且形成的图像混杂难辨。为此，研究者们不得不进行大量的实验来准确地定位感知味道的大脑区域。

第一次实验结果显示大脑中有四个区域会受到味道溶液的刺激，分别是岛叶与围绕岛叶的额叶盖、顶叶盖和颞叶盖。因此，所谓“大脑味觉中枢”并不存在，而且也没有所谓“负责不同味道的特别区域”。另一方面，大脑中还有并非一贯对味觉做出反应的区域也参与语言的理解，由此产生一种假设，即味道的感知是与对味道的命名联系在一起的。

第二次实验则对五个左撇子和五个惯用右手的人的味觉反应进行比较，结果显示四大味道反应区域的分布在两组人大脑中并非是严格对称的。相反，岛叶在不同的个体大脑中的反应大相径庭。这部分大脑包含两个区域：上区和下区。无论左撇子还是惯用右手者，上区在左右两个脑半球均会被激活，而下区则体现出个体的单脑优势。因此，大脑在处理味觉讯号时，与处理语言和运动一样，都具有“单脑优势”的特性。

一张大脑感受味道的图片。

第三次实验的研究目的在于比较大脑对单一美味的反应和混合了刺激或辛辣味道的美味时的反应。这一次显示大脑被激活的区域是一样的，从而证明品尝一道菜时激活的是大脑的整体感受，是难以分析的。大脑通过综合来自各种类型感受器的信号来形成总体的感受。

Dans les papilles

在味蕾中

发现感受食物味道的细胞的机能。

1994年，纽约哥伦比亚大学的理查·阿克塞尔（Richard Axel）和琳达·巴克（Linda Buck）发现了存在于鼻黏膜中的蛋白质能够捕捉香味分子，从而揭开了嗅觉的奥秘。这一发现当时引起了轰动，然而对于更喜欢利用舌头味蕾来感受味道的人来说，味觉机能仍然是一个未解之谜。

两年之后，格文多林·王（Gwendolyn Wong）、金贝利·迦诺恩（Kimbermley Ganoon）和罗伯特·玛戈尔斯基（Robert Margolskee）在纽约公布了他们对“味觉传导蛋白”的研究结果，这种存在于味蕾细胞当中的蛋白质早在1992年就被成功克隆，但此前其在品味过程中的功能一直不为人知。通过抑制这种蛋白在老鼠味觉细胞中的合成，生化学家们发现动物会因此丧失对苦涩味道的反感，而且更令人吃惊的是动物还会丧失对甜味分子的敏感性。

产生味觉的过程始于某种味道分子与味蕾感觉细胞膜中的味道感受器或管道发生接触：经过一系列的反应，细胞的电位差发生了改变，当变化足够大的时候，感受细胞就会刺激神经，随后逐渐将信息传递到大脑。

各种味道分子有着不同的作用方式：酸味的氢离子或咸味的钠离子直接跟细胞膜的管道发生关系，迅速改变味道感受细胞的电位差，将自身的电荷增加到细胞的整体电荷之上；甜味、苦味和其他味道的分子（甘草）则有所不同，它们会与被称为味道感受器（蛋白质）的分子结合，这些味觉感受器存在于味觉感受细胞的细胞膜内，直接与外界接触。

我们相信这些味道感受器是和已知的其他蛋白质结合在一起的，即G蛋白;G蛋白会激活被称为“二级信使”分子，将味觉信息传递至细胞内部。不过，味道感受器本身携带的信息是会逐渐丧失的，因为它们与味道分子的链接非常脆弱。这种脆弱性给科学研究带来障碍，却是美食品味的福音：因为如果味道分子与味道感受器的链接过于牢固的话，我们将无法迅速地品尝到不同的美味。

在找出味道感受器之前，玛戈尔斯基及其同事们主要专注于G蛋白研究。借助聚合酶基因放大法，他们复制了在味道感受细胞中大量存在的多种G蛋白的阿尔法次元基因。他们尤其关注G蛋白中的“味觉传导蛋白”，因为这种蛋白唯独存在于味蕾细胞。

研究证实了味觉和视觉的相似性：“味觉传导蛋白”与眼睛里的“视觉传导蛋白”极为相似，这也是一种G蛋白，存在于视觉感受细胞当中。有趣的是，纽约的学者们在味道感受细胞当中还找到了视锥细胞和视网膜杆体的“传导蛋白”。

眼睛与味蕾

上述相似性很有启发性。如果味蕾细胞和眼睛细胞的作用方式相同，“味觉传导蛋白”和“视觉传导蛋白”都会激活一种能够减少磷酸腺苷循环生成的一种酶；那么磷酸腺苷作为“二级信使”的减少应该会改变细胞膜内的离子通道和酶，或阻碍细胞内和细胞外的钙离子交换。

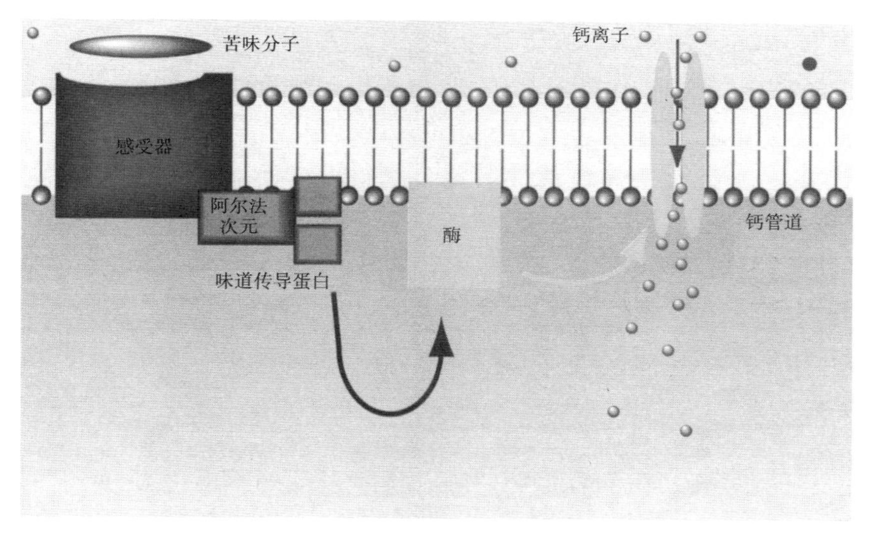

苦味讯号始于一个苦味分子与味蕾表面的感受器结合。这个感受器与G蛋白相互作用，比如能够改变细胞内和细胞外之间电位差的“味道传导蛋白”。当刺激足够强时，细胞将向大脑发出信号。

为证实这个假设，玛戈尔斯基的纽约研究团队进行了有针对性的研究。他们对决定味觉传导蛋白阿尔法次元特性的基因进行了去活性处理，然后观察由这种基因培育的老鼠的行为。在给老鼠喂食各种美味溶液时，神经生理学家记录下传递味道信息的鼓索神经的电信号：对于咸味或酸味，老鼠的反应很正常；但受到苦味（比如硫酸奎宁或苯甲地那铵等苦味化合物）刺激时，神经电信号却非常微弱，用蔗糖和一种浓烈的甘味剂做实验也出现同样的结果。

为什么老鼠对甜味和苦味的感知能力没有被完全去除呢？玛戈尔斯基及其团队给出的解释如下：“视觉传导蛋白”未被去除，它们参与到了味觉当中。将来的实验势必要同时对“味觉传导蛋白”和“视觉传导蛋白”两种基因进行去活。

Comment le sel modifie le goût

盐如何改变食物味道

咸味可以转化而且能减弱苦味与甜味。

真正的美食家特别害怕两件事情：痛风和食物中不能放盐。痛风还好对付，只要尽量不吃那些刻意长期贮存而略微变质的野味就行了，但完全无盐的食物让他们束手无策，只能暗自埋怨开出无盐食方的医生。美食家对无盐的恐惧是很有道理的，这一点得到了美国费城莫奈尔化学研究中心的加里·博尚（Gary Beauchamp）及其同事们的证实。没有盐味本身只是一方面，更严重的另一方面是由于没有盐，不好的味道会释放出来，而好的味道却无法展现。

在本书的第一部分，我们已经知道了盐如何改变食物的质感，却没提到它对味觉的影响。氯化钠（食盐）本身是一种味道分子，能刺激味觉感受器。除此之外，它还有其他功效吗？真的如人们所说可以给菜肴"提味"吗？

对于这个问题，莫奈尔化学中心进行了深入的实验。博尚博士研究了氯化钠及其他盐类，包括氯化锂、氯化钾和天冬氨酸钠等。

实验的目的是揭开关于“盐的悖论”。过去一些研究显示，当盐和其他味道配合时，要么会遮盖其味道，要么毫无影响；然而所有美食家都知道，如果食物没有放盐不仅没有咸味，而且会无味。比如，厨师会在做派的馅儿中撒一点盐（即使是甜派馅儿也不例外），目的不是让派变咸，而是提味！

过滤味道

来自费城的科学家们想要知道盐是否会像传说中的那样能够对味道进行“选择性地过滤”，也就是说减弱不好的味道（比如苦味），又增强好的味道（比如甜味）。据他们判断，单纯用盐去配合另一种味道显然不够，因此他们准备了混有下列三种味道的溶液：尿素（苦味）、蔗糖（普通砂糖）以及醋酸钠（替代盐）。选这三种溶液是有理由的：将蔗糖加入尿素中，可遮盖尿素的苦味；醋酸钠可以像盐一样提供钠离子，却不会产生过咸的味道。他们准备了不同浓度的溶液来混合：尿素有三种浓度，蔗糖有四种，醋酸钠也有三种；然后找十几位受试者来品尝这些混合溶液，记录下受试者感觉的苦味、甜味以及其他味道的强度。

正如所预想的那样，醋酸钠也能减弱苦味。不过，有一点却完全超乎烹饪经验的结论，那就是盐居然比糖更能遮盖尿素的苦味：混合了蔗糖、尿素和盐的溶液，比起只有蔗糖和尿素的溶液更甜或更不苦。另外，醋酸钠会让高浓度的蔗糖溶液（含低浓度的尿素）变得更甜。这可能是

在“甜加苦”溶液（3号）中加盐，溶液会变得更甜或更不苦（4号）。在这个实验中，糖溶液跟尿素溶液的浓度都是固定的。

因为原本少量尿素的苦味会遮盖一部分高浓度蔗糖的甜味，而醋酸钠则消除了尿素的苦味。另一个实验结果也符合这个解释：如果只有蔗糖跟醋酸钠的话，溶液的甜度完全不会改变。

上述结果，加上他们后来又用其他化合物所做的实验的结果，显示钠离子确实可以扮演一种重要的角色。它能够遮蔽苦味（很可能同时也遮蔽了其他难吃的味道），强化了好吃的味道。因此，钠离子并不是“提味剂”，准确地说它能够改变味道。我们习惯在很多食物中加盐，比如青菜（常有苦味，如苦苣；但也很多是甜的，如胡萝卜和豌豆）、脂肪或肉，根本原因也许是我们的潜意识希望遮蔽那些不好的味道，同时增强那些好吃的天然味道。这些实验也解释了为什么爱喝咖啡的人会在过滤器中撒一小撮盐，因为这样可以消除咖啡的苦味。

虽然我们还是不知道盐到底如何刺激味觉感受器来达到这样的效果，不过至少我们知道为什么无盐烹饪让人皱眉头了。

La détection des saveurs

味觉探测

找出第五种味道的分子感受器。

又一个生理学领域的圣杯到手了！长久以来，生理学家就一直在探究：舌头味蕾表皮中的细胞是怎样探测味道分子的？通常人们相信这些味蕾细胞表面有一种由蛋白质构成的“味觉感受器”，味道分子会附着在上面。但这些味觉感受器又是如此难以捉摸，因为它们只会和味道分子形成微弱的结合，因此从味蕾细胞制造的蛋白质溶液中，这些蛋白质感受器始终无法提炼出来。不过，这个造成实验困难的缺点，却是生理学上的一大优势。因为如果味觉分子跟感受器的结合太强的话，那每个分子都将会占据感受器并刺激过长的时间，导致我们分辨不同味道的能力减弱，人类品尝食物时将不得不采用慢动作。然而，正是着眼于研究“微弱结合”这个特性，迈阿密大学的生理学家们找出了感觉“鲜味”的味觉感受器。

长久以来，人们普遍认为舌头只能品尝出四种味道，即酸、甜、苦和咸，好在这一结论很快得到了验证。1908年，日本东京帝国大学的池田菊苗（Kikunae Ikeda）教授辨别出了谷氨酸盐（是谷氨酸这种氨基酸的离子盐，即味精），这种化合物具有特别的味道，不同于酸甜苦咸之中的任何一种。

有关“第五种味道”的观念后来经过了长时间的争议，最终才被大家广泛接受，尤其是在大量使用味精的亚洲菜在西方世界普及之后。研究显示，甚至有很多动物也能品尝出这种味道。为什么呢？也许是因为谷氨酸盐存在于许多富含蛋白质（也就是氨基酸长链）的食物当中，比如肉类、奶类及海鲜中。探测这种味道对个体来说十分重要，因为这种讯号是“足饱”的关键所在。我们并不会因为胃被胀满而停止进食，而是因为大脑接受了感觉系统传来的讯号，告知身体已经摄取了足够量的食物，才会停止吃。

从嘴到大脑

根据十多年前法国马锡神经生理实验室的安尼克·弗里翁（Annick Faurion）等人的研究成果，即谷氨酸盐也是一种神经传导介质，迈阿密大学的尼汝巴·绍达里（Nirupa Chaudhari）及其同事们继续对味觉感受器的研究。他们提出，既然谷氨酸盐也是大脑神经细胞彼此传递信息用的分子，为什么不试着在口腔中的味觉细胞中寻找与神经讯息感受器相类似的分子呢？

从这个方向出发，绍达里等人首先找寻那些和G蛋白黏在一起的蛋白质，也就是说那些嵌入味觉细胞的细胞膜中，能够传递被感受器探测到的信息的蛋白质（感受器能够探测到来自细胞外部的信息）。生理学家果然有所收获，他们发现了一种名为“谷氨酸盐代谢型感受器”的蛋白质，代号为mGluR4，其形状仿佛是一个截断的神经元感受器。

深入研究味觉感受器

在大脑中，这种（未截断的）感受器因为结合力强，可以探测到浓度极低的谷氨酸盐。无需开展模型试验，可以肯定如果将这种感受器放入口腔中的话，因为食物中谷氨酸盐含量明显较高，应该一下就饱和了。绍达里的团队指出，这个截断的感受器，可能就是为了适应口腔的特殊环境而演化而成的。与大脑中的感受器的氨基酸序列相比，绍达里与同事们发现田鼠味觉细胞中的感受器比较短，少了前面300个氨基酸，而且跟谷氨酸盐的结合力也非常弱。尤有甚者，激活这种感受器所需要的谷氨酸盐溶液的浓度与跟生理学实验中田鼠能够品尝出的最低浓度差不多是同一等级。

为什么截断了一半后，感受器与谷氨酸盐的结合力就变弱呢？绍达里及同事们发现这种蛋白质的结构很像一种细菌的蛋白质，而后者的结构经过了详细的结晶学研究：这种细菌蛋白质有两个地方可以与谷氨酸盐结合，但截断后的感受器恰好丧失了其中最为敏感的那一部分。

不过，科学家们不禁自问，找到的蛋白质真的就是“鲜味”的味觉感受器吗？也许这些蛋白质不过是味觉细胞下游传递神经信息的介质？好在很多证据对此予以了确认。

首先，mGluR4的激活是通过一些田鼠无法将其与谷氨酸盐区分的味道分子。这其实是可以预见的，因为弗里翁已经观察到舌头和大脑对这种分子的反应方式是完全一样的；此外，截断的mGluR4蛋白质只能在味蕾当中合成；而且无论完整的mGluR4蛋白质还是呈现截断形态的mGluR4蛋白质都只在口腔内味蕾细胞的表面被找到。

如此发现引发了一系列问题：mGluR4蛋白质是唯一的"鲜味"感受器吗？这种蛋白质还参与其他味道的感受吗？每种感受细胞只包含一种感受器吗？上述实验发现显然只是奏响了一系列篇章的序曲，因为生理学家们已经找到了其他类似的蛋白质，似乎也应该被视为味觉感受器。mGluR4蛋白质还能产生多种应用，即借助分子模型来进行模拟实验，来研究有哪些分子可以与之结合。

看来使用计算机技术来寻找新的味道分子已经指日可待。

Les saveurs amères

苦味

我们知道味道的种类超过四种（甜、咸、酸、苦），生理学家们发现苦味有很多种。

1995年，嗅觉生理学研究实现了重大突破：借助分子生物学技术，科学家们找到了鼻腔中构成嗅觉感受器的蛋白质。然而当时人们对舌面和口腔中的味觉细胞中的味觉感受器一无所知。这个空白如今逐渐地被填补上了，美国迈阿密大学的亚雷冉德罗·塞瑟多（Alejandro Caicedo）与斯蒂芬·洛普（Stephen Roper）通过研究证实：舌头有能力区分多种不同的“苦味”。

2000年，当初找到“嗅觉基因家族”的科学家们又发现了一大族感受器，即所谓“苦味感受器”。接着，其他科学家发现，此族感受器中的每一种都只对特定的苦味分子有所反应。与此同时，还有研究指出每种味觉感受细胞都能够表现为多种“信息核糖核酸”，因此合理的推论应该是：一种味觉感受细胞应该能够感知多种不同的味道。

科学家对田鼠、猴子和人进行了有针对性的神经生理实验，结果显示这些动物都能够区分多种不同的苦味。这种能力的生理基础是什么？一个味觉细胞到底是只能探测到一种味道，还是能探测到多种味道？这些问题让人感到无比烦扰，但科学家们的研究结果却是值得怀疑，因为从舌头味蕾细胞到大脑之间的信息传递，夹杂着很多干扰，精准的分析势必非常困难。

借助最新的影像技术，迈阿密大学的生理学家们对上述问题进行了研究。当味觉感受器受到刺激时，细胞表面的钙离子通道会打开从而形成钙离子流。借助细微滴管，科学家们将一种荧光颜料注入单一细胞中，这种颜料会随着钙离子浓度的变化而变色。荧光颜料的好处是可以被激光所激发（因此可以跟没有染色的细胞区分），然后荧光颜色的变化被一种“共焦显微镜”观察并记录下来。这种技术的特点是，无需切片或分离就可以看到组织里面的细胞生理变化，所以可以实时地探测味觉细胞受到不同苦味分子刺激的状况。

一些苦味化学物质（如蛋白质合成抑制剂环己亚胺）可以引起感受器细胞中钙离子浓度短暂而剧烈的变化，而另一些接受了检测的苦味分子（比如苯甲地那铵、八乙酸蔗糖酯、苯硫脲）导致的变化则缓和得多，但变化持续的时间更长。这几种苦味分子使感受器细胞发生反应的浓度不尽相同，它们的刺激强度也随着浓度增加而增强。此外，如此记录下来的反应与田鼠的行为反应非常吻合：这些田鼠被喂食了浓度不同的苦味分子溶液，它们只在溶液达到一定浓度界限后才会产生反应。

五种苦味

经过精细的研究，科学家们发现在观察的 374 种细胞中，只有 18%

会对一种或多种低浓度苦味分子有反应。在这些对苦味分子敏感的细胞当中，14% 对环已亚胺有反应；4.5% 对奎宁有反应；3.7% 对苯甲地那铵有反应；2.4% 对苯硫脲有反应；1.6% 对八乙酸蔗糖脂有反应。

总的来说，苦味细胞在一个舌头味蕾所有表皮细胞中所占的比例，约等于苦味细胞在所有受测试细胞中的比例。科学家们没有发现在研究的味蕾（味蕾包括多个味觉感受器细胞）当中，有任何一个看起来是专门针对苦味的，而且对苦味敏感的细胞的比例和分布于苦味感受器的信息核糖核酸相同。这次实验从细胞生物学的角度再次证实：与大家过去普遍认为的相反，舌头表面并没有特定的味觉区域。

那么每个苦味感受细胞都会对上述五种苦味溶液产生不同的反应，还是每种细胞只负责一种苦味？科学家为此进行了深入的研究，他们对同一种细胞用五种苦味溶液连续刺激，结果显示大部分会对苦味有反应的细胞都只对其中一种溶液有反应，而邻近的细胞则可能对另一种溶液有反应。

环已亚胺

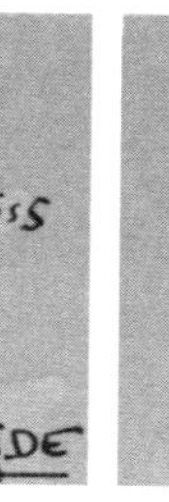

奎宁

苯甲地那铵

苯硫脲

有 1/4 的细胞会同时对两种苦味溶液有反应，有 7% 的细胞会对两种以上的苦味有反应。上述两群细胞是互斥而彼此没有关联的。另外，增加苦味溶液的浓度并不会改变相关苦味感受细胞的比例，这显示苦味感觉细胞对“喜好”相当专一。

找到能够感知“多种”苦味分子的感受器（苦味再也不是单一味道了）的研究结果，也解释了动物行为学的研究结果，特别是证实了动物具有区分不同苦味的能力。每种苦味感受细胞的神经，无疑应该会聚集成一束，然后将特定苦味讯号传送到大脑中。现在剩下的工作，就是要为不同的苦味命名了！

Chand devant

辣味因热加剧

为什么辣味食物灼口？

怎样做出一道美味可口的菜？厨师们会很自然地想到各种传统的食谱，然后将搭配经过了历史长河验证的各种食材混合在一起。从另一个角度来说，美味可口难道不就意味着将各种美味分子汇聚在一起，从而和谐地刺激人的味觉、嗅觉，激活人的热量或辣味感受器？

不过，这种观点的应用目前还缺乏准确的理论依据。我们知道甜味可以遮盖酸味和苦味，咸味有利于其他味道的释放，但我们对这些分子的作用机制缺乏足够的了解。比如说，为什么辣椒会让嘴有灼烧感？为什么嗜辣者可以欣然接受那些极辣的菜肴，而不吃辣的人却丝毫无法承受辣味？为什么我们会喜欢吃这些应该是会带来痛苦的东西呢？加州大学旧金山分校的大卫·朱里尤斯（David Julius）教授等人，研究了辣椒素（辣椒主要的辣味分子）的感受器，从而解答了上述问题。

数十年前，人类生理学研究出现了一些重大的突破，那就是关于吗啡及衍生物对大脑作用机制的研究。如果人类脑中有吗啡的感受器，那代表大脑中应该有类似吗啡的分子才对。这个预测是正确的，不久之后我们就发现大脑会分泌内生性类吗啡，也知道了肌体如何利用这些化学物质来调节痛觉。

因此，朱里尤斯等人也认为，既然人类会吃那些带有辣味分子的食物，必定是因为我们有这些分子的感受器，特别是应该有类似的内生性分子，而且很可能与痛觉系统的调节有关。

那么如何找到这些感受器呢？他们找出口腔中对辣觉有反应的神经细胞，将它们的信息核糖核酸分离出来，用它们构造成一组脱氧核糖核酸分子；然后他们将由此产生脱氧核糖核酸放入不同的细胞培养皿中，以观察辣椒素与脱氧核糖核酸产生的蛋白质之间的联系。他们最终辨别出了能够识别辣椒素感受器的脱氧核糖核酸，即 VR1。将上述脱氧核糖核酸导入青蛙卵中，可以形成细胞膜包含辣椒素感受器的细胞。

根据分析，科学家们发现 VR1 其实是一种细胞膜通道蛋白质，也就是说这种蛋白质可以调节细胞内外离子的浓度，尤其是钙离子。它由四个次单元组成，当受到辣椒素刺激时，这个通道就会打开。

这个研究对美食学有什么帮助呢？早期的心理生理学研究已经建立了一种类似里氏地震等级的辣度指标，由韦尔布尔·斯科威尔（Wilbur Scoville）博士提出。通过记录含有 VR1 感受器的青蛙细胞的电子生理反应，辣度指标的可靠性得到了验证：辣椒素的浓度与这些细胞的反应即大脑的反应呈正比关系。

通过实验，朱里尤斯及其同事们指出辣椒素具有油溶性，可以和蛋白质通道以及神经元的内侧和外侧结合。其油溶性解释了为什么喝水无法缓解辣感，而吃面包却能够给灼烧的口腔降火。

为什么习惯吃辣食

上述有关辣味感受器和辣椒素的研究还解释了为什么有些人会习惯吃辣食。VR1 蛋白质通道的打开可以导致钙离子在神经元内的流动，而钙离子在细胞间电势差达到一定程度后释放出神经脉冲。但是，钙离子过多将会对细胞构成伤害：在持续几小时与辣椒素保持接触后，带有 VR1 感受器的青蛙卵就会死亡，其原因很可能是钙离子过量。

辣椒的辣度等级用斯科威尔单位表示：左侧的墨西哥瓜希柳辣椒（Guajillo）辣度为 3000 斯科威尔单位，中间的卡宴辣椒（Cayenne）辣度为 4 万，右侧的中南美洲夏宾奴辣椒（Habanero）辣度达到 30 万。斯科威尔辣度指数与每个分子中辣椒素的浓度成正比。

嗜辣者对辣味敏感度的丧失似乎是由感觉纤维的死亡造成的，它揭示了辣椒素在治疗病毒感染或糖尿病导致的神经性病变中的不同寻常的作用：通过杀死带来痛苦的神经元，辣椒素将会导致痛觉丧失。

最后，生理学家也研究了温度和辣度的关系：当VR1感受器的温度快速升高时，会形成类似于电流的由辣椒素导致的离子流：VR1通道同时是热量和化学感受器……这也解释了为什么吃辣菜会导致口腔“着火”。

Le goût du froid

冷食的味道

舌头受冷或受热都会引发味觉，即使并没有食物。

最近几年，在味觉生理学研究领域不断涌现新的重大发现。比如科学家们找到了辣味的味觉感知分子，还在味蕾细胞中辨别出了味觉的生理机制。2000年4月，科学家们终于找到了第一个味觉感受器，即鲜味感受器。现在的味觉生理学家似乎拥有多种工具来找到其他味觉感受器，令人意外的是随后发现的居然是温度感受器：改变舌头表面的温度就会引起有味道的感觉，即使味道分子并非真正存在！

吃东西时，不同食物分子会刺激不同的感受器，比如鼻腔内的嗅觉感受器，舌头味蕾表面细胞中的味觉感受器，吃辣味食物时候激活的痛觉感受器，还有力度感受器和温度感受器。这些感觉是如何相互作用，最后统一形成某种特定的“味觉”呢？

一直以来，我们都以为这些感觉是分别通过神经细胞，一个接一个地传到大脑中的特定区域，然后由大脑中的某个信息中心予以解读，将它们整合成一种统一的“味觉”。不过数年前神经生理学家们有了新的发现，证明上述假设其实无法解释味觉。所有味觉信号在传到第一个神经中转站时就已经被整合了，也就是说味觉的整合实际上是在舌头上。

让舌头受热

为了解这种整合后的生理结果，耶鲁大学的厄奈斯托·克鲁兹（Ernesto Cruz）和巴里·格林（Barry Green）开始研究食物的温度对味觉感受器的作用。他们用“热电极”（通过电流来控制温度的系统）来刺激受试者的舌头，就这样他们“重新发现”了“热味觉效应”，即冷或热的感觉导致的舌头上的味觉。其实，35年前就已经有人发现了这种效应，不过当时被应用到了一个错误的理论中，因此后来被遗弃了。

并非所有受试者都有类似的热味觉效应，不过对大多数受试者来说，对舌尖稍微加热（至35℃）会产生轻微的甜味，而如果冷却舌尖（至5℃）则会导致酸的味觉，其中一位受试者因此还感觉到了咸味。如果加热舌根则只能造成很弱的甜味，但冷却舌根却能导致比较明显的味道，或苦或酸。不过，也有一部分受试者没有感觉到任何味道。

这种奇特的现象值得探讨。克鲁兹和格林首先试着建立温度和味道强度之间的联系。他们发现舌尖所感觉到的甜度，随着温度增加（至35℃）而增强；而随着温度降低，酸味会逐渐变成咸味。既然有受试者指出舌尖和舌边缘的感觉有所不同，科学家们也仔细研究了这些差异，结论是热味觉效应造成的甜味在舌尖最强烈，而酸味则在舌边缘比较明显。

解决矛盾

要如何解释这些结果呢？我们知道有两条脑神经纤维分布在舌头味蕾中，一条是分布在味蕾当中的鼓膜神经，负责传递与味觉有关的信号，而三叉神经的舌神经分枝则分布在味蕾的表皮细胞中，靠近味蕾，负责传递温度、疼痛和触感等。由此可知，口腔中的温度和味觉感受器是非常靠近的。

也许温度的改变会连带刺激到原本负责传递味觉的神经。根据这个假设，我们可以通过只刺激味觉感受器来阻断热味觉效应。反过来说，如果热味觉效应并非因正常味觉感受器受到刺激所引起的，那么阻断味觉感受器并无法阻断热味觉效应。这方面的研究实验目前正在开展。

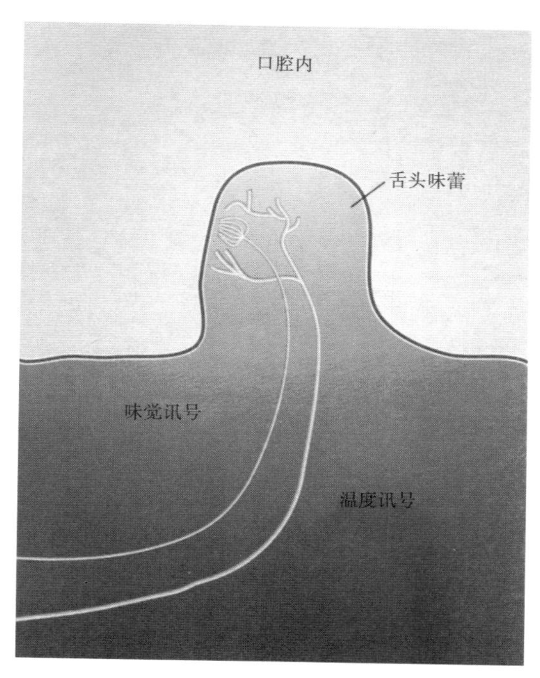

在舌头味蕾中，热觉感受器（右）和味觉感受器（左）相当靠近。

那么厨师们可以对这种热味觉效应加以应用吗？其实，由于我们并不是只用舌头的特定区块来品尝食物，热味觉效应在日常饮食中的影响极小。不过，大家还是可以测试一下自己的反应，看自己是不是“热味觉效应”的人。测试很简单，只需用舌尖舔一下小块冰块，或用舌尖尝一下温水。

La mastication

咀嚼

了解咀嚼，可以帮助我们改进烹饪。

发明了谷物早餐的家乐氏博士一直倡议：健康的生活应该建立在细嚼慢咽的基础之上，所以才有了那句经典的广告词："咀嚼，咀嚼吧！"他的理论其实源自一个古老的东方传统，即"吃米饭务必细嚼慢咽"或"每口白米饭都要咀嚼一百次"。我们当然可以咀嚼一次、十次、一百次……可是，为什么要这么做呢？很明显，咀嚼当然是为了把食物切成小块，然后通过唾液润滑，以便更加容易地进入消化系统。不过，伦敦牙科研究院的琼斯·普林茨（Jons Prinz）和皮特·卢卡斯（Peter Lucas）却找到了咀嚼的其他功能。在无意识的状态下，我们会本能地不断咀嚼食物直到它被唾液黏住，并被压缩成足够小的食团以便吞咽，从而将食块误入气管的危险降至最低。因此，不同食物会有不同的最少咀嚼次数。

布里亚–萨瓦兰曾强调："动物只会狼吞虎咽，只有人类才细嚼慢咽。"他这么说是为了强调人类与动物相比的优越性，但即使细嚼慢咽也曾困扰启蒙时代的贵妇人们，她们因此以吃慕斯为风尚，因为绵软的慕斯能够让她们"避免做出难看的咀嚼动作"。但我们还是多想想某些食物的酥脆和黏牙的口感，为了能够享受烹饪带来的快感，还是让我们欣然接受人类的动物性和生理学特性，尽情享受美食吧！

咀嚼可以将食物切成直径小于咽喉的尺寸以便吞咽。不过我们通常会将食物磨碎到更细小的程度，因为作为消耗能量的哺乳动物的一种，咀嚼能够增加食物与消化酶作用的表面积，因此咀嚼也能间接地加速食物的吸收速度。

普林茨和卢卡斯建立了一个模型，用以研究咀嚼时唾液分泌如何确保磨碎食物的黏合。他们的模型考虑了作用在食物颗粒上的许多力，比如食物颗粒之间的粘黏力，以及食物与口腔之间的粘黏力。这些力量与唾液的分泌以及咀嚼时挤出来的汁液有关。

咀嚼时，小颗粒的食物要比大颗粒的食物更难磨碎成更小块；此外，根据食物的不同物理特性，它们需要被磨碎成数量不等的小块。为简化这个问题，两位英国学者假设每个食块都被分成球体，然后他们计算将这些球体聚起来所必需的表面张力。

最后，普林茨和卢卡斯得出结论：当食块彼此之间的黏合力超过食块跟口腔的黏合力时，才会聚集在一起。通过计算机的计算，他们考量了不同作用力的影响，也参考了许多生理学研究的数据，最后得出结论：当两种食物的性质差异很大时，最少需要咀嚼 150 下才能将食物咬合成一个食团，比如生吃胡萝卜（比较难被咬碎）和巴西栗（很容易被咬碎的坚果）时。

电脑计算模拟也能展现食团的黏合力，开始时较弱，随后迅速增加，然后在咀嚼20下左右时最大，然后黏合力随着食块越变越小而开始降低。

如何验证上述模拟模型呢？他们让受试者将咀嚼过的食物吐出，测量食团的黏合度，然后与电脑的计算结果做比较。两种方法的结果基本吻合，但实际上受试者咀嚼次数都会略高于计算机计算的次数。这种情况很容易解释，因为人不是机器，“造物主造人后，迫其以食维生，诱以食欲，再以快感予以满足”。既然吃东西能够带来快乐，我们进行咀嚼并非仅为将食团黏合起来，也通过咀嚼来延长快乐。

咀嚼模型与烹饪

上述模型如何应用到烹饪当中呢？根据食材特性的差异，我们可以本能地选择增加或减少咀嚼的次数。我们观察到：如果在食物中加入能够刺激唾液分泌的成分（比如丹宁），或增加牙齿咬出汁液的浓度，会减少食团的黏合度，因而延长咀嚼的时间。是否出于这个原因，美食家们才会在吃饭时喝富含丹宁

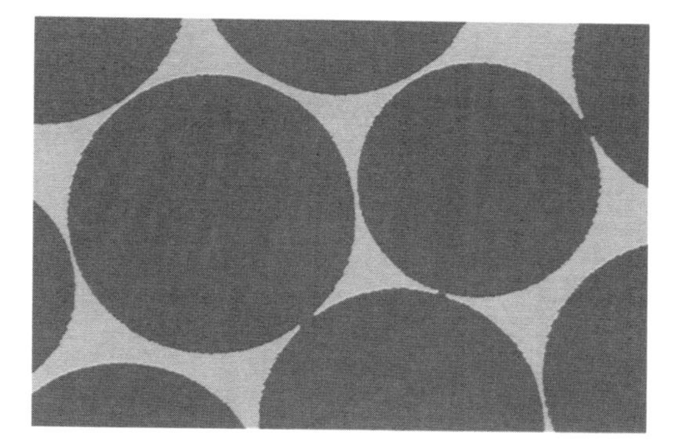

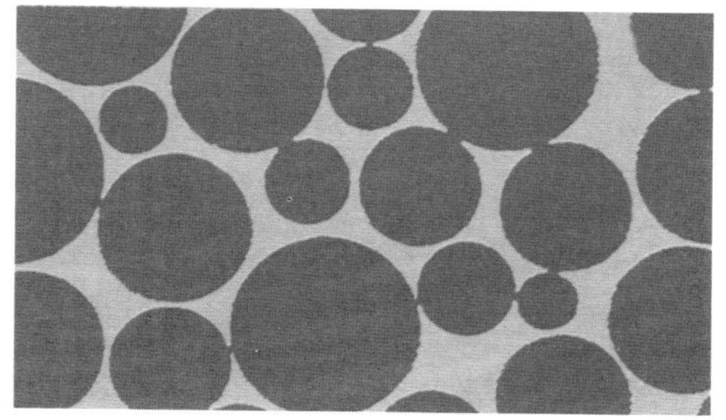

食物在刚咀嚼之初（上）和经过咀嚼之后（下）的分布。

的红葡萄酒呢？

增加食物黏合度应该可以加快吸收的速度，不过这也是让食品工业在做软薄食品时备受困扰的一点，因为咀嚼次数的减少也释放出香味分子的数量减少。一般来说，“身体会本能地自动评估食物所必需的最佳咀嚼次数”，这种假设或许会给厨师们灵感，使他们在烹饪时考虑将黏的、糯的、干的和吸水的食材结合起来。

Tendreté de la viande

肉的柔嫩

通过咀嚼来了解肉的“柔嫩”和“多汁”。

经过近十年的演变，嫩度成为了衡量肉质的重要指标。我们知道美食家们都不爱吃硬邦邦的肉。不过，到底怎样的肉可以称其为“硬邦邦”，或反过来说，到底怎样的肉可以被视为“柔嫩”？不要忘记，肉与黄油有着根本的不同，质地软硬是其一项重要的品质。我们经常将“肉硬”和“少汁”以及“需要较长时间咀嚼才能吞咽”混为一谈。为了解肉的结构和质地之间的关系，法国农业研究所泰克斯分所的生物学家们用不同的方法烹制了牛肉，然后就样品的不同咀嚼效果进行了研究。

长期以来，有关肉食的“质地”的研究始终存在着一种误区，即我们将质地等同于食物的物理结构。然后，“质地”应该是我们在咀嚼时食物对我们的物理和化学刺激导致的心理反应。根据感觉接收器感受到的刺激，我们会本能地调整咀嚼食物的机械动作，食物的质地展现出来时，其结构已经发生了改变。那么如何了解食物的质地呢？

很多科学家，包括洛朗丝·米奥什（Laurence Mioche）、约瑟夫·库里奥利（Joseph Culioli）、克丽丝黛·玛多尼埃尔（Christèle Mathonière）和埃里克·德朗斯菲尔德（Eric Dransfield），都深入研究了这个问题，即"品尝者的感觉"、"肉食的抗压和抗切等力学特性"和"咀嚼肌肉的电极活动"之间的关联。实验的对象是用不同方法烹制的牛肉：某些样品在屠宰之后经过了立即冷冻，即使烹煮也无法将其软化；有些样品则在低温条件下经过了长时间文火烹煮；还有几组样品经过了60℃和80℃两种温度的烹煮。每组中的一个样品接受了力学分析，而另一个样品由经过训练的受试者来品尝，由他来评价肉的弹性、最初的嫩度、总的嫩度和整个咀嚼时间长度，即肉食经过咀嚼直至能够吞咽所必需的时间。在品尝的过程中，整个咀嚼过程中咬肌和颞肌的电极活动均被生理学家们记录了下来。

实实在在的硬度

力学实验证实了法国农业研究所泰克斯分所长久以来的研究结果：牛肉在屠宰后立即冷冻，其"抗压性"和"耐切性"会增大三至四倍。相反，低温文火烹煮的牛肉的上述两项物理特性明显降低。此外，用较高温度（80℃）烹煮后，牛肉的抗压性会显著增强，但耐切性未发生明显变化。总而言之，导致上述肉食品质差异的，主要是"负责肌肉收缩的肌原纤维蛋白"和由胶原蛋白构成的包裹肌肉的结缔组织。面对各种样品，品尝者的反应差异很大：即使面对同样一块牛肉，品尝者的肌肉电极反应各有不同。熟度和烹煮时采用的温度对咀嚼的感觉具有决定性的影响，而肉品的类型对于电极活动的作用微乎其微。

测试时，品尝者们详细记录下他们的感觉，他们均能正确地指出最硬的肉。肉食种类、保存方式和烹煮温度会显著影响品尝者们的感觉，从而决定他们的咀嚼方式。然后，他们记录下的感觉与科学家的预期的并不一样。比如肉的“弹性”和“最初嫩度”未必一致，而肉的“多汁性”和“最初嫩度”大有关系，却与肉的“弹性”无关。多汁性受“烹煮温度”的影响很大，但与肉的保存方式却没有太大关系。有趣的是，肉的含水量小并不意味着“少汁”。我们至今尚不清楚肉品的所谓“多汁”到底源自什么机制：到底取决于肉中和口腔中水分的多寡，或脂肪的多寡，或咀嚼时食物导致唾液分泌的多寡？

总结起来，品尝者可以将肉品分成五组。最嫩的就是烹煮时间最长的，最硬的则是屠宰后立即冷冻的。加长煮熟时间只对在80℃条件下烹煮的肉有作用。另外，在较低温度下烹煮肉品比在较高温度下烹煮的更嫩。肉的“多汁性”与烹煮温度最有关系，而跟肉的保存方式或是否熟没有关系，与肉的种类也没有太大干系。肉品咀嚼成食团所需的时间也跟烹饪温度有关。

口感的可信度

综合考量结果，科学家发现力学测量、受试者的感觉以及肌肉电极信号记录对肉的嫩度的影响基本一致。只咬几口时口感并不足够，需要较长时间的咀嚼才足以判断。相反，肉的“多汁性”则应该在刚开始咀嚼时就做出判断：因为牙齿需要在适应咀嚼之前对肉品的普通特性做出判断。

上述实验还提供了一些方法论方面的启发，揭示出人的感官才是判断肉食品质最为灵敏的方式。关于肉的感官刺激，人在咀嚼过程中可以比机器提供更详细的信息。关于肉的弹性、嫩度与硬度，最好的指标是口腔咀嚼的次数；而关于肉的多汁性，抗压实验则是更好的指标。我们知道品尝者会根据食物的不同而调整自身的咀嚼方式，不过调整具体发生在咀嚼的哪个阶段？这一点还有待研究。

Arômes mesurés

测量香味

越细嚼慢咽，就越能闻到食物的香味。

吃饭的时候，我们的鼻子闻到的到底是什么味道？很长时间里，这一直是个无解的问题，因为我们无法在鼻腔的嗅觉感受细胞附近直接对香气分子的浓度进行化学分析。针对“咀嚼时食物香味分子如何释放出来”这个主题，英国诺丁汉大学的科学家安德鲁·泰勒（Andrew Taylor）和罗布·林弗斯（Rob Linforth）和 Firmenich 公司的研究员们从 1996 年开始就尝试用仪器来进行研究。他们得出以下结论：同一种食物对不同的人来说，香味不尽相同。

作为味道的重要组成成分，香味是一些挥发性的分子，当它们经过咀嚼进入到后鼻窝时，能够刺激鼻腔的嗅觉接收器。但是，鼻腔的感觉行为很难分析，因为香气分子会和唾液以及同样存在于食物当中的各种成分互动。食物的香味并不能用其化学构成来概括。

由于气味分子在转为蒸汽状态下时才能被感知到，生理学家们试图测量位于食物上方的香气的浓度，但既然咀嚼、呼吸和唾液分泌都会改变香味分子的释放方式，如何测量才更可靠？想要切实地了解食物的香味，必须测量进食过程中香味的释放。

泰勒及同事们研制的新型质谱仪能够直接测量受试者在咀嚼食物时的香味浓度：当包含有待分析的挥发性分子的气流被吸进一个腔室中时，这里有一根通电的探针将对水分子进行电解；形成的氢原子将它们承载的电荷传递给气味分子，后者会被聚焦室的一串带电荷的电极板吸引，然后导至分析室。

细嚼慢咽的智慧

借助这种新型仪器，英国化学家们首先研究了由明胶和蔗糖构成的凝胶如何在咀嚼时释放出其中的挥发性成分（比如在草莓等水果中可以找到的乙基丁酸，以及乙醇）：他们将一根集气管放在受试者的鼻孔中，在不影响呼吸的前提下收集一部分鼻腔中的气体。

观察的初步结果丝毫不让人感到意外：鼻腔中分子的浓度随着呼吸的频率而有着周期性的变化，而在每次呼吸的时候，都能测量到一个重要的信息，即香气的最大浓度。丙酮的最大浓度在整个呼吸过程中基本保持不变，因为丙醇分子是肝脏代谢脂肪酸后的产物，平常就存在呼吸中，因此很自然地存在于呼吸的气息当中。

而乙基丁酸和乙醇就不一样了，它们只存在于凝胶中，只在咀嚼时才会被释放出来。经过测试，乙基丁酸可以在咀嚼时持续存在一分钟左右。乙醇则更久一点，因为它可以溶于水，所以在释放出来后会部分溶入唾液，另一部分则飘荡在空气中。空气和唾液中的乙醇会彼此交换，这种交换是由咀嚼引起的，因而可以一直持续到咀嚼结束。

上述实验验证了口香糖制造商的猜测，即香味的释放和咀嚼的速度以及口香糖的柔软度有关。此外，让三个受试者吃相同的食物，比如含有乙醇、丁醇和己醇的明胶，结果显示“香味因人而异”的现象确实存在。在不同受试者的口腔中，香味的释放是不太一样的。在呼吸气息中测量到的最大香味浓度，以及释放最大香味浓度所需的时间，与受试者咀嚼的速度有关。咀嚼快的人所测量到的最大香味浓度较低，显然是因为他们将明胶磨碎得不够充分。因此，布里亚-萨瓦兰的观点是对的，即“狼吞虎咽之人无法品尝出令人印象深刻的味道，真正的美味只属于极少数懂得细嚼慢咽的美食家。只有细嚼慢咽，美食家们才能对各种有待评鉴的菜肴分出档次”。

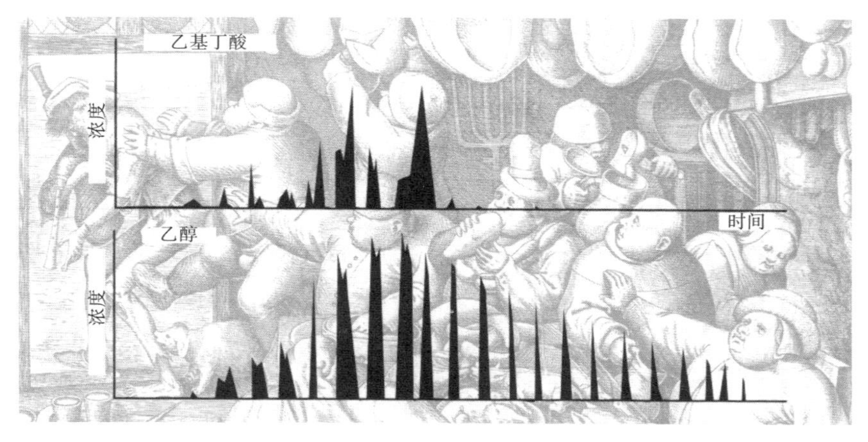

此图展示受试者在咀嚼明胶时呼吸气息中的挥发性物质的浓度。每个峰值代表一个呼吸周期。

En culotte courte

幼儿的口味

观察幼儿在托儿所的行为可揭示他们未来的饮食习惯。

喜爱美食的父母困惑不解地逢人就抱怨：我家的小孩只爱吃淀粉类食物，比如面食、大米和土豆；奶酪味道越淡越喜欢，喜欢淡然无味的肉食比如鸡肉。为什么婴儿喜欢从寡然无味的食物开始自己的饮食之路？怎样才能使他们走上“正轨”？研究幼儿让父母失望背后的“生物动机”本来是心理学家和社会学家的责任，没想到“感官研究者”和生理学家们捷足先登，他们通过科学试验研究了解幼儿的饮食选择以及选择的演变。

实验从1982年开始至1999年结束，在第戎医院的佳法莱尔托儿所进行。研究对象是1—3岁的幼儿，基本原则是让幼儿在午餐时自行选择食物。实验过程中，每次午餐都会提供八种食物，包括面包、两道头菜、一种肉食或肉制品或鱼、两种蔬菜或淀粉类食物、两种奶酪。由于幼儿天生具有对甜食的偏好，因此甜食未被放入菜单，而只作为正餐之间的点心。孩子们可以反复取食同一种食物，但每顿饭期间取食同一种食物的次数不能超过三次。每年在该托儿所都有 25 个幼儿接受测试，研究者会监督和记录他们的自由选择。八种食物同时摆放在同一张餐桌上，孩子们可以自由选择，也可以选择什么都不吃。在整个实验周期内，总共有 420 个孩子接受了测试，平均每个孩子用实验餐 110 次。

最近，法国农业研究所第戎分所香味实验室的索菲·妮可萝（Sophie Nicklaus）和希尔薇雅·伊桑舒（Sylvie Issanchou）与第戎医学院的樊尚·博吉奥（Vincent Boggio）合作，对上述实验的结果进行抽丝剥茧般的深入分析。他们提出了很多，比如孩子们具体都选择了哪些食物？孩子们是否有普遍厌恶的食物？如何解释他们所选择食物的差异？如何解释选择的变化？选择取决于每个孩子的个人偏好？对于所有这些问题，对研究数据的再次研究不仅找到了答案，而且获取了一些新的信息。

喜欢淡口味

首先，他们观察到正如父母们感到困惑的事实，即幼儿特别喜欢淀粉类食物和肉类；而在选择奶酪时，孩子们偏好味道淡的、质地软的。1—3 岁的幼儿极少选择以发霉和味道重著称的洛克弗尔奶酪。也许儿童有可能成为早熟的美食家，但尚在穿尿不湿的阶段看来不太可能。需要较长时间制作的面包与面团、米饭或薯条相比，是幼儿较少选择的淀粉类食物。整体而言，幼儿选择较多的食物包括薯条、猪肉小香肠、肉丁馅饼、面条、煎鱼排、米饭、土豆泥、火腿和牛排。这些结论毫不令人意外，但是为此前的预想提供了量化的确认。

酱汁给食物加分

不过对于肉食的选择，研究者大感惊讶。他们对肉类几乎不加区分，比如烤猪肉、小火鸡肉、烤小羊腿和动物内脏在他们眼中几乎没有区别。至于更不受欢迎的蔬菜，幼儿的偏好更加受到蔬菜种类和烹饪方法的影响。比如菠菜，大家都知道小孩通常不喜欢它，但在浇了白酱汁之后，却成了幼儿经常选择的蔬菜。其他一些蔬菜比如苦苣、卷心菜（无论是否煮熟）、西红柿和四季豆都对孩子们没有太大的吸引力，似乎质地较硬和纤维较多的蔬菜受到幼儿排斥，明显有苦味的蔬菜自然最不受欢迎。

幼儿们做出选择的根据是什么？妮可萝及同事们试着将这些选择与食物的营养价值建立联系。他们发现，食物的热量越多，就越容易受幼儿青睐，只有奶酪是例外。从观察结果来看，幼儿对食物的选择是受其本性影响吗？大家都知道婴儿对酸甜苦咸四种味道溶液的反应：尝到酸味和苦味时，婴儿立即会皱眉表示厌恶；而在尝到甜味时，他们马上就会露出开心的表情。这其实和以水果为主食的猴子反应一样，甜味都代表着热量高的分子，而苦味则代表毒性的生物碱。不过，经过条件反射和文化的影响，幼儿逐渐受到熏陶，开始学着尝试不同的食物。条件反射使幼儿的大脑壳可以将“饱足”和“吃到不甜但热量较高的食物”联系起来，尤其是脂肪类食物。文化的影响则表现在幼儿的反常反应，比如有些幼儿在吃到某些“味道浓烈”的食物时会显露出享受的表情，但其动物本能原本决定了他们会排斥这些食物的。

都一样，又都不一样

第二个重要的结论涉及不同的幼儿在选择“味道浓烈”的食物时表

现出的极大差异。至今，还没有任何一个分析能够解释这种差异，它和性别、母乳喂养、排行或体重指数都没有直接的关系。因此，我们仍不知道幼儿为什么会对“味道浓烈”的食物的喜恶有着如此巨大的差异。

从前有关幼儿食物的选择非常少，所以上述实验留下了大量无法解释的观察结果。尤其我们还需要等待较长的一段时间，才能观察长大成人的参加过实验的孩子的饮食习惯，研究这些习惯与幼时的喜好的关联。不过，这是非常必要的代价，只有这样才能了解幼儿饮食习惯的养成。长期以来，我们对假设幼儿时期的经验，会影响成人后的饮食习惯，但从来都没有真正地证实过。食品工业必然对这些研究深感兴趣，因为他们都希望自己的产品能够长久畅销，所以迫切想要了解幼儿对食物的喜好及其演变。

Allergies alimentaires

食物过敏

如何预知和预防转基因食品导致过敏的风险?

在美食王国中，并非只有美食、香味和欢愉。在欧盟的众多成员国中，约有1/4的人口宣称自己对食物过敏或者有不适症。不过，经过临床抽样检测，科学家发现实际数目比宣称的要少（大约只有3.5%)。尽管如此，这仍是一个严重的公共卫生问题，因为食物过敏的症状有加剧的趋势。近十年来，食物引起的过敏性休克案例增加了五倍，其中有很多是致命的，特别是那些由花生或相关制品所引起的。

在法国农业研究所萨克莱分所的免疫过敏试验室内，让-米歇尔·瓦尔（Jean-Michel Wal）及同事们对牛奶和奶制品进行了深入的研究，探索它们所包含的蛋白质导致过敏的机理。虽然奶制品的蛋白质与人体蛋白质极为相似，但却具有导致过敏的风险。法国农业研究所的生物学家们甚至利用动物摸索出了一种“基因免疫法”，来预防过敏。

为什么近年来食物过敏的案例会大大增加？食物过敏案例增加的

同时，对花粉过敏的人数也在增加，两者间似乎有着某种关联。病人身上对花粉反应产生的抗体有时也会对其他来源的分子（比如食物分子）发生反应，这是所谓的"交叉反应"。这种反应主要是由共同的同位素导致的，也就是两种分子的表面有着相同的分子片段，从而也成了免疫系统的目标。这一现象也解释了对海外水果（鳄梨、猕猴桃、香蕉……）过敏案例的增多与"乳胶过敏"案例增多之间的关联。

除了那些"传统的"过敏食物以外，现在又多了很多转基因食品。这些食品带有传统食物中没有的蛋白质，所以在食用前总有一个很重要的问题，那就是它们会不会引起过敏？到目前，有关转基因食品的案例还不是很多，但如何确定这些食品的致敏性呢？有很多研究方法：最常用的是用过敏病人的血清做实验，因为他们的血清里包含有会跟过敏源反应的抗体；其次是皮下注射实验，即将可疑的分子注入人体皮下，观察是否有过敏反应；或利用动物来做实验，将可疑分子喂食给实验动物，看是否会引起过敏；最后是利用蛋白质的氨基酸序列来分析预测新的分子会不会引起过敏。

最后这种方法是未来的趋势，不过要使用这个技术，首先要建立一个完整的数据库，将所有我们已知且经过分析的过敏源氨基酸序列输入其中。正是通过这样的数据库，瓦尔等人得以对比人体贝塔酪蛋白和乳牛贝塔酪蛋白的免疫反应。

牛奶过敏

牛奶蛋白质中 80% 都是酪蛋白。酪蛋白又分为四种，分别是阿尔法 S1、阿尔法 S2、贝塔和卡帕，其中贝塔酪蛋白是很重要的过敏源。92% 对酪蛋白过敏的病人的血清中都含有名为 E 型多疫球蛋白的过敏反应抗体，这种抗体主要对贝塔酪蛋白发生反应。

1997 年，萨克莱分所的免疫学家们就指出，在过敏病人的血清中，存在着牛奶中特有的免疫球蛋白，而这种免疫球蛋白会和人体内对应的蛋白质发生交叉反应。贝塔酪蛋白是否也会发生这种交叉反应呢？科学家们测试了 20 个对牛奶贝塔酪蛋白过敏的血清，发现 E 型免疫球蛋白也会和人体的贝塔酪蛋白发生交叉反应。

为什么会发生交叉反应呢？因为人体和牛奶的贝塔酪蛋白中有 50% 的氨基酸是相同的。因此，很有必要研究两者之间那些共同的部分。第一个共同的部分是人蛋白质和牛蛋白质当中都有一段螺旋形的氨基酸序列；第二个共同的部分是主要的"磷酸化位置"，即构成蛋白质的氨基酸形成序列后，蛋白质会发生改变，尤其会增加"磷酸基"（这就是磷酸化）。这样的"后译"变化会通过改变它们的电荷或折叠形态来影响分子的特性。法国农业研究所的免疫学家们证实了第二个部分的磷酸化对贝塔酪蛋白致敏性的影响。

预防过敏

时至今日，使用上述方法检查转基因食品的分子，并没有发现它们含有特别的过敏源。这些实验实际上也是有关食物过敏预防的研究。在贝塔酪蛋白导致过敏的案例中，即使将牛奶换成其他的奶品，过敏仍然会发生，因为各种奶品中的贝塔酪蛋白太相似了。瓦尔的团队正在老鼠身上测试另一种"基因免疫法"，即细菌原脱氧核糖核酸注入法。注入后，会导入一些可以激活非过敏类的免疫系统反应，由此压制过敏性反应。这种基因免疫法被证实对降低乳球蛋白（另一种牛乳中的过敏源）过敏症有效，它可以持续而明显地降低这种蛋白质中特殊的 E 型多疫球蛋白的产生。

Alerte à la listériose

当心动物杆菌

食品安全警告见证了微生物学的进步。

动物杆菌导致食品污染总是会引起轩然大波。可以避免吗？动物杆菌因为有时会致命所以引人关注，然而矛盾的是，公共卫生实际上比以往任何时候都要更好。但是，所有公共卫生的安全措施都无法避免动物杆菌袭击脆弱的人群，比如孕妇、老年人、儿童和免疫功能低下的人。食品安全警告总是在流行病回溯调查展开后才会发布。所谓回溯调查，就是对比病者身上携带的和致病食物中分离出来的菌种。微生物学的深入研究，能够帮助我们了解动物杆菌与食物中其他无害菌种之间的差异。

当务之急应该是区分致病的菌种，因为只有加以区分，我们才能了解哪些人群更容易受害，也才能检验市场上的产品。在法国农业研究所努兹伊分所的免疫和传染病实验室中，帕特里克·帕尔东（Patrick

Pardon）和同事们深入研究了动物杆菌的致病性。与农产品中分离出的动物杆菌有着不同的致病性。我们如何才能区分有害的和无害的菌种呢？最近几年，微生物学家们已经区分出来了两种动物杆菌，一种是致病的"单核细胞增生性动物杆菌"，另一种是不致病的"无害动物杆菌"。尽管这种分类比以往已经有了长足的进步，从而可以避免不必要的警报，但仍嫌不足，因为传统检验还是无法区分出不同杆菌之间的致病性差异。

快速检测法有助于发布警报

传统的动物杆菌检测法主要利用实验室动物（一般用白鼠），即将想要测试的细菌打入白鼠身上观察其致病性。这样的检测法既费时又费钱（饲养实验动物需要相当多的经费），因此需要寻找更好的检测法来取代它。

帕尔东等人最近研究出了一种通过配用体外细胞来进行检测的方法。他们在体外培养人体肠道细胞（肠道正是动物杆菌入侵人体的通道）。需要检测时，将带有细菌的悬浮液加入细胞的培养皿中。一般肠道细胞会贴在培养皿底部形成一片薄膜，而当加入致病性的细菌时，细菌会因为伤害细胞而在薄膜上产生许多孔洞，而且随着细菌的增多，孔洞的数量也会增加。

这项技术成熟后，帕尔东的团队再次验证了以往的研究，他们指出所谓"单核细胞增生性动物杆菌"其实是一族菌种，其中有一些菌种的致病性极弱，甚至有一些菌种是无害的（在动物身上获得了验证）。接下来，他们开始分析这些细菌的基因组及其分泌的蛋白质。这个为期三年的国家级研究计划随后启动，研究目标是四百多种"单核细胞增生性动物杆菌”菌株。为了提高致病菌株的检测能力，他们将稍微有害的和几乎无害的菌株和非常有害的菌株进行比较。

这个研究计划也包含对农产品中动物杆菌菌种的研究。哪些产品和哪些生产方法容易滋生致病性动物杆菌？哪些产品容易残留毒素？这些都是研究的对象。科学家们研究食品制造时的湿度、温度、酸碱度和与污染有关的保存期等，最终目的是让制造业的质量管理最优化（质量管理有法可依，但检测频率则因产品差异而有所不同），同时也为政府部门提供检测依据。

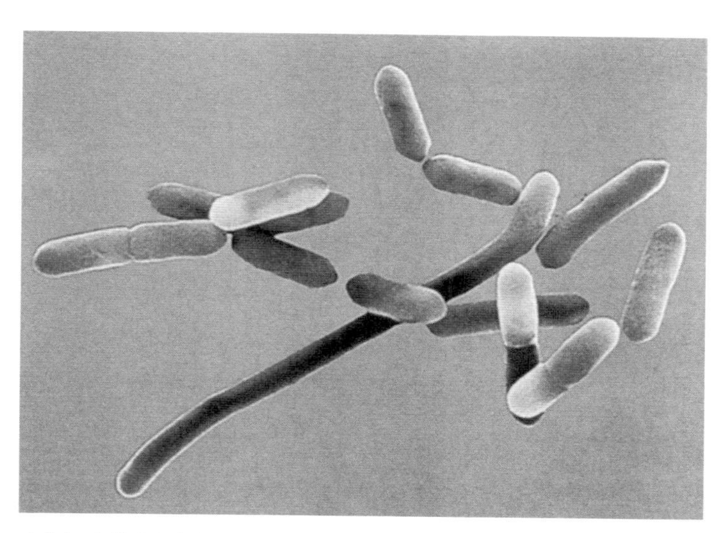

动物杆菌并非全部都有危险。

美食与危险

公布食物污染的新闻对生产商和消费者来说都是令人不安的，但它却是必要的手段。尤其在检测出问题时，必须强迫执行有关食品下架，以避免意外的发生。如果有某类食品特别容易被污染，那么我们是否应该采取针对性的措施呢？比如干脆禁止使用该类食品？帕尔东博士确认，禁止食用某类食物并非研究的目标，他们并不打算建议禁止生产法国肉酱或生奶奶酪，而只是希望能够让高危人群提高警觉。这就好比我们通过警告和教导之后就能让儿童独自过马路一样。禁止某些食品是极为严重的手段，对制造业和社会大众的影响都很大，甚至有可能让消费者转而通过更不安全的途径去获取食品。

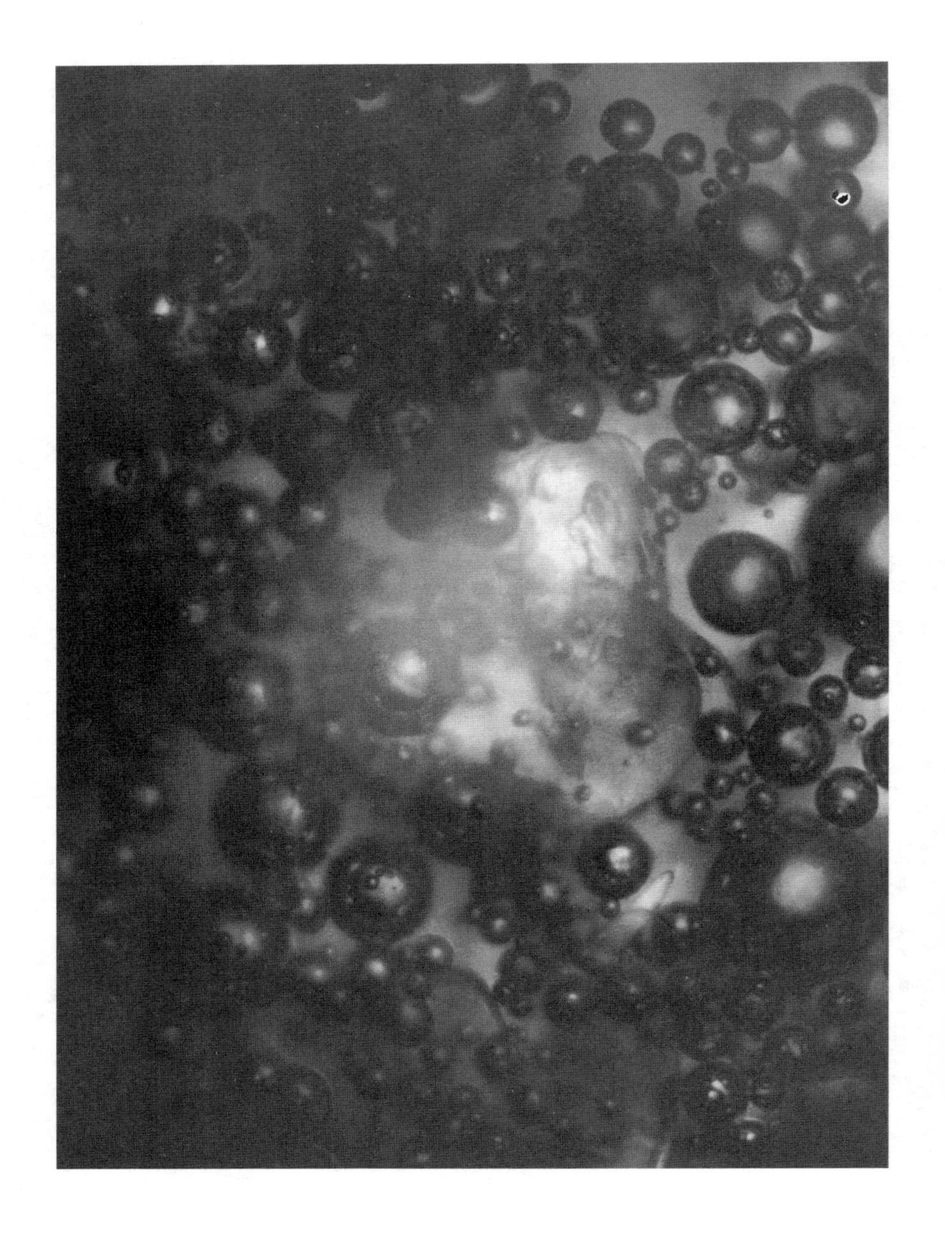

第三部

探索与开发新典范

Exploration, modélisation

Le secret du pain

面包的秘密

为改进面包，化学家们确定了蛋白质之间的化学键，这些蛋白质构成了面团中的连接网。

面粉的构成是面包取得成功的关键：除了含有淀粉颗粒，还有蛋白质；前者在加水受热之后膨胀，后者经揉捏可形成被称作面筋的网状物。要想改进面包，就需要研究蛋白质的组合。蛋白质之间的力如何使面团变成面包的呢？我们知道，蛋白质携带的硫原子之间的键有利于面筋的形成，不过其他一些力也在发挥作用。

面包的质量取决于面筋的质量，因此就必须控制蛋白质之间的网状结构，即确立分子之间的键。面筋是一种“黏弹性”的网状结构：受拉时会伸长，但当拉力消失后，又会部分回复到最初的形态。只有借助面筋才有可能制作面包：当酵母产生二氧化碳气泡时，面团体积增大，而面筋的蛋白质网在控制气泡的同时会保持面团的球状外形。

早在1745年，意大利化学家雅各布·贝加里（Jaccopo Beccari）就已证明，将面粉和少量水糅合，并将面块置于细水流之下就可以提取面筋；水流会带走淀粉的白色颗粒，而将面筋留在手指之间。化学家们还证明，只有某些不溶解的小麦蛋白质能够形成面筋网：这就是醇溶谷蛋白。

醇溶谷蛋白有两种：即麸蛋白和麦谷蛋白；麸蛋白由单一蛋白链（一个氨基酸链）构成；麦谷蛋白结构较大，包括好几个次级蛋白结构，它们之间由（两个硫原子之间的）二硫桥连接起来。这些二硫桥也能连接麦谷蛋白吗？根据一种传统看法，和面能够在不同的醇溶谷蛋白之间形成其他的二硫桥，这些二硫桥在面包师加工面团的过程中不断被破坏但又不断重建。

麦谷蛋白的中央部分（440—680个氨基酸）由一些重复性短序列构成，短序列的两侧是两个末端区域。中央区域的大小决定麦谷蛋白分子的大小；末端区域包含半胱氨酸，以及包含硫原子的氨基酸，这些硫原子可形成二硫桥。不过，麦谷蛋白的化学性质不能很好地解释它构成面筋的原因。

淀粉置于水中（左），从面粉中提取面筋（右）。

面团线

四年前，法国农业研究所南特分所的雅克·盖根（Jacques Guéguen）证明，醇溶谷蛋白可以通过“二酪氨酸”键来连接（酪氨酸是氨基酸的一种，其侧链由一组CH2、一个苯核和一个羟基OH组构成）。在这一研究的基础上，堪萨斯大学凯瑟琳·梯利（Katherine Tilley）教授和同事们最近证明了二酪氨酸键在面筋中的重要性。在用于制作面包的面团中，他们曾以化学方法在和面的不同阶段从面粉中提取面筋进行分析，他们发现，二酪氨酸在和面过程中加速聚合。于是就产生这样的问题：二酪氨酸在面筋的构成中到底扮演什么角色？

进一步的分析表明，存在两种类型的二酪酸键：在二酪氨酸中，两个苯组通过与羟基组OH相邻的碳连接在一起；在等二酪氨酸中，一个酪氨酸的羟基组中的一个氧原子与另一个酪氨酸的羟基组相邻的碳连接在一起。

这个发现震动了面筋化学界。在生物化学家看来，二酪氨酸键在植物蛋白中很普遍，它的序列和结构与麦谷蛋白相似；生物化学家们也认识到，这种被称为肢节弹性蛋白中的键存在于某些昆虫和节肢动物身上，也存在于某些弹性硬蛋白和脊椎动物的胶原当中。因此，面包师在和面时就现场复制出鲜活的二酪氨酸键。

另一方面，南特的科学家小组还注意到，面粉中天然存在的酶（过氧化物酶）会产生二酪氨酸键。在制作面包的过程中，对面团长时间揉捏的目的是否就是激起酶与麦谷蛋白的反应，从而使它们有时间生成二酪氨酸键呢？在面筋的构成中，二酪氨酸和二硫桥各自起什么作用呢？

那么，确定这些键有什么作用呢？可以改进食品添加剂，这类添加剂或可方便和面，或强化面筋的构成：当维生素C或溴化钾等氧化物添加到制作面包用的面团中时，二酪氨酸键的数量就会增加；可以认为，这类添加剂有助于二硫桥的形成，但它们也可以形成二酪氨酸键。因此也可以想象一下挑选制作面筋的小麦的方法：二酪氨酸的数值足可判断面筋的价值吗？

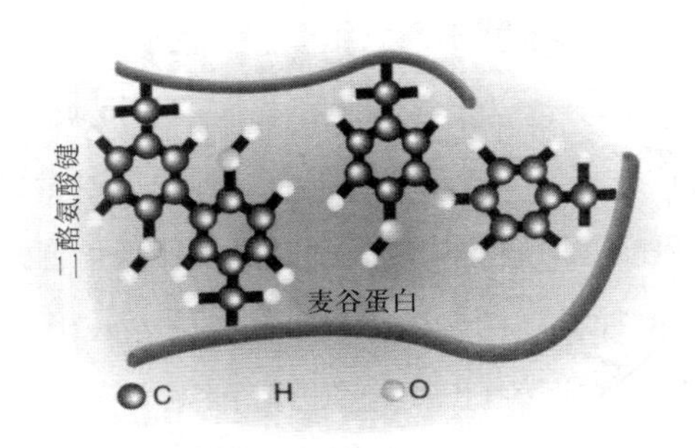

和面过程中，面筋（红色）的两个蛋白之间产生“二酪氨酸键”。

Levures et pain

酵母与面包

面包心的味道是发酵的产物。

人们常抱怨，法国的面包尤其最具代表性的法棍，味道不如以前了，而且干得很快。第二个批评是不公正的：不要忘记，法棍是专为城市居民烤制的，面包店里一天可以有好几次供货；人们特别喜欢现买现吃，而不是储存它。不过，即使面包房也承认，它们更关心制作工艺而非面包的味道。

面包味道部分来自面包壳的烘烤，因为烘烤时分子会产生各种化学反应。另外，法国农业研究所南特分所的两个实验室曾研究过酵母的构成分子酿酒酵母及发酵后的产物，希望了解它们如何促成面团中的挥发性物质的形成以及面包的形成。为此研究者还对带有和不带有酵母、发酵和未经发酵的面包进行了对比，并获取了好几种制作面包的方法。

最经典的方法是酵母直接发酵：将面粉、水、酵母和水制成面团，和面 20 分钟左右，然后让面团静置发酵 45 分钟，切成块后再发酵 100

分钟，最后以250℃温度烘烤半小时。普里什法与此类似，但面团应在半液体状态下进行预发酵：然后加入一定量的面粉，并配以一定量的水，以使面团拥有一定的硬度；这种制作方法的发酵过程持续好几个小时，然后再加入一些面粉，使面团达到直接发酵面团所具有的硬度，再按照后者的程序继续下去。还有一种老面面包的制作方法：预先在面团中植入天然微生物，这类微生物由酵母和乳酸菌构成，再用这样处理后的面团，或称老面，去发酵别的面团。

应该制出“醋味”

1985年，对软面包的挥发物的分析表明，不同面包之间并不存在质量上的差异，但味觉好的人很容易辨别出它们之间的不同；但只有某些挥发性有机酸之间的比例似乎差别较大。主要是普里什法和老面制作法使醋酸含量分别比直接发酵法高出了二倍和二十倍。在老面制作法中，乳酸菌产生的乳酸布满了带酵母的面团。

对直接发酵法的研究完善了最初的看法：它确认了酵母在面包心中的作用，后者作为一种介质又因为烘烤而有所变化。将直接发酵面包与其他方法（或是抑制酵母，或是未加入酵母，或是在烘烤之前才加入酵母）制成的面包作初步的比较后，可以发现法国面包心中的酵母产生的各种化合物：酵母面团的发酵直接导致3-羟基-2-丁酮、3-甲基-1-丁醇和2-苯乙醇（香味如凋谢的玫瑰）的产生。

未使用酵母烤制的面包中，其他成分比标准面包更为丰富：尤其是单元和多元不饱和醛，（戊醇）、苯甲醇——也许是因为面粉的脂类氧化的结果（类似于蛤蜊）；这类成分对面包心的味道可能会有影响。酵母中的合成物似乎影响很小。

面团变成面包是一个复杂的过程，它推动法国农业研究所南特分所的微生物实验室去研究未经烘烤的、添加或不添加酵母、发酵或未发酵的面团。在最近的研究中，化学分析与对面团提取物的嗅觉考察结合了起来：对不同溶剂提取的挥发物进行了色谱分离，使之以柱状形态面对实验者。

实验者发现，几种酒精、酮、酯和内酯的浓度普遍增加；他们还确认，乙醛浓度有下降，而且酵母产生了高等酒精。但是，结合感官考察的色谱分析表明，这些酒精与发酵面团的香味并无关系，这与乙醛和尚不清楚的另两种化合物不同。

这些研究还表明，为漂白面包心而加入的蚕豆粉和大豆粉用得越来越少了：当面团受到剧烈揉动时（时间更长、速度更快），这些粉会产生己醛，其气味淡而不明。面包师们重拾起曾被丢弃的技法，如普里什发酵法，他们希望避免生产工艺的单一化，将一种像人类一样古老的产品投入市场。

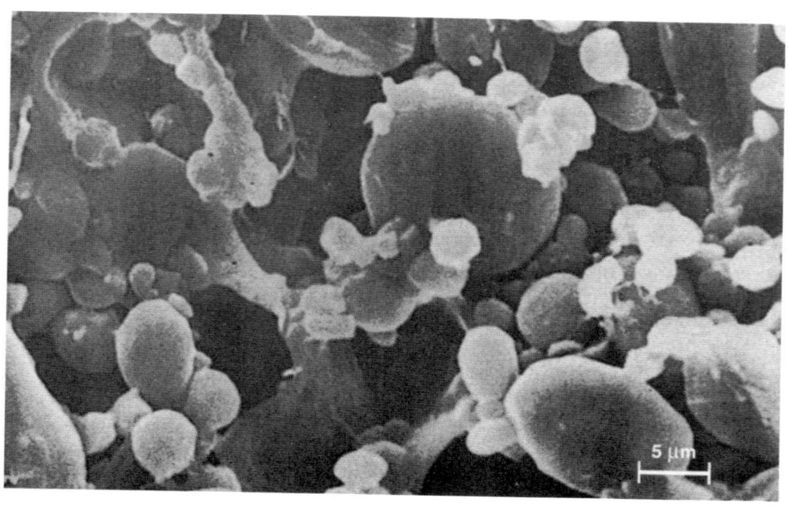

酵母在面团上的发展。

Curieux jaune

奇特的蛋黄

意想不到的蛋黄结构。

眼前摆放着一只完整的生鸡蛋，蛋壳完好，那么蛋黄在哪里？物理学家会说，因为对称的原因，蛋黄肯定在纵轴上。但还有别的问题：蛋黄是在上部、中部还是下部。如何知道呢？有个简单的实验：在一个窄而高的玻璃杯中放入一个蛋黄，其周围有几个蛋白，这时可以看到蛋黄在浮动，可以推测，一个完整的鸡蛋中也是如此。

蛋黄周围的膜状物将蛋黄与鸡蛋的其他部分联系在一起，它会阻止蛋黄在蛋壳中浮动吗？有好几种方法可以证明答案是否定的。例如，将鸡蛋立着煮会发现，在煮熟的鸡蛋中，蛋黄位于最上部。在凝固过程中，鸡蛋的内部结构会发生变化吗？将一只完整的生鸡蛋放入醋中：大约两天之后，蛋壳就被醋溶解了，而蛋黄会漂浮在蛋白上（鸡蛋之所以会保持原形，是因为受膜状物的约束，而且其外层在醋的作用下会凝固）。

当然还有最简单的办法：去除鸡蛋顶部的蛋壳，直接看看蛋黄在哪里。

除了这些简单的厨房手段，还有更为精细的步骤。虽说 X 光不能产生好的效果（因为蛋壳是不能透过 X 射线的物质），超声波却能得出十分清晰的图像。下页的照片就是我的兄弟布鲁诺（Bruno）在我的请求下，将超声波探测器置于一个去除蛋壳的鸡蛋后取得的：蛋黄看起来是由类似树的年轮的同心层构成的。

在食用带壳煮鸡蛋时，我们为什么没有注意到这种结构呢？蛋黄是由所谓的“深黄”层和“浅黄”层交替叠加构成的，其厚度分别为 2 毫米和 0.25—0.4 毫米。这些蛋黄层分别是母鸡在白天和夜晚产生的：两种蛋黄层在厚度上的差异源于进食的节奏；夜间黄色素的聚合要比白天微弱。

细粒和浆质

如果我们继续以显微镜进行观察，会发现浅黄层和深黄层并不是均质的，而是由细粒构成，而细粒散布在浆状的连续性介质中。于是就有了这样一个问题：这些构成物在烹调中各自起什么作用呢？

在法国农业研究所南特分所，马克·安东（Marc Anton）和同事们用离心法从浆中分离出细粒，以便考察蛋黄的构成。他们发现，蛋黄的一半是水，1/3 是脂类（包括胆固醇），大约 15% 是蛋白质。蛋白质和脂类通常凝结成微粒，但各种微粒浓度不一：脂蛋白在浆中最稀薄，但在细粒中浓度最高。

蛋黄的这些成分如何在烹调中发挥作用呢？把各种物质分离出来就能考察它们的性质。当加热到约 70℃时，脂蛋白开始变成凝胶体：这种结构由蛋白质、脂类，特别是胆固醇构成，它们是蛋黄在烧煮时成为固体的主要因素。

蛋黄酱由蛋黄和醋汁加油滴构成，它会像人们长期以为的那样，因为“卵磷脂”和其他的蛋黄磷脂而凝固吗？或者说，蛋白质的凝固作用会产生什么结果？安东和他的同事们已经研究了这个问题：他们首先分析的是蛋黄的乳化性能来自细粒还是浆。由于蛋白质遇酸会溶解，生物化学家们首先根据 pH 值（衡量酸性）和盐浓缩来研究其可溶性：浆的蛋白质完全溶解任何 pH 值的溶液以及各种浓度的盐，而细粒的蛋白质的可溶性视条件而变化。当蛋黄酱的 pH 值为 3 时，细粒蛋白质很难溶解，当 pH 值为中性且带有少许咸味时，蛋白质将部分溶解（钠离子取代蛋白质之间的钙离子桥，蛋白质被释放了）。

蛋白质的可溶性不是乳化作用的真正原因所在：沉淀分离现象越减弱，乳化现象越稳固。浆的沉淀分离的 pH 值最小为 3，盐的浓度在酸的环境中没有作用，当细粒开始对酸和盐的浓度敏感时，乳化就发生了。而当浆和整个蛋黄也发生类似的反应时，乳化就完成了。

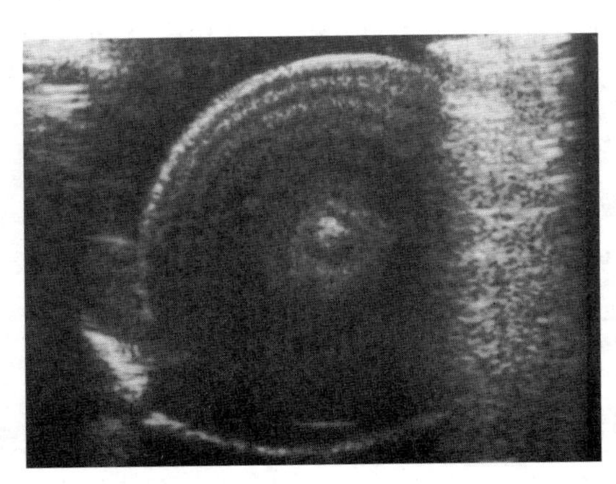

蛋黄的超声波图。蛋黄由同心的蛋黄层构成。

总的来说，浆的构成物是整个蛋黄发生乳化的主要因素，蛋白质对沉淀分离的反应要比磷脂好。浆的蛋白质如何反应呢？以电排斥的方式吗？还是采取拥塞的方式呢？当 pH 值为 3 时，蛋白质有电负荷，它们相互排斥；但当 pH 值为 7 时，蛋白质的拥塞就导致了小液态滴的稳固，但其原理还不清楚……

所有这些都只源自一个不起眼的蛋黄！

Paradoxes gustatifs

味觉的诡异

芳香的环境能改变我们的感知。

一杯难以下咽的醋，在加入大量糖之后味道就能让人接受了。然而，衡量其酸性的pH值并没有变化。那么为什么醋的酸味会减弱呢？因为味道的感知取决于味觉感受器的环境。同样的交互反应也存在于嗅觉感受器中。在法国农业研究所南特分所，尚塔尔·卡斯特兰（Chantal Castelain）和同事们正在研究这种协同作用，以便为食品添加香料有据所依。

大部分食品是由水和不溶于水的油脂物质构成；芳香分子根据物质的化学构成而分布在不同的相中。当食品进入口中时，芳香分子或有滋味的分子在溶解于唾液（水溶解）和蜂窝黏膜的油相之后会到达味觉感受器，后者处于油相。同时，这类分子在口中的空气中会转入气相，并经口转入嗅觉感受器，后者也像味觉感受器一样处于油相。换句话说，只有懂得分子在液相（水或油）与气相之间的弥散，才能掌握食品产生香味的原理。

为了分析这种弥散过程，南特的生物化学家们设计了一种装置：装置中有一种中性油与水接触，而且可以测量香料在四个空间中的分布：水、油、水上的空气以及油上的空气（见下页图）。他们将香料溶于水或油中，并测量其他三个空间中的浓度。香料分子根据实验条件而遵循不同的轨迹：当先溶于油中时，它们进入油上的气体中，同时也散布到水中并从水转入水上的气体中。

接受实验的有好几种香料分子的混合：酯、醛、乙醇或酮。观察结果如何？对酯和酮而言，从油到水的转移速度快过从水到油，对乙醇和醛来说，从水到油的转移速度快过从油到水。

这样的结果令人困惑：比如说，乙醇通常易溶于水，于是我们很容易认为它向油的转移很困难；而且我们还可以推断它从水到油的转移比从油到水的转移要慢些。为什么实验否定了这一直觉呢？因为实验中所测量的是从一种液相到另一种液相的转移，也因为香料随后散布在液相上面的气相中，然而，如果一种物质不易溶于油，它可能很快离开油而进入上面的相。换而言之，从液相到上面的气相的转移，比两种液相之间的转移速度要快。

鼻中

要更好地掌握食品的香料添加技巧，就应该继续研究芳香分子在鼻腔感受器中的反应：这些分子在穿过布满感受器的黏液、溶解在蜂窝黏膜的疏水相后就会有反应。

因此南特分所的学者们致力于研究水相和油相之上的香味感知。

他们将同样的芳香分子溶解在两种液体（油和水）中，使其浓度达到探测器可以测量两种液体上方的部分芳香分子压力，于是便能分析出呼吸两种液体上方空气的人的感知。

令人困惑的是，人的鼻子的感知有时是有差别的。对于某些分子，鼻子的感知非常接近于探测器的反应（例如芳樟醇，因浓度不同而呈现出薰衣草味或香柠檬味）。但鼻子的感知无法总结出任何普遍的规律，因为对绝大多数香料而言，鼻子的感知是不同的，例如 1 辛烯 3 醇（呈灌木和蘑菇味道）、苯醛（扁桃味）和乙酰苯（蜜蜡味）。显然，水蒸气的存在可能影响了鼻子对香味的感知。

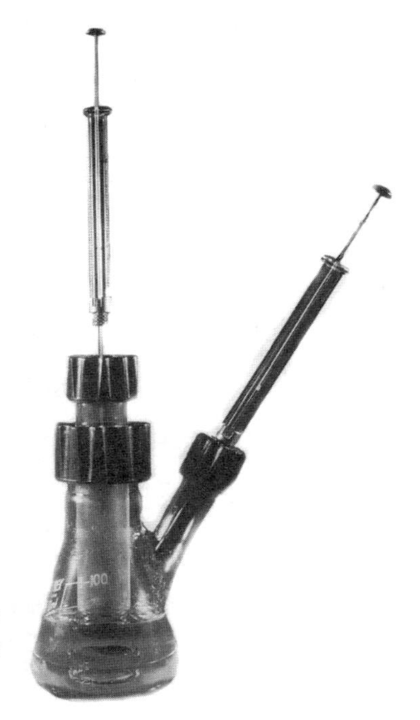

用于研究香味分子在水和油之间转移的装置。抽样提取液体上的气体后，可以对样本进行分析。

这种现象可能也存在于味觉中：我们可以想象加入了糖的醋。这就可以解释为什么食品的质地决定了滋味和香味，因为质地可以改变味道或有香气的分子在口中的停留时间，以及这些分子的散布速度，对味觉感受器和嗅觉感受器而言均是如此。蛋黄酱如果太酸可以通过搅拌来降低酸味，因为质地一旦变硬，分子的转移速度就会慢下来。

Le goût de l'aliment

食品的味道

酸醋酱的质地决定其香味。

厨师们都知道：面粉过多会让酱失去味道。原因在于食品的味道并不仅仅取决于香味分子的多寡，还取决于分子间的相互作用；与某些香味分子有关的中性味道的分子，比如蛋白质和淀粉分子，会影响我们的感受。哪些香味会因此被覆盖呢？

我们不能仅满足于研究各种不同分子之间可能的联系，因为食品的物理结构也会发生影响。在均质相中，比如在溶解状态下，香味的释放取决于黏性。但食品更多的是弥散的体系：液体和固体中含有气泡（沫子），油滴散布在水中（乳状液），固体颗粒分散在液体中（悬浮）……因此，与简单溶于水时相比，散布在不同或连续的相中的香味分子释放香味分子的方式大不相同。

还有更复杂的情况。比如，在乳状液中，散布的小油滴受到表面活性分子层的限制；这种可溶于水和油的分子层几乎必然制约了香味，使其无法为品尝者感知。为弄清香味释放的决定因素，玛丽埃尔·夏尔（Marielle Charles）、伊莉莎白·基沙尔（Elisabeth Guichard）和第戎法国农业研究所和法国高等农业食品研究所的同事们研究了用于制作沙拉的各种调味汁，这项工作还得到阿莫拉–迈耶公司的研究者的协助。

芳香酸醋酱汁

研究对象酸醋酱汁为乳状液，其中的水相物由葡萄酒醋、柠檬汁和盐混合而成。葵花籽油滴中的乳状蛋白质使其呈乳状（即维持弥散状）；最后加入黄原胶（一种经葡萄糖微生物发酵后的聚合物）和淀粉使其成为酱汁。在这些基础成分之上，物理化学家加入了一些芳香分子：将烯丙基异硫氰酸加入油相，产生芥末味，在水相中加入苯基2乙醇和乙基己酸，分别产生玫瑰和水果香味。研究者对几种乳状液进行了比较：每种都有特别形状的油滴。一个经过培训的评委会对这些酱进行了评估，评委们记录下了印象深刻的那些味道，包括柠檬味、醋味、芥末味……

评委提供的结果很难分析：由于酸味占主导地位，他们很难描述其他的感觉。不过，他们凭借自身的专业经验发现鸡蛋味、鸡蛋香、芥末味和黄油味等芳香的强度与油滴的体积成正比关系；相反，柑橘味的强度与油滴体积成反比关系。

芳香分子的移动

为解释上述现象，研究者分析了酱汁上方空气中挥发性香味的浓度。这些研究表明，当油滴缩小时，水中可溶物的浓度降低。相反，油中可溶分子更为丰富。

让我们研究一下产生这些差异的原因，首先是可溶于油的芳香物之间的差异。当乳状液中的油和水的比例固定时，若用力搅拌，则油滴会变得更小，数量会更多：亲酯香料到达液体表面的距离较短。另外，由于油水界面的总面积增大，表面活性分子在油滴表面构成一个较薄的层：亲酯香料更容易散布到油滴外面。最后，在到达乳状液上方的空气中之前，它们需要穿透的水层厚度较小（它们将在那里受到增稠剂的束缚）。

对可溶于水的香料分子而言，效应是相反的：小滴乳状液越是黏稠，分子在较薄的水层中散布就越困难，因而也越难被感知到。

这些规律是普遍的吗？由于食品含有不同的分子，要对所有机制进行定量研究、澄清它们之间的相互关系，就需要进行很多研究。正如希波克拉底所言："生命短促而技艺长青，机遇稍纵即逝，实验难免迷惑，判断更为不易。"

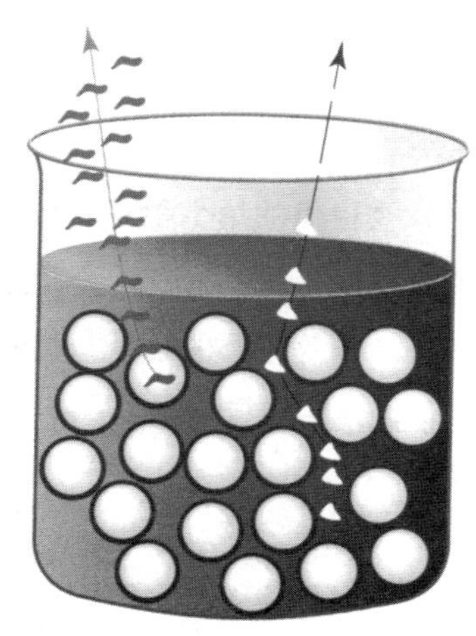

当油滴较大时，可溶于水的香料（白色）更易被感知，亲酯性香料（红色）较难被感知。而在较细腻的乳状液中，气味的感知正好相反。

Fils et grumeaux

丝与块

成因是水在胶状物和浆中的散布较慢。

食物结成块？简直是厨师的耻辱！像奶白酱之类的调味汁，如果和面粉凝结成块，真是让人绝望的事。很多厨艺书作者提出了一些预防措施：有些人建议先通过烧烤黄油和面粉制作一种作料，然后在其中加入一些牛奶（有人认为应该是凉牛奶，有人认为是煮开的牛奶）；另一些人则以为，应该遵循相反的步骤：将作料倒入牛奶中，当然牛奶可以是凉的也可以是热的，依各派的主张而定。

应该采取哪种办法？让我们将一点面粉、黄油和牛奶搅拌在一起，考察一下四种可能。我们发现，块状的成型是个速度问题。当逐步将作料加入牛奶或将牛奶加入作料中，都不会形成块状。相反，当一下子将两种配料混合在一起时，就会结块，特别是把作料倒入热牛奶中时。

这个实验给我们提供了一种方法，但不能解释这个现象。我们继续在更为简化的条件进行研究：黄油主要用于烹调面粉，为防止因为出现香料分子而使面粉失味（呈褐色就表明出现了形成香味分子的化学反应），但它不是结块的原因，因为面粉和水混合也能结块。为什么呢？面粉主要由淀粉颗粒构成，而淀粉颗粒又是淀粉分解分子和支链淀粉分子组成的。这两种分子都是聚合物，也就是说，是葡萄糖分子链（淀粉分解分子是线状的，支链淀粉分子则是枝状的）。这些分子在凉水中不易溶解，但在热水中很易溶：这时淀粉颗粒会膨胀，结成被称为浆的胶状物。

以上描述为我们提供了理解结块现象的初步线索：浸入热水中的面粉团周围的那层浆是否限制了水向块状中央的干燥部分的运动呢？这个解释不充分，因为如果水在块状边缘可以运动，为什么不能到达中心呢？

一维块状

我们已经知道，一切都是速度的问题。要测量上浆的速度，可以进一步简化问题：制作一个简单的一维块状，使其中央部分能被观察到。为此，可把面粉置于试管中，从面粉的上方倒入水（如果水是染色的，可以通过观察彩色线界线的推移来跟踪水的运动）。如果在常温下进行这种实验，可以看到，水在面粉上层的渗透相当快，但此后便非常缓慢：1 小时不到 1 毫米。

如果借助热电阻来加热水，水会使面粉颗粒膨胀，这是水在上浆部分中的扩散，后者限制着彩色线的移动。这时水的运动速度可以达到每小时几毫米。

结论：块状的中央部分之所以保持干燥，原因在于水在上了浆的块状的周边的运动速度缓慢。当水在淀粉颗粒中扩散，并使其发生浆化现象，则凝结起来的淀粉颗粒组成一个减缓水向干燥的中央部分渗透的层，使其继续保持干燥（这个现象可以通过说明淀粉和水之间众多的分子作用来解释）。换言之，如把直径为1厘米的面粉团浸入热水中，则其边缘的浆化部分约为1—2毫米厚，但其中心部分在通常的烹饪时间内仍能保持干燥。

明胶的浸泡

面粉的结块原理适用于其他类型的结块现象吗？例如，厨师都知道，明胶片在投入加热的液体中之前，应该在凉水里浸泡：谁若违反这个规矩，产生的丝状物就像热水里的面粉块一样难以清除。这些丝状物也是由一个干燥的中心与水和明胶分子混合而成的外罩合成的吗？要想知道这一点，先将咖啡置于冷凝胶表面的某一点，以测量水在冷凝胶中的运动：染色的半圆区域的扩展速度大约每天1厘米：非常缓慢。

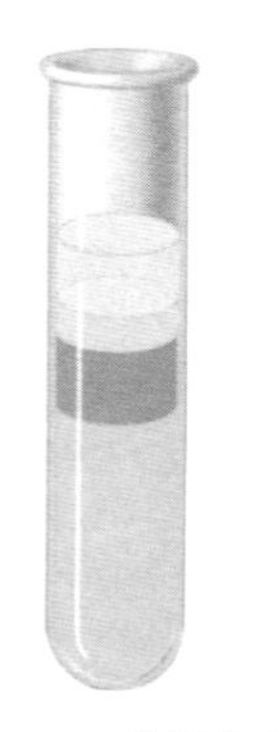

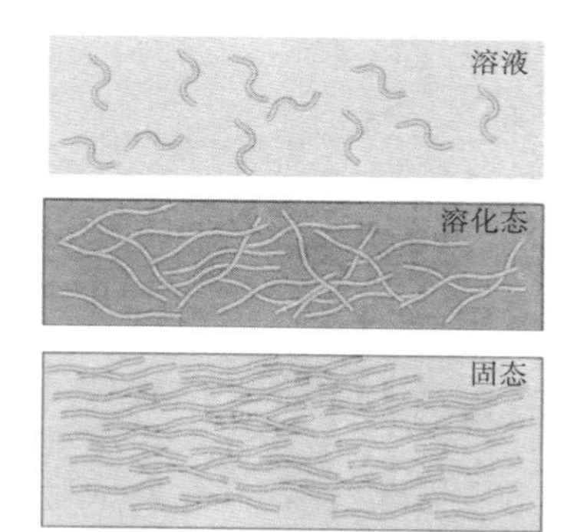

当明胶片置于热水中，丝状物就会出现，因为水只能在明胶片中缓慢运动，而在明胶片的中心，明胶呈溶化态。当给试管中淹没明胶的水（蓝色）加热时，就可看到这个现象：水分子运动并形成非常稀薄的溶液（绿色），而传递给明胶的热量造成明胶的溶化（橙色）。

接着再做一次面粉的实验，不过是用明胶来替代面粉。可以看到，染色水的前沿在明胶中的渗透十分缓慢……不过有个新的现象：在明胶的溶解层下面，无水明胶呈溶化态。

同样，在热气泡中，没有浸泡过的明胶片很难溶解，但中央部分开始受热溶化；明胶分子相互黏合，形成可怕的丝状。

相反，当明胶片浸泡之后，水很难渗透到中心，但受热引起融解：根本不会成丝！

Les mousses

慕斯

慕斯的稳定取决于空气和水的交界面的蛋白质的性质。

慕斯已经大量用于新的厨艺和食品产业当中。它是一种主要由气体组成的脱脂食品，是将鸡蛋蛋白打成泡沫状后制成的。不过由于鸡蛋种类的不同，再加上对制作慕斯的最佳条件缺乏了解，往往会出现不规则的或存在严重瑕疵的产品。今天，对蛋白质慕斯的物理化学分析让我们更好地了解了各种蛋白质的组成，以及它们形成泡沫的特性。

慕斯由一些气泡构成，气泡之间由液态薄膜隔开；因此，只有当气泡隔膜的液体不坠落或隔膜在液体干燥时依然能维持的情况下，慕斯才能维持。搅打过的鸡蛋白是这种稳定性的一个条件：如果气泡足够小，则表面力会强过导致水下落和气体上升的重力。

法国农业研究所南特分所的罗杰·杜亚尔（Roger Douillard）和雅克·勒费弗尔（Jacques Lefebvre），以及图卢兹分所的朱斯坦·泰谢

（Justin Teissié），在对水与空气界面上的各种蛋白质层进行对比后发现，稳定性既来自气泡隔膜中蛋白质的相互作用，也来自这种液态隔膜的黏性。

在对慕斯的研究中，一个关键参数是水与空气界面上蛋白膜的界面张力。物理化学家们估计，这种张力应能取出没入覆盖着蛋白膜的溶液之中的铂金片（该金属片应十分干净）：金属片越潮湿，取出它所需的力就越大。蛋白质改变了界面张力，因为氨基酸链中包括亲水（易溶于水）和疏水（不溶于水）部分。氨基酸链将亲水部分置于水与空气界面上，而将疏水部分置于空气中，从而有利于增大水与空气的接触面，从而促进慕斯的形成。

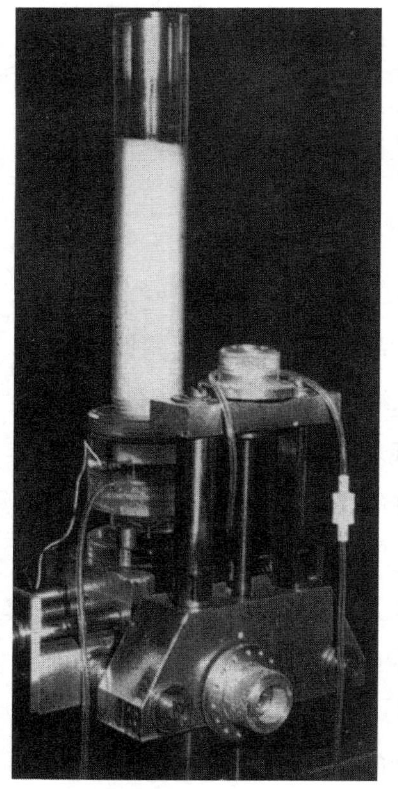

可控蛋白制作装置：气体通过多孔盘（柱子下方）吸入，在蛋白质溶液中形成气泡。

可以通过增强黏性来稳定慕斯（如加入糖或丙三醇），更好的办法是改变吸附膜的流动性。在蛋白质慕斯中，这些膜因为分子内和分子间的键而硬化，分子间的键就像蛋白质半胱氨酸群之间的二硫桥，还有一些较弱的键也有此类作用（如 Van der Waals 力和氢键）。

南特和图卢兹的科学家特别研究了慕斯形成过程中蛋白质的作用，他们的办法是根据蛋白质的浓缩来分析界面张力的大小。我们知道，特别易溶的蛋白质很少能吸附在水与空气之间的界面，当其浓度增大时，界面张力不会减小；但其他类型的蛋白质（几乎所有蛋白质都如此）的性质却很难分析，因为它们的分子结构很复杂：这些蛋白质不仅是聚合物——即它们的长链能形成团状物，而且它们的分子带有电负荷，因而蛋白质内部存在交互影响，其他带电分子群也相互影响。

目前，根据萨克莱CEA研究中心的皮埃尔-吉尔·德·热内（Pierre-Gilles Gennes）和M. 达武（M. Daoud）的看法，界面张力降低幅度最大的应该最稠密的吸附层的分子。但电荷的存在使得这种估算变得复杂了，因为多一个带电蛋白质，就多一个可溶蛋白质，吸附层的稠度也会减小。相反，带电蛋白群周围的反离子会削弱分子内和分子间的吸引力与排斥力。

为了验证这些理论解释，科学家们将研究工作聚焦在酪蛋白上，因为酪蛋白不会结成团状，而且在形成慕斯时不会延展（“改变性质”），因而分析时所受的干扰较少。对不同蛋白质的比较显示，对球状或非球状蛋白质，界面张力随泡沫化蛋白质的浓度增大而增大，两种蛋白质会先后

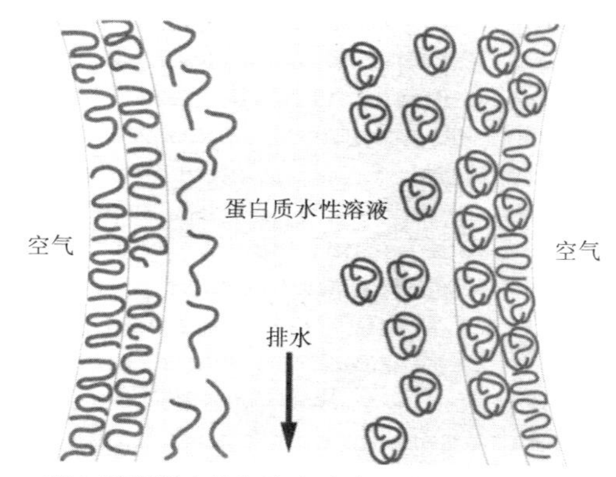

蛋白质慕斯中的气泡由液态隔膜相互分离开，后者的稳定依靠水与空气之间界面上的蛋白质层。左边表示的是一个非球状蛋白质的吸附，右边是球状蛋白质的吸附，球状蛋白在空气接触层中改变了其部分特性。

稳定在水与空气之间的界面。可以认为，这两种蛋白质是两个分子层：一种浓度较低的蛋白质层稳定在表面，接着另一个附加蛋白层附加上去，形成第二层。

球状蛋白质和非球状蛋白质之间的主要区别在于空气接触层的分子：非球状蛋白质位于单一构造中，而球状蛋白质似乎分为两个亚种，其中有一些氨基酸吸附在不同的界面上。

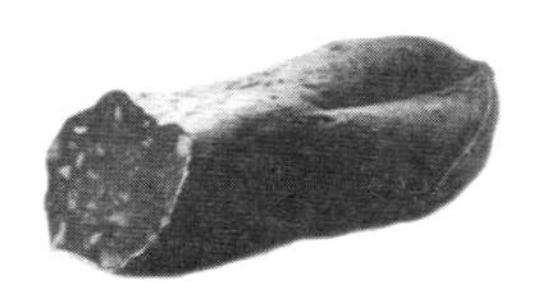

Le saucisson

灌肠

决定香味品质的分子已经明确。

制作灌肠的传统方法是将各类肉末混合后，加入糖、硝石和植物香料；将所有这些混合物注入肠衣后，用几个月的时间使其风干。这种方法不采用催熟酵素（如酸性或芳香微生物），它既有好处也有不好的地方：由于自发条件下菌类的酸化效应不足，因而可能滋生致病性微生物；此外，自发的菌丛并不一定能给灌肠带来美味。

为了避免负面效果，生产者开始使用可控酵素，但有时取得的效果反而更差：很多用工业方法制作的灌肠不仅过于柔软（干燥的时间通常不足一个月），香味也明显不足。不过情况正在逐渐改善，因为食品工业注重开发高品质产品。就灌肠来说，工业部门委托克勒蒙费朗的农业研究所研究这样一个问题：一根美味灌肠的决定因素有哪些？

若要改进就应了解，若要了解就应分析。让-路易·贝尔达盖（Jean-

Louis Berdagué）、玛丽-克里斯蒂娜·蒙泰尔（Marie-Christine Montel）和雷吉娜·塔隆（Régine Talon）提取并分析了干灌肠的香味构成物；他们在实验中结合了高分解性气相色谱分析法和固体光谱测定法，前者是利用气体将抽样得来的挥发性分子输入细管中，而细管可分别容纳香味的不同构成物；后一种方法旨在确定通过色谱分离后的构成物。今天，他们采用的技术可以辨明制作灌肠的肉类的特性，以及制作过程的要点。

克莱蒙费朗的团队首先注意到，灌肠的香味来源于上百种有机化合物，这些化合物来自肉类的酶和酵素的新陈代谢。接着，人们对含有不同菌类组合的灌肠进行了分析，结果表明，菌丛发酵在香味的形成中起主要作用。

例如，在一项实验中，酸化菌（乳杆菌和片球菌）与芳香菌（葡萄球菌）构成的六种混合物被用来制作30种灌肠（每类菌混合抽取五个样本）。挥发物经过了分析，而灌肠香味由12位评委来评判，不过他们只能根据事先给定的术语来描述香味特征。

统计分析揭示了不同构成物与香味之间的关系。更准确地说，脂类的氧化是香味的支配性要素：蛤喇香味与醛、链烷和乙醇联系紧密，而干灌肠的香味与甲基酮与甲基醛有关。最后，糖的变质可能导致产品因为醋酸的作用向醋香味转变，或由于丁二酮的作用向黄油香味转变。

因此对灌肠的研究证明，存在一种类似于制造酸奶的情形：洁净的牛奶中良好的菌株对产品的最终质量起决定作用；因此，依据当前的制造工艺，如果能获取保证产出美味灌肠的菌株，则产品定会香气迷人。

包装和加香料

克里斯蒂娜·维亚隆（Christine Viallon）的实验证明，发酵时间和包装对灌肠的香味有影响。较长的干燥期通常导致香味散失，因为干燥期间水的散发会带走挥发性成分。不过，灌肠在干燥过程中会硬化，味道也会变浓，因为盐的浓度会上升。那么，以塑料膜包装能避免干燥过程中香味的流失吗？法国农业研究所的农学家们证明，这样做会使干燥受到限制，而糖的变质也大为抑制，因此包装过的产品香味中少了些酸气，而黄油味更浓了。

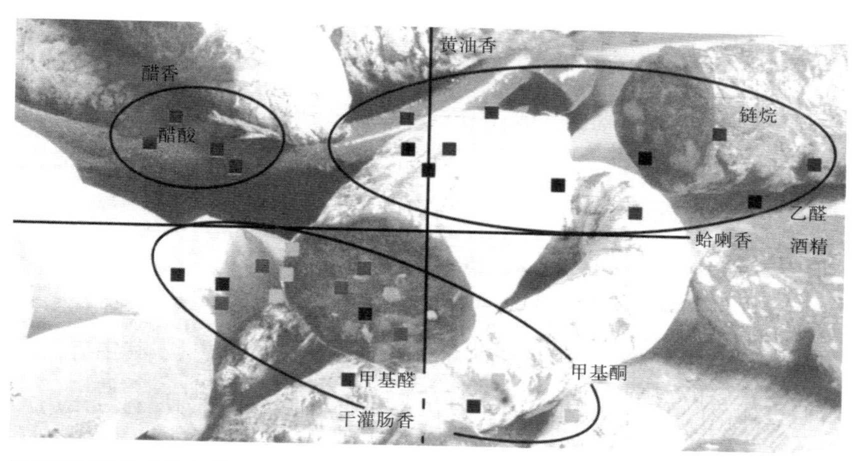

运用不同酸化菌株和芳香菌株组合法生产的灌肠，根据其挥发物性质分类。

最后，研究者对添加香料的程序也作了研究。他们找到了胡椒（萜烯）、大蒜（浸硫分子）、烧酒（乙醇与腌制品脂肪酸反应后形成的酯）的示踪原子。因而制造商可以找回优质产品的美味。更幸运的是，对干灌肠香味的认识使得人们可以预先考虑香味的综合，以便让效果不完善的各种菌株协同努力。例如，卡普苏里公司的米歇尔·卢（M.Roux）在制作过程一开始时引入 1- 辛烯 -3- 醇，使灌肠具有了小灌木的幽香。

Jambons crus d'espagne

西班牙生火腿

“地区特产质量保证”意味着应对其味道进行理性研究。

最近几年，西班牙生火腿的年产量超过了 3000 万只。其中有些产自西班牙西南部的生火腿，尤其以伊比利亚当地产猪肉为原料且采用传统工艺制成的（每年超过 100 万只）生火腿的味道最为出色，以致欧盟赋予它“地区特产质量保证”的称号。这种美味是如何形成的？赫苏斯·万塔纳（Jésus Ventanas）及其在卡塞雷斯兽医学校的同事们分析了其漫长的制作过程的各个阶段，并找出了其独特风味的原因。

传统制造工艺的独特之处开始于饲养阶段：自然状态下增肥的伊比利亚猪主要靠橡栗和草类喂养，直至其体重达到 160 公斤。屠宰过后，猪腿在零度环境中保存两天，然后抹上含有 1% 硝石的盐，并在 0℃—4℃低温下置于这种盐层上一周。去除盐之后，再以同样的温度保存 2—3 个月，然后进行干燥处理：干燥期间逐步增温，为期一个半月，最后温度达到 18℃。猪腿在夏天还需在常温下贮存一个半月，然后进行最后的加工，即在地窖中存放 14—22 个月。

这种十分漫长的加工程序是一种经验主义的方法，它特别适应埃斯特拉马杜拉地区的气候，不过在今天，冷藏室和恒温槽避免了气候的偶然多变性。为了将传统工艺运用于现代生产工具，制造商们应该作出准确的温度和时间选择，如有可能的话，生产期相应缩短。要保持传统火腿的独特风味，应如何选择呢？

1970 年代，化学家们已经证明，蛋白质（即氨基酸链组成的分子）和脂类损坏所产生的物质，对奶酪等食品的香味的形成有促进作用。这类产物是否也是西班牙火腿香味的原因呢？或者说，它们只是这些香味的某种征兆呢？ 1990 年后，卡塞雷斯的研究人员设法复制传统生产工艺，以便逐阶段地分析蛋白质和脂类的变化。他们注意到，在腌渍过程中，蛋白质分解所释放的氨基酸随后也会分解：这是芳香分子的前驱。

人们预见到了几种反应：例如，氨基酸和糖之间的，美拉德反应是烤肉、面包皮和焙炒咖啡香味的原因，但是当食品的贮存期延长时，这种反应也会出现，并会使食品呈褐色。另一方面，斯特雷克分解是氨基酸与脂类分解过程中释放的脂肪酸的反应；这些反应产生了通常散发香味的醛。

时间足够长造就美味火腿

在伊比利亚火腿中，美拉德反应后的产物的累积与加工时间长短成正比：没有较长的时间就不可能得到美味的火腿。另外，腌渍后形成的醛也参与美拉德反应，它形成的物质会延迟脂肪的变味。

最近的另一项研究考虑的是另一方面的问题：化学家们弄清了挥发

性分子，并找到了这些分子的源头。最多的分子是链烷，它仅由碳原子和氢原子构成。在西班牙生火腿中，人们发现两种链烷：一种是线状链烷，似乎是脂类分解后产生的；另一种是枝状链烷，是因橡栗喂养而形成的，这是伊比利亚猪的独特之处。因此化学研究证明，“地区特产质量保证”的称号最主要原因仅仅在于猪是在橡树林中自由放养的。

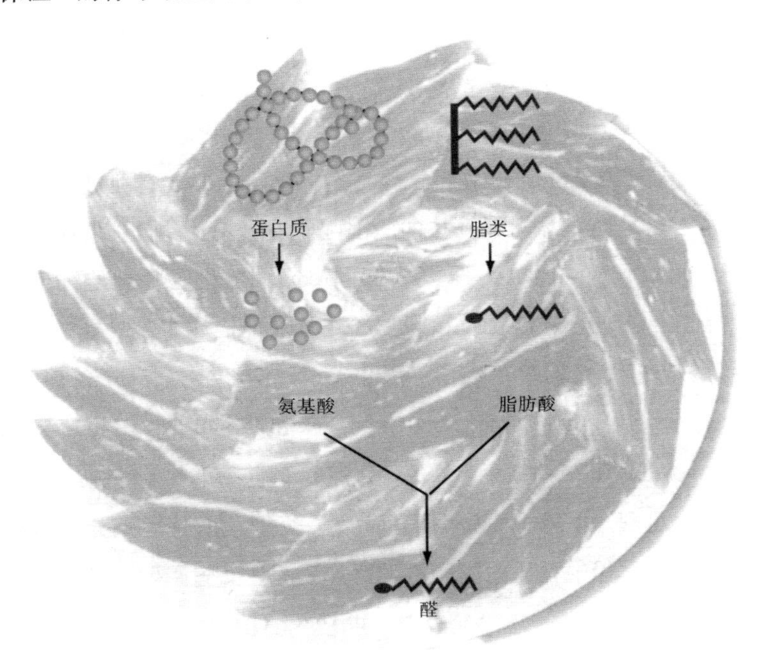

醛有利于西班牙生火腿香味的形成，其产生有两种途径：蛋白质的分解（左）和脂类的分解（右）。

Le foie gras

鹅肝

屠宰之后马上烹煮最佳，且不易溶。

阿尔萨斯和西南地区一直为谁是鹅肝的发明者争论不休，实际上罗马人早就开始用无花果喂鹅了，因此鹅肝不是最近才有的美味。不过，鹅肝的制作方法最近发生了改变：传统的做法是鹅屠宰之后将肝烧煮几个小时而成，但有关规章的变化导致屠宰集中化，并立即“趁热”取出肝脏。这对鹅肝的质量有何影响？

1990 年代初，法国农业研究所阿迪格尔分所的鲁斯罗-帕耶（D. Rousselot-Paillet）、热拉尔·基（Gérard Guy）和同事们证明，趁热取出的鹅肝流失的脂肪比传统的冷取出要少。生产者欢欣鼓舞，但忧虑也随之而来：新工艺会改变鹅肝的味道吗？这可牵涉到法国美食中的一顶桂冠产品。为此法国农业研究所克莱蒙费朗分所的希尔维·卢塞-阿克兰（Sylvie Rousset-Akrim）和同事们分析了两种方法制作的鹅肝罐头在气味上的差异。

阿迪格尔团队饲养了30只鹅；最大的鹅肝在趁热取出后切成上下两片。其中一个样品立即以105℃高温消毒50分钟，取自另一个半片的样品则采取相同的处理程序，但是采取"冷"处理，即在冷藏室里储存几小时后再进行处理。接着，由品味人员对两个样品进行鉴定——多么令人艳羡的任务！

预先的研究对鹅肝和鸭肝进行了对比，结果清晰地揭示了两种肝之间的巨大差异。该研究可以对实验程序作一点说明：品味人员应指出18项测试对象的浓度（分值设在0℃—22℃之间）：形态（紧凑度、光滑度、纹理）、气味（涉及家禽肝和鹅肝）、质地（黏性、松紧度、硬度、溶解性、颗粒口感、肥腻、光滑度、碎化感）、味道（酸、苦）和香气（鹅肝、家禽肝和蛤蜊）。对结果的统计分析提供了期望中的信息。

克莱蒙费朗团队首先证明，如果懂得如何利用人的能力，人其实是一种非常可信的测量工具：品味人员给出的判断使我们能区别两种制作工艺。热工艺制作的鹅肝纹理特别好，也更容易溶化、更肥口、更光滑，而入口的颗粒感不太明显，碎化的情况也较好，苦味较少，而且香味比冷工艺的更浓郁。更妙的是，某些关系是系统对应的：易溶化的鹅肝也是质地较肥、颗粒感较少、不易碎化和不太硬的。比较黏口的肥鹅肝是最肥腻、最不易碎化的。紧凑的鹅肝是最硬最光滑、最不易碎化的。最后，颗粒感最强的鹅肝是最易碎化、最不肥腻和最不光滑的。

越易溶化，香味越浓

同样，统计分析还揭示了气味和香味之间的对应关系：家禽肝和蛤蜊的香味与鹅肝香味不同。酸性与鹅肝香味浓度呈反向变化。质地特征尤其与鹅肝香味存在正面联系；除了光滑度和鹅肝气味之外，溶化性、紧凑感、肥腻感和光滑感都与鹅肝香气有关系。

这次没有先入之见的品尝区分出两组：第一组基本是冷工艺制作的鹅肝，有颗粒感，易碎，香味是家禽肝加上一点蛤喇味；第二组是热工艺制作的鹅肝（另有几个冷工艺鹅肝），更为肥口，更易溶化，也更为光滑。

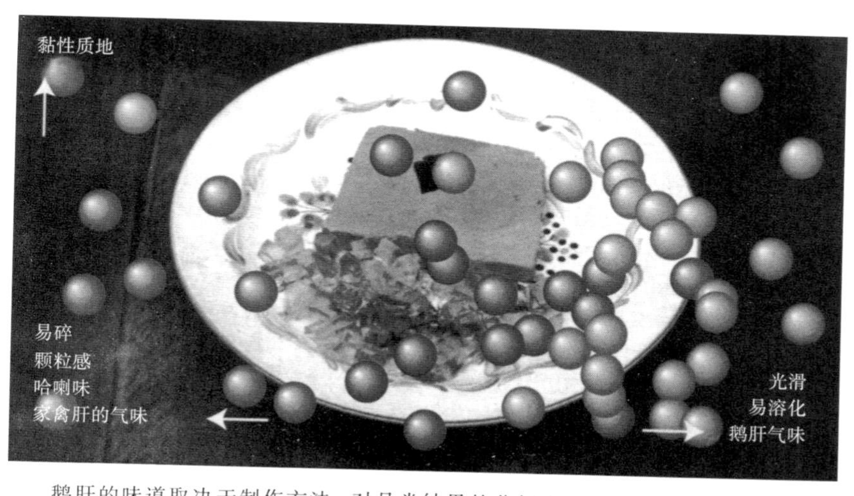

鹅肝的味道取决于制作方法：对品尝结果的分析表明，屠宰后立刻制作的鹅肝具有一组特征（红色），而以传统方法、在冷藏数小时后制作的鹅肝具有另一组特征（蓝色）。

为什么有这种不同？由于冷工艺鹅肝的脂类溶解率（烧煮时脂类物质的释放）要高于热工艺的鹅肝（分别为 21% 和 9%），人们推测，屠宰后迅速取出和烧煮的鹅肝能避免肝组织死后的变化，这就限制了膜状物损伤和脂类的流失。

对冷工艺来说，脂类溶解率取决于鹅肝的大小，但热工艺并非如此；不过，不管是冷工艺还是热工艺，鹅肝的紧凑感和硬度都随其重量呈反向变化：最重的鹅肝质地最松散、最不坚硬。然而，当溶解率上升时（一半冷工艺鹅肝会出现这种情况），鹅肝的颗粒感、碎化感和蛤喇味会上升，而光滑感、紧凑感、肥口程度、溶化性和香味会下降。

于是生产者确信：新的屠宰法对产品只有好处。厨师们得出了同样的结论：要想制作出最佳的美食，必须要有最好的食材。

Les agents antioxygènes

抗氧化剂

芳香植物能避免食品脂肪的氧化。

黄油和含有脂肪的食品在与空气接触时，会因为连锁反应而变味，这种反应就是脂肪酸的自动氧化。食品变味后会发出难闻的气味，并会产生可能影响有机体的自由基，如何克服这种变味反应呢？仅仅给食品脱氧且使其不暴露在光线中是不够的：应该使用抗氧化物来抑制已经出现的自动氧化征兆。

有些食品天然含有抗氧化物，能防止食品变味，这类物质如初榨橄榄油中的生育酚（维生素 E），柠檬中的抗坏血酸（维生素 C）。为延长食品的食用期，食品厂家最初使用天然化合物，随后又试图生产具有较高抗氧化功效的化合物。反过来，消费者们担心食品因化学品的使用而带上不明毒性，又希望研究者将研究领域限定在天然物质的范围之内。

不过，对脂肪酸自动氧化反应的认识有助于寻找这样的化合物。当光线切断脂类的 CH 链，从而形成不稳定的 C 自由基时，就会发生这种反应，因为 C 自由基会与空气中的氧发生作用，形成另一种自由基 COO，后者再与其他 CH 键反应，生成新的 C 自由基，于是氧化会进一步扩大。

农产品工业中使用的抗氧化剂是酚类（分子中包含一个苯环，其六边形顶上有六个碳原子，其中至少有一个与羟基 OH 相连）。在自然物中，酚酸及其酯酶具有抗氧化能力，这种能力源自它们的结构，或者说，其中央芳香部分中的电子的移动：它们的某些电子与苯环的所有原子一起运动。当这些化合物与脂肪自动氧化后形成的自由基发生反应时，会自行转变成自由基，不过仍保持稳定状态，因为非配对电子发生位移，这就限制了反应速率；扩散反应因此受限，蛤喇转变过程同样如此。

关于抗氧化剂的研究目标非常明确，但研究工作非常乏味，因为需要了解的化学反应很缓慢：自然状态下的蛤喇转变（所幸）很缓慢。传统的蛤喇测试法要持续好几天，如果采用这种方法，系统的抗氧化实验无法进行，因为时间太长了。

位于马西的法国农产品工业高等学校有一个自然物质化学实验室，那里进行了另一项实验，试图在几个小时之内测定某种化合物的抗氧化效能，以解决时间太长的问题。

这种新方法是将氧气输入亲酯溶剂十二烷中，该溶剂中还溶解了甲基亚油酸（用于测试的脂肪）和测试用抗氧化剂。该实验在无保护条件下于 110℃温度下进行，气相色谱分析显示，一半的甲基亚油酸在 3 个小时内氧化；该化合物的抗氧化能力可以确定为甲基亚油酸的半衰期的延长期。

这种快速确定法可用于两个目的：澄清抗氧化物质的化学性质（以

便预见哪些化合物更有效），考察使用芳香植物的可能性。

目前农产品工业中常用的抗氧化剂有三种：丁羟基茴香醚（BHA），丁基羟甲苯（ BHT），2 丁基羟苯醌（TBHQ）和丙基酸；将几种植物酚酸与这三种抗氧化剂作比较之后发现，很多自然化合物具有强大的抗氧化功能。尤其明显的是，一个分子的抗氧化能力似乎取决于其 OH 羟基群数目，以及电子位移所营造的稳定性。这个规律应有助于预测化合物的抗氧化性能，并确定哪些自然物具有抗氧化性。

另外，马西进行的实验还研究了各种芳香植物的提取物，正如人们认为的那样，迷迭香、鼠尾草、丁香、肉豆蔻、百里香、牛至、生姜和辣椒中的提取物被证实具有抗氧化功能。迷迭香、鼠尾草、丁香和生姜的抗氧化功能与阿尔法–维生素 E 不相上下，但比丁羟基茴香醚和伽马–维生素 E 要低十倍。

胡椒、香芹、旱芹、印度芹和罗勒没有任何抗氧化功能，这与过去的实验结果一致，但安息香和香兰素的抗氧化性与阿尔法–维生素 E 接近：这两种植物都含有香草醛，科学家们在 1989 年就指出了它的抗氧化性能。

在这个实验确认的最有效的提取物中，

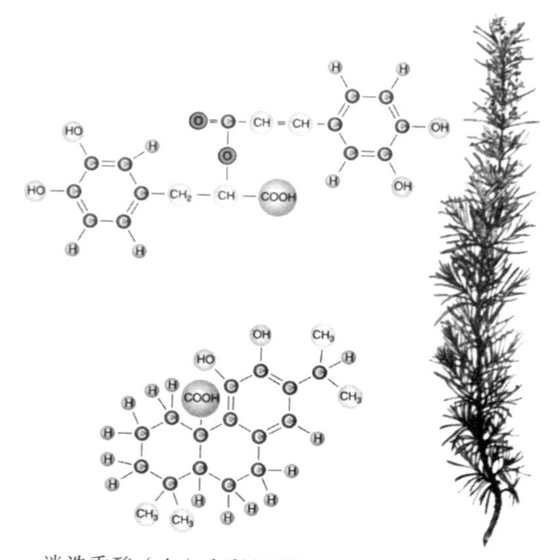

迷迭香酸（上）和鼠尾草酸（下）的化学结构，两者均为迷迭香内含的重要抗氧化剂。

最有趣的可能是迷迭香、丁香、鼠尾草、生姜和安息香的提取物。鼠尾草尤其是一种很好的抗氧化剂原料，因为分析表明，它含有六种很强效的抗氧化化合物：鼠尾草酚、鼠尾草酸、异迷迭香酚（含量最大）、迷迭香二醛、迷迭香酚和表迷迭香酚。

Les truites

鳟鱼

科学家分析了鳟鱼脊肉的特点，并研究了其烹饪方法。

怎样才算一条好的海产鳟鱼？肉色粉红是质量的保证吗？采取何种烹饪法才能让美食家满意？怎样喂养才能符合加工的需要？烟熏鱼就是加工方法中的一种，而法国在这方面独具一格。

法国是世界上最重要的鳟鱼生产国之一，但鳟鱼养殖业几乎落后肉类饲养业 30 年。特别是，鱼种选择不力是鱼类变异的原因，而这种变异又制约了加工业。为研究鳟鱼质量变动的原因和后果，法国农业研究所雷恩分所和南特分所的贝努瓦·富科诺（Benoît Fauconneau）、米歇尔·拉罗什（Michel Laroche）及其同事，与法国海洋研究所及几家私营公司合作，研究了鳟鱼脊肉的口味特征与物理–化学性质。

我们知道，大型鲑科鱼类的加工性能（如烟熏、醋渍）和口味质量主要看鱼肉中脂类的浓度，脂类分子能溶解芳香化合物，也能在受热或氧化时散发味道。物理化学家们对埃尔萨摩公司和马卡雷的 SEMMI 实验站养殖的褐色鳟鱼进行了分析，结果表明，鱼肉中含有 65%—75% 的水，20%—24% 的蛋白质和 2%—12% 的脂类。

肉色粉红看来并非判断质量的好指标：粉红色取决于喂养过程中产生的类胡萝卜素分子（虾黄质或斑蝥黄）。虽然色素的沉积存在基因上的变异性，但肉色的变化主要是因为食料中是否含有这种类胡萝卜素（肉从黄色变为粉红色）。

为什么基因上同源的鱼会有肉色上的变化呢？可能是因为它们的生长速度不同。分析也表明，鱼在成长期间肉中的脂类会增加：鱼越肥，个头也就越大（因此它长得也就越快）。当脂类浓度上升时，红色成分会增加，而且生长速度也会加快：一条鳟鱼吃得越多也就长得越快，比小鱼吸收的色素也更多。换句话说，如果能对鱼的生长速度做到标准化控制，那么熏鱼肉的质量也就能做到规范化。

鱼肉的物理性质和口味特点取决于鱼肉细胞的肉眼可见结构，其结构与家禽和牲畜的肉大不一样。在后一类中，细胞纤维特别长，纤维上包裹有支架蛋白质和胶原，它们一起组合成束状，然后束状之上再裹有胶原，如此类推。家禽和牲畜肉类的烹饪要求在硬度和柔软性之间达到一种微妙的平衡，硬度是由细胞内蛋白质的凝结造成的，而柔软性则来自胶原分子的分离和解体。

鱼须细心烹制

鱼的烹饪的时间应该较短，因为鱼肉中的胶原较少：鱼肉细胞不是单个而是成群地聚合成叶状，只有叶状表面由胶原维持；位于脂肪组织（从解剖学上说不同于肉叶）中的脂类与胶原连在一起，因而对肉叶的稳定以及鱼肉的质地有重要作用。对鱼肉质地的抗压实验表明，鳟鱼肉比其他淡水鱼肉更坚硬，如鲤鱼和六须鲇鱼。

为了解烹饪导致的鱼肉质地的变化，南特的物理化学家开始比较同一条鱼的两块脊肉：一块生取下来后立刻进行分析，另一块在烹饪后再分析，烹饪的温度根据实验需要从10℃上升到40℃、45℃、50℃……一直到90℃：鱼肉置于密封的小袋里，温度每分钟升高一度，随后将其浸入冰水中使其迅速冷却。

研究表明，烹饪几乎没有改变鱼肉的化学组成，但由于加热高温的影响，抗力提高了（鱼肉分子凝固）。整体组成几乎没有变化，因为流失到汤中的所有物质都是成比例的；由于汤中的脂类特别丰富，因色素溶解红色退却，因为蛋白质的凝结鱼肉亮度有所上升。总的来说，根据最高温度的变化，大约有10%—20%的物质转变为汤汁。

如今，研究工作仍在继续，具体表现为对烹饪的研究（人们还不清楚，鱼肉的松弛与烹饪时间的延长是否有关系），以及对鱼饲料的作用的考察，因为饲料似乎在很大程度上改变了鱼肉的化学组成，但味道变化不大：家禽的味道因为饲料而有很大变化，鳟鱼为什么不可以呢？

褐色鳟鱼（上）和彩虹鳟鱼（下）：目前对这两种鳟鱼的烹饪法了解得最多。

La cuisson

烹制肉食

如何确定烹制时间以确保肉质鲜美？

以烤牛肉为例该怎么做？这个问题由来已久，布里亚-萨瓦兰在《厨房里的哲学家》中就提到过。

各种烹饪法的主导原则是什么？如果撇开某些异域的特例——如塔希提的鱼酸烹饪法（将鱼放在绿柠檬汁中腌泡）——厨师胜在认识到厨艺是一种通过加热来改变食物的过程。

以热气加热

问题是：如何传递热量？一般来说，厨师借助气体、液体和微波来加热食品。我们来考察一下这些方法中的一种：通过气体来加热，即在炉子中熏制、干燥、煨煮和烹调食物，或以蒸汽来烹制。

熏制和干燥是很缓慢的烹制过程，因为气流的温度比周边自然温度高不了多少。蒸汽烹制法更为有效，因为食物同时接收蒸汽的动能和来自蒸汽凝结在食物上而产生的能量；然而，蒸汽的温度限于100℃左右。而在充满水蒸气的炉子中，温度可以更高：但确定烹制的时间就成了问题，厨师们一般以经验主义的方式来解决，如“每斤12分钟，炖菜再加10分钟”。

这种说法有根据吗？首先应注意，食物的最大厚度决定需要多少时间才能整体加热到一定温度。1公里长的香肠与10厘米长的香肠理论上可以在同样的时间内烹制好，只要它们的直径相等同。

另一方面，厚度翻一番，烹饪时间须翻两番，因为需要加热的距离翻了一番，而须加热的食物量也翻了一番。对一个球形食物来说，烹饪时间相当于块状物的2/3次方，可以用数学模型来表示这种变化关系：一条曲线在快速上升后有一段直线部分：我们可以认为这近似于经验主义法则，但它不适合于太小的食品。

气体加热的另一个方法是传统的煨炖法，这个办法很不错，因为高温加热的过程会破坏表面的微生物组织，因而肉应被某种东西包裹住（传统做法用煨肉锅，现在用炖锅），用某些文字出色的食谱作者所言，让“火苗在烹锅下跳跃”。因此，低于100℃的热气流会让烧酒中的乙醇蒸发，因为炖肉时总会用到烧酒，各种芳香作料也会蒸发：于是肉在芬芳的空气中烹制，且不会丧失水分，因为温度低于水的汽化所必须的100℃。

决定性阶段

如今，有一种方法已经在很多餐馆中运用，人们称之为“低温空炖”：食物封闭在一个塑料袋中，袋中空气已被排空，以低于100℃的温度加热。过去的煨炖时间较长，但它可以事先准备。很多老厨师很欣赏这种做法，如《厨艺大师的学问》一书的作者梅农（M. Menon）在他的论著中根本没有提到烹调的时间问题，因为他知道，只要采用温和的烹饪法，结果不会有太大不同。另外，如此烹制的食品味道特别浓郁，因为肉的汁液没有被汽化掉，而且肉质很嫩。

煨炖法以前比较难做（人们担心不好掌握火候），但如今效果很好，只要用一个事先确定好直径的炉子，了解一些关键性温度：40℃时，肉不透光，因为肉蛋白质开始蜕变（蛋白质是折叠呈球状的长分子；它们在凝结之前展开的就是蜕变）；50℃时，纤维开始收缩；55℃时，肌球蛋白（一种主要与肌纤蛋白一起起肌肉收缩作用的蛋白）的原纤维部分开始凝结，而胶原（一种使肉类保持硬度的蛋白）开始溶解；66℃时，各种蛋白开始凝结；70℃时，肌肉珠蛋白不再固定氧，肉的内部开始变成粉红色；79℃时，肌纤蛋白凝结；80℃时，蜂窝隔膜断裂，肉变成灰色；100℃时，水汽化；超过150℃时，出现美拉德反应和其他化学反应，产生褐色芳香物质。

每个阶段的标志是什么？如果炉子有很好的温度调节功能，厨师就能控制烹煮的每个步骤，而不必依靠并不可靠的经验主义，也不必担心出现以前那种因为掌握不好火候而使美食泡汤的情况。当然，嫩血肉有其爱好者，但也要知道，低温有利于危险微生物的滋生。低温烹饪很危险……尽管味道好极了！

本世纪初出现的法式陶质煨肉锅，锅盖边缘形状可以有效地利用火力。

Le goût du rôti

烤肉的味道

肉的味道取决于脂肪。

脂肪决定肉的味道？什么味道呢？很久以来，人们认为脂类只有溶解芳香化合物（它们通常难溶于水）的功能；人们还抱怨说，脂类在烹饪时因蛤喇化和氧化而产生不好的味道。今天，化学家们已经证明脂肪在美拉德反应中的作用，而这种反应产生的物质是加热后的食品中主要的芳香化合物。

芳香化合物有上百种，它们因肉类、动物年龄、饲料和烹饪方法不同而不同；此外，这类数量非常少的化合物有时能在香味上占主导地位。产生香味的一个主要反应是美拉德反应（路易-卡米耶·美拉德是南锡的一位化学家，1912 年他证明了这个以他的名字命名的反应），它是在葡萄糖等糖类和氨基酸之间发生的。这个反应对面包皮的味道、烤肉香、啤酒香和巧克力香都有作用……它也导致了褐色化合物的形成，这就是给煮熟食物着色的蛋白黑素。

几十年来，化学家们一直在研究肉类挥发物的前体，他们首先注意到，这些前体是些分子量很低的分子；除了美拉德反应中的典型反应物（氨基酸和糖），他们还发现了磷酸糖、核苷酸、肽、甜肽和有机酸。

我们对脂类作用的认识不是很清楚。我们知道磷脂（与一个溶水群相连的脂肪酸）特别容易氧化，它是出现蛤喇味和油脂味的主要原因，但1983年，布里斯托尔的唐纳德·莫特兰（Donald Mottram）和R.爱德华（R. Edward）注意到，磷脂也是典型的烤肉香味不可或缺的东西。接着在1989年，他们的同事琳达·法摩尔（Linda Farmer）证明，脂类不仅通过其分解物，而且通过自身来影响美拉德反应的展开，同时改变了肉类的香味模式。

最初的研究证明，从肉类中提取三酸甘油酯并不怎么影响肉在烹煮后的香味，但提取磷脂会导致肉丧失特有的香味，而出现一种烘烤的饼干香。于是有人认为，三酸甘油酯（由一个甘油分子与三个脂肪酸分子合成的分子）在多元不饱和脂肪酸中相对较少，这就使其具有一定的化学稳定性；而磷脂在多元不饱和脂肪酸中通常很丰富，因而容易氧化；此外，磷脂的水溶部分很难产生反应。

反应证明

在法国农业研究所南特分所，吉尔·冈德默（Gilles Gandemer）、安娜·莱塞涅尔-梅涅尔（Anne Leseigneur-Meynier）和同事们研究了磷脂在一些简化反应中的作用，这些简化反应是他们从美拉德反应中获取的。在半胱氨酸与核糖的水溶剂中（之所以选择这种氨基酸是因为它包含一个硫原子，并能产生对形成熟肉香味很重要的分子；核糖在烹饪中的作用已经了解，核苷酸能释放核糖），他们加入了一些物质：比如由磷脂组成的脂肪酸（亚油酸、软脂酸和氨基乙醇），或磷脂（磷脂酰胆碱或磷脂酰氨基乙醇是肉类中的主要磷脂）；各类分子的浓度与人们检测的肉类分子中的浓度相似，混合物加热至 140℃。

美拉德反应产生的物质过多，无法一一测试，于是化学家们注意研究色谱形态的变化，他们首先关注杂环化合物，后者具有肉的味道；还关注脂类氧化物。化学家们观测到，色谱上出现新的峰值，而某些没有脂类的反应模式下获得的峰值下降了，因此他们认为，磷脂的作用比三酸甘油酯更重要。他们还证明，磷脂带来的熟肉香味主要来自两个方面：一是脂肪味，这是因为羟基化合物（包含 CO 化学组）的存在造成的，主要来自脂肪酸的氧化；二是脂类或其分解物与美拉德反应产物或其中介物的相互作用，这种作用导致某些新分子的组合，同时也造成其他化合物组合的下降。

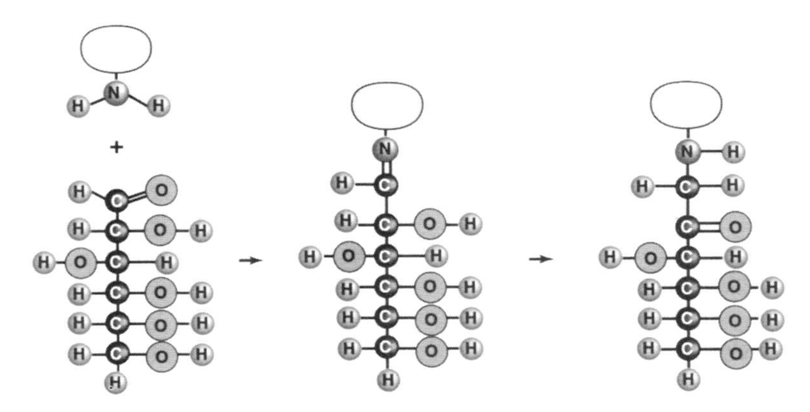

美拉德反应的第一阶段：一个氨基酸（左上）与一个糖（右下）发生联系，在经过中间阶段后形成一个葡萄胺重排化合物（右）。

人们还了解到，美拉德反应中非挥发性产物会抑制脂类的氧化。分析显示，一些典型的气味主要是源自美拉德反应出现了紊乱，而不是脂类的氧化。

虽然脂类不与溶解在液相中的物质发生接触，但带有极性头的磷脂能部分溶解，因而能与美拉德反应中的中介物发生反应。

L'attendrissage des viandes

肉的软化

为何煮肉不同于烤肉。

只有经过充分的加工才会做出味道鲜美的肉：牲畜屠宰之后肉开始变硬（牛肉变硬时间为 24 小时），而随后的加工过程中硬度又会下降 80%，此过程可能持续好几天（牛肉为 10 天）。能否缩短加工期，或至少知道保存骨架和肉的最短期限，以便使肉达到恰当的柔软度呢？法国农业研究所克勒蒙费朗分所的艾哈迈德·瓦里（Ahmed Ouali）就在研究肉类，他们分析肌肉特征，以便根据实验肉类的性能指标来估算加工期限。

牲畜肌肉发生变化的第一个阶段是动物尸体的硬化：肌肉细胞会持续收缩和松弛，因为它们还含有三磷酸腺苷，一种贮存着能量的分子。肌肉分子的化学循环在一段时间内会再生出三磷酸腺苷，但是，当它只能由糖原（肌肉中葡萄糖的贮存形式）分解而产生时，肌肉便不可能松弛，从而成收缩态。

在这个阶段，糖原和葡萄糖的分解产生乳酸，而三磷酸腺苷的分解释放磷酸：肉因此变酸。酸化的速度主要视肉的类型而定：红肉（收缩较慢，因为能量来自血中带有的氧）酸化的程度和速度不如白肉（收缩较快，并不消耗氧）；因而红肉更易因为微生物而变质。

软化和变质

肉硬化的状况决定随后各阶段的演变：软化，这很可能是由各组织元素蜕变造成的。很久之前，人们就已经区分开了胶原造成的硬度（胶原是覆盖着肌肉分子的蛋白质，并将这些分子聚合成肌肉分子束，后者再聚合成肌肉）和肌原纤维造成的硬度，肌原纤维分子在相互滑动时使肌肉发生收缩。如今，人们已经发现胶原在肉软化时很少变化，它能确定一种基础硬度，该硬度随其在肌肉中的浓度而变化，这是加工肉的时候应当考虑的条件：胶原浓度较高时，肉应煮食，较低时则可烧烤。

看来有两种机制可确保肌原纤维的软化：某些蛋白水解酶可以分解蛋白质、丝状体和小纤维；另一方面，渗透压力的升高导致构成丝状体的蛋白质的解体。

法国农业研究所的生物化学家们研究了可分解肌原纤维的三组酶：组织蛋白酶、钙蛋白酶和被称为蛋白体的蛋白质络合物，这种物质最近才发现，因而了解较少。在肌肉中，酶的活动依赖于酸度和三磷酸腺苷中钙离子的浓度等。在活体动物中，酶的活动受各种抑制剂的限制，这类抑制剂阻碍肌肉的分解；但在屠宰之后，酶所受的制约不复存在，这尤其是酸化的后果。肌肉细胞渗透压力的上升有助于且强化了酶的作用：小分子的积聚和细胞内的自由盐导致蛋白质群的解体，因此蛋白水解酶更易进入蛋白质群的底部。

肌原纤维蛋白水解酶的敏感度随肉的类型而变化：红肉的肌原纤维跟白肉大不一样。它们之间的差别既涉及肌原纤维蛋白的性质，也涉及肌原纤维的延展性和结构。它们变化越快则肌肉收缩越快。这种现象至少可以部分解释，何以牛的年龄对肉的嫩度有众所周知的影响：小牛犊牛肉的加工时间为4—5天，成年牛的牛肉需要8—10天，因为成年动物的肌肉比幼崽的肉更红。

牲畜选种者现在了解了这些原理，所以会关注肉的嫩度，更宽泛地说，关心肉的质量，他们在作通盘考虑时会把嫩度纳入进来，而今天人们考虑的核心问题是牲畜的生长速度。牛科牲畜经过工业化饲养加速长成后，其肉非常白，但其味道不如缓慢成长的普通牛的牛肉滋味丰饶。毫无疑问，美味必需足够的耐心和时间……

屠宰时肌肉的收缩小纤维（左）及其10天后的状态（右）。
酶破坏这些小纤维，同时使肉变软。

Al dente

好筋道

怎样煮好面条？

怎样煮好面条？如果只是把意大利面放入热水中煮 8 分钟左右，谁都不可能做出美味的面条：面条的做法虽然简单，但也很多需要注意的地方。首先是盐：水里要放盐吗？为什么？还有油，也放入水中一起煮吗？如何防止面条黏结？

可以在自己家里迅速烹煮美味面条：将面粉（通常是小麦粉，但也可以用玉米面、栗子面……）、少量盐、水、油和鸡蛋混合在一起便可。长时间搅拌后使面团成型，然后压制和切割，最后烹煮 3—6 分钟。烹煮过程中，面粉中的淀粉颗粒会膨胀并吸收水分（即颗粒上浆硬化），同时鸡蛋和面粉中的蛋白质会形成非溶解链，它会防止淀粉颗粒流入烧煮的水中，使其聚合在一起。

对于这类自制面条，可通过提高鸡蛋比例来防止黏结：烹煮时，如果蛋白质链在淀粉上浆硬化前形成，则面条质地仍较硬，不会黏结；相反，如果淀粉上浆硬化发生在蛋白质链形成之前，则一部分淀粉（尤其是其两类分子中被称作直链淀粉分子的那一种）会散布到汤水之中，面条表面的支链淀粉分子（即另一种分子）的浓度随之升高，而这种分子会导致黏结。在面条沥水过后，一块优质黄油或一大杯橄榄油能避免盘中的热面条黏结。

为了研究面条的工业制作方法，法国农业研究所蒙彼利埃分所谷物技术实验室的研究人员对面条的烹制进行了物理化学分析，参加研究的有皮埃尔·菲叶（Pierre Feillet）、若埃尔·阿贝卡西（Joël Abecassis）和让-克劳德·奥特朗（Jean-Claude Autran）以及他们的同事。研究的目的是弄清楚是哪些蛋白质使煮熟的面条口味更佳。

硬质小麦的谷蛋白

工业生产的面条从生小麦开始。在没有鸡蛋的情况下，蛋白质链由面粉中的蛋白质形成，准确地说，由面筋形成。面粉和水的搅拌过程中可以看到面筋：长期的研磨制成面团之后，将其置于自来水细流之下，不要使其完全冲走；水流冲走后留下的弹性物质就是由面筋蛋白质构成的。硬质小麦中面筋的含量高于软质小麦。因此蒙彼利埃等地的实验室开始关注硬质小麦蛋白质的基因构成和变异，以及哪些加工方法有利于形成蛋白质链。

工业制面条的优质表现在琥珀黄的色泽和烹调质量上，所谓烹调质量指的是烧煮后不黏结，甚至轻微过度的烧煮亦不黏结。为达到这个要求，人们选择了含有坚硬和富有弹性的面筋的硬质小麦。蒙彼利埃的研究者证明，弹性与一种特殊的蛋白质有关，这种蛋白质叫作伽马 45 麸蛋白，只有富含小分子群麦谷蛋白的硬质小麦品种才能产生这种蛋白质。

此外，研究者们还考察了面条制作的最佳条件，他们证明，在90℃温度下干燥后的面条容易形成一种蛋白质链，后者在烧煮时更不容易溶解。高温应在干燥末期使用，这样就不会损害淀粉颗粒。阿基米德螺旋压力器之中进行的调制和拉丝同样要保护淀粉颗粒。高温（90℃）的使用会对颜色有影响，因为这会抑制毁坏黄色素的脂氧化酶以及产生褐色的过氧化物酶的作用。

油、水、酸

那么，根据这些研究的结论，我们应该怎样做面条呢？首先要注意，蛋白质的比例应提高。如果用的不是硬质小麦，就应该加入鸡蛋，或细心揉捏压制面团，以使其产生面筋链，为此应加入足量的水，使蛋白质发生水合并使其连接。不管面条的组成如何，都应该投入沸水中，以缩短烹制时间并减少粉化现象。

把油加入水中更有效吗？一些经验表明，意大利面若煮很长的时间，水里加油与不加油对黏结并无多少影响，只要面条在最后阶段不穿过水表面的油层。当面条最后浮出水面时，油能包裹面条，这时油很有用处，加入一块黄油或在盘子里滴入橄榄油，也能起到同样的作用。

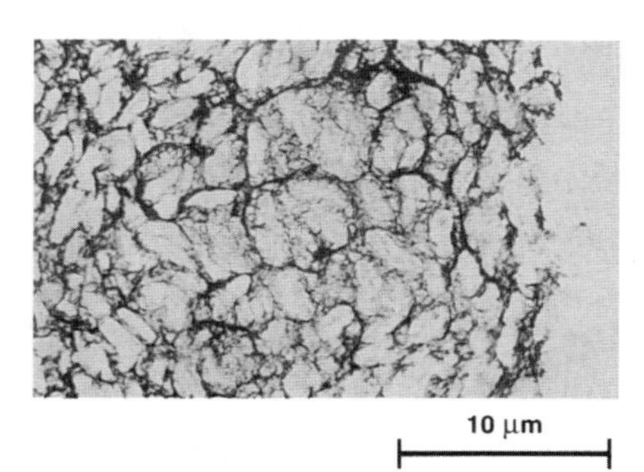

法国农业研究所南特分所的丹尼尔·加朗（Daniel Gallant）通过显微镜观察这一段意大利面，他将蛋白质链涂成了蓝色。

最后，烹煮用水也很重要。在法国农业研究所南特分所，雅克·勒费弗尔（Jacques Lefebvre）证明，如果水中含有蛋白质的话，淀粉在烹煮时流失的直链淀粉就会减少，因此最好能在比较浓的沸水中煮面条。蒙彼利埃研究小组也证明，在矿泉水中煮面条，粉化和黏结会逐步加重，而在轻微的酸性水（如加入一汤勺醋汁或柠檬汁，或雨水）中烧煮，即使煮过头，面条表面仍会保持规则：水中轻微的酸性（pH 值为6）可以使蛋白质保持中性电，从而使其结合更紧密，形成一个能包裹淀粉的网。

Légumes oubliés

被遗忘的蔬菜

介绍蔬菜需要对其进行农学、营养学和烹饪方面的研究。

您知道宝塔菜、香瓜茄、芹菜萝卜、秘鲁灯笼果、茎块雪维菜、海甘蓝和黄蒿吗？它们可以丰富由胡萝卜、韭葱和土豆唱主角的家常菜谱：在昂热的园艺学校，让-伊夫·佩隆（Jean-Yves Péron）和同事们研究了一些被人遗忘或不为人知的蔬菜，以完善它们的生产和种植。美食家肯定乐于接受新美味，经济学家也赞成这一做法：蔬菜的多样化必不可少，因为很多蔬菜的产量已经饱和，经常导致投资收益下降；对农民来说，种植新蔬菜或被遗忘的蔬菜有时更有利可图。

追踪先辈农学家的足迹

引入新的或被遗忘的蔬菜要求进行相应的研究：应该向生产者证明新作物的可行性，并说服消费者此举符合美食学和营养学的要求。因此经过了几十年的等待，法国的菜市场和餐馆里才出现第一批宝塔菜和秘鲁灯笼果。接着来到我们餐桌上的将可能是茎块雪维菜和海甘蓝。

有时候，前辈农学家对某种蔬菜的研究有助于该蔬菜的重新引种，即使没有对特定蔬菜的研究，对同科蔬菜的研究也能起到辅助作用：如对各种甘蓝的研究也适用于海甘蓝，对芹菜等伞形科蔬菜的研究则适用于茎块雪维菜。

在法国东部，茎块雪维菜属野生，但法国农学家夏尔·德·雷克吕兹（Charles de l'Ecluse）早在1846年就认识了它。然而，虽然当时很多园艺师作出了各种努力，雪维菜的种植一直不广：当法国昂热园艺和风景工程学校的研究者着手研究的时候，只有多尔和奥尔良地区的几个菜园里种植雪维菜。

按传统做法，雪维菜的播种是在秋季，7月收获根茎，其状类似胡萝卜。为使种子生长，应在12月安放母株。这种蔬菜为何不为人知？可能因为如果不事先作沙藏处理，种子就不会发芽；也因为种子发芽力仅限一年，种植收益率较低；还可能因为根茎只有在经过贮藏处理后才能变得美味可食：此种根茎质地细腻，近乎栗子，创伤处特别容易滋生腐生菌。

为克服后两个不足，昂热的研究者考察了该物种的基因变异情况，他们采取的办法是将其与一些野生植物杂交，或与后者一起贮存，或采取体外种植法。与此同时，他们还设想改进种植方法，特别是研究如何消除蛰伏期以及如何使雪维菜的田间种植达到数量上的最佳化。农学家通过类似植物认识到种子受抑制的原理（有时是因为果皮中存在一些很容易清洗掉的抑制性物质），于是他们在可控条件下实验了几种消除蛰伏期的办法：如改变温度和光照的循环，采用生长调节器和无氧贮存等。

最后他们证明，胚胎状态下的蛰伏期处于种子成熟的最后几个阶段，这时种子几乎已经脱水，只有将种子置于冷湿条件下 8—10 周才能消除其蛰伏期。

与此相应的是，改进工作最后培育出了很多品种，人们根据商业标准对它们进行了一些杂交。但这样的研究还不足以保证这种蔬菜取得成功：开发出来的技术应该转移到种植者和种子制作者手中，同时还应作一些推介工作，以引起公众的注意，直至走上消费者的餐桌。营养学的研究也要说明新蔬菜的最佳利用方法：对茎块雪维菜而言，涉及如何减少淀粉含量，如何增加某些还原糖的含量，如何在储存过程中赋予其特有的香味。在这些研究的基础上，大厨们为此种蔬菜精心制定的菜谱将对它的引种产生重大影响力。

基因改良之前和之后雪维菜的块状可食根茎。

Champignons conservés

蘑菇的保存

空气环境改变后，蘑菇可以保存更长时间。

蘑菇属于易变质食品，保存起来比较困难。消费者只能满足于购买有点变质的野生蘑菇，但人们希望能买到色泽亮白、短茎、帽小、帽下分片清晰的蘑菇……蘑菇变质快：几天之内就会发黑，菇茎伸长，菇帽下出现墨黑色小薄片。更糟糕的是，蘑菇的味道和质地都会变坏。

蘑菇生产者如何延长蘑菇的储存时间呢？随着改变空气条件下制作和包装的“第四代沙拉”的发展，让农产品工业部门开始关注蘑菇的命运。法国农业研究所蒙法维分所食品工业和包装研究所的科学家们首先揭示，通过改变空气环境，食品盒中的蘑菇的储存时间可以延长。接着研究者尝试了一些保鲜膜，以确定哪种可以最好地控制空气条件。

蘑菇的呼吸

研究的第一个方面是对蘑菇在自然条件下的老化，因为人们想确认，寒冷是否可以降低蘑菇的微生物生理腐化。传统的蘑菇销售，一般在 2℃的条件下贮存 1—2 天，再在常温条件下售卖，这样售后能保鲜的时间就非常短。在温度为 11℃，相对湿度为 90% 的情况下，蘑菇 3—5 天内尚可食用，但当温度为 13℃时，有效保存时间缩减为 3 天。

今天，随着沙拉冷温保存技术的发展，保鲜膜中的蘑菇的售后保存时间可以延长了。空气条件应调节到何种状态？蘑菇会怎么变化？

在完全缺氧的情况下，蘑菇也会滋生一些有潜在危险的微生物，比如肉毒杆菌。相反，在有氧状态下，蘑菇能继续呼吸和生长。1975 年，人们发现蘑菇的颜色和质地取决于其所处环境的空气状况。提高二氧化碳浓度和降低氧浓度可以减少真菌细胞的呼吸量，延缓蘑菇变质的速度。

哪种空气条件最利于保存？法国农业研究所蒙法维分所的洛佩兹·布辽内（Lopez Briones）和同事们测算了不同的氧浓度和二氧化碳浓度对储存的蘑菇的影响，得出结论蘑菇的最佳储存温度为 11℃。

他们发现，二氧化碳浓度和其植物毒化效应（通过排入空气的呼出强度来探知）之间存在对应关系，后者会损害细胞膜，从而有助于褐色酶与其底膜的接触。从色泽的角度来看，最佳的空气状态是二氧化碳与氧浓度都低于 10%。

相反，从保存蘑菇质地的角度考虑，最佳空气状态是二氧化碳与氧浓度都高于 10%，因为蘑菇有一种“明角质上层结构”，它是不会被改变的：温度为 10℃时，样品在二氧化碳含量为 15% 的空气中保存一周而不会发生表皮破坏，并保持一种法国消费者所喜爱的蓓蕾状；二氧化碳浓度越高，菇帽保持坚硬的时间也越长。最后，太高的相对湿度也会导致蘑菇迅速变质。所以，当我们在冰箱里保存蘑菇时，不要封上袋子！

保鲜膜

可以找到一种折中的办法：二氧化碳浓度应略微升高，以便蘑菇能保持白色；浓度不能太低，否则蘑菇变质很快。二氧化碳浓度在 2.5%—5% 之间，氧的浓度在 5%—10% 之间看来是最佳选择。

如何创造这种空气条件？蒙法维研究小组比较了新型聚丙烯微穿孔膜和可拉伸的 PVC 膜：在这些材料制成的食品盒中，蘑菇在 4℃—10℃条件下可保存 8 天（4℃是第四代产品的法定保存低温）。在 10℃条件下保存 8 天后，没有保鲜膜的蘑菇中，85% 表皮开裂，因此保鲜膜延缓了各种温度条件下变质的速度。不易透气的膜能延缓蘑菇的变质。今天，研究者们正在寻找保鲜膜的水蒸气最佳渗透性。

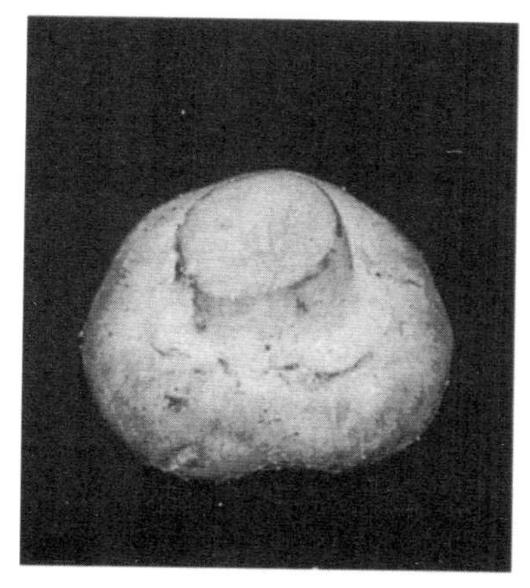

蓓蕾状巴黎蘑菇（左）；几天后的状态（右）。

Espèces de truffes

松露的种类

所有欧洲黑松露都是同种。中国松露从基因上说完全不同。

黑钻石！还有比这个更贴切的对松露的赞美之词吗？每个美食专栏作者都不会忽视松露，每个想提升星级的饭店都不能藐视它。几个世纪以来，人们一直在讨论松露的特点：佩里戈尔黑松露与勃艮第的松露很不一样，法国的松露大大优越于西班牙或意大利的……科学能证明这些看法吗？蒙彼利埃的一个生物学小组研究了黑松露的基因：松露味道上的差异更多来源于生长环境，而不是基因上的差别。

欧洲有六种松露，就是说有六种此类块根类蘑菇。黑松露被称作佩里戈尔松露，主要产于西班牙、法国和意大利，但其味道因地而异。为解释这种差异，蒙彼利埃的米歇尔·雷蒙（Michel Raymond）及其在法国国家科学研究中心、法国农业研究所和法国海外科学技术研究局的同事们曾经研究过这样一个问题：松露是否有某种基因基础。

用于分析的二百多个样品来自法国和意大利的不同地区：在其脱氧核糖核酸当中，生物学家们研究了所谓的卫星序列，这种东西在同一生物类中的各个种之间有着很大的差异。但在黑松露的样品中，没有发现任何基因变异。基因学者还比较了黑松露、夏松露以及勃艮第松露：黑松露与夏松露之间存在显著差异，这一点并不意外，但夏松露与勃艮第松露之间的物种界限并不清晰；基因研究证实，应把它们视为生物学家所称的复合种的两个变体。

如何解释黑松露种的基因同质性？蒙彼利埃的生物学家推想，最后一次冰河纪将为数不多的黑松露逼到了地中海边，因为它们赖以生长的树木只在这些地区尚存（真菌组成一个与树根相连的地下网，而松露只是再生组织）。由于黑松露在冬天成熟（11 月至 2 月），其生长区域只限于靠南的地区。气候转暖后，黑松露可能重新回到了它攀附的树木能够生长的地方，如果气候合适，再经过一万年时间，南欧地区可能到处生长松露，而松露的物种演化势必需要更长的时间。

相反，在最后一个冰河纪，夏松露和勃艮第松露（分别成熟于春季和秋季），可能仍分布在较为靠北的地区：法国以北和以东的地区都能发现这两种松露，这就证明它们有较强的耐寒能力。上述事实也解释了它们在基因上的多样性：今天的松露可能来自一个数量很多、差异较大的家族。

喜马拉雅松露

基因研究因为对中国松露问题的解释而趋于完善，每年都有人想用中国松露冒充法国松露。两年前，巴黎六大的雅奈-法维尔（Marie-Claude Janex-Favre）与同事们研究了中国松露，最初中国松露被人们视为喜峰块菌、印度块菌或中国块菌。这些松露来源于喜马拉雅山的分支山区，产地海拔约两千米，土表埋藏深度不大于10厘米。这种松露很容易与法国松露混淆，但其成本价远低于后者。

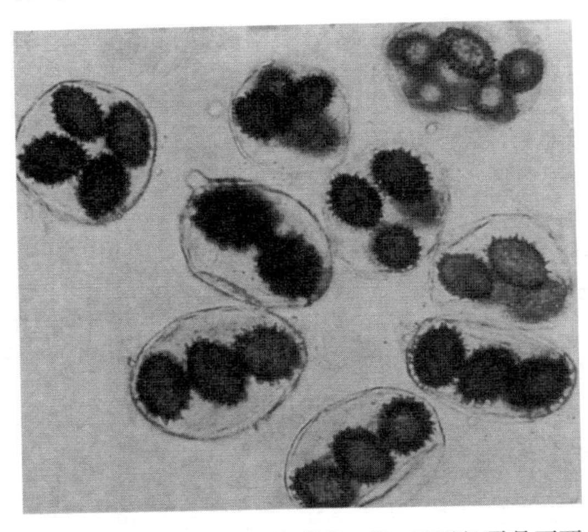

中国松露的孢子二至六个形成一组，而黑松露是两两组对。

中国松露形态多变，非常不规则，凹凸不平。其直径可达7厘米，表面覆盖有粗鳞片，形状仿佛倒置的金字塔，底部为方形。这种普遍特征几乎与佩里戈尔松露一致：后者有较大的扁平鳞，但表面的凹凸不是很明显。通过显微镜可以发现，两种松露的孢子不一样。这种差异是源于不同的生长条件，还是源于种的差异呢？克莱蒙费朗的德尔菲娜·冈德贝夫（Delphine Gandeboeuf）与同事们通过基因研究发现，原因是种的差异：中国松露味道不佳并不是因为生长环境，而是因为种的问题。

我们且回到黑松露：虽说生长环境是导致味道有别的原因，但科学还没有证明，为什么环境是松露味道的决定性因素。生物学家们仍在努力中……

Plus de goût

味道更佳

如何留住芳香分子，使菜品更加入味？

一些传统的菜谱看起来很矛盾。例如，如果要做一道烤鸭，厨师先要提取鸭的胸肉和腿肉烤制；然后在水中烹煮杂碎和骨头，并加入一些蔬菜和香草，以调制鸭味酱。为何如此繁琐？可以设想一下，在最终烹制的菜肴中，芳香分子和典型的鸭味分子，已经分别包含在了鸭肉和调味酱当中：它们在不同的时刻释放，因而能在入口之后余韵悠长。

自从食品工业中采用挤压烹制技术以来，如何保留香味就成了很尖锐的问题：其实这个工艺也在聚合物工业中反复采用，即利用一个较长的圆柱，其中装有螺旋器，就像绞肉器一样，只不过其速率较低。圆柱中加入固体液体混合物之后，压力会增大，最后水会在突然减压时发生汽化：食品“吹气了”。开胃饼干就是这样制成的。

但这种减压是以牺牲口味为代价的，因为芳香分子随汽化的水一起挥发掉了。一些公司在压制饼干制成后会给产品喷洒调味香料，但这个工艺成本较高，因而人们宁愿研究如何在挤压机中引发可产生芳香分子的化学反应，而不是去设法留住挥发性分子。

如何才能留住这些分子？在为烤鸭制作的调味酱中，鸭杂碎、鸭骨在水中与蔬菜一起烧煮，其作用不仅是萃取鸭皮、跟腱和骨头中的明胶，化学家们相信，这种煎熬还能萃取动植物食材中的芳香和美味分子。因此芳香分子处于两种不同的物理化学环境当中：在鸭肉中，这种分子主要溶解于脂肪中，后者则分散在肌肉分子之间；而在调味酱中，芳香分子在溶液中。入口之后，这类分子以不同的方式释放，所以鸭香味道悠长。

溶液中香味的保留

如果一道菜入口后味道留存的长短取决于芳香或滋味分子释放的强度，我们怎样才能控制这种释放呢？可以通过控制芳香分子环境来达到目的。

在纯粹状态下，这些分子挥发性很强，饱和蒸汽压力随温度而上升。厨师可以将芳香分子分布到温度不同的部分，从而改变其挥发性。

随后这些分子可以被置于溶液中：挥发性于是取决于溶剂（水、酒精、油），因为分子这时与溶剂分子存在程度不一的联系（如饱和油与不饱和油包含芳香分子的方式是不同的）。

分子之间的相互作用

如何更有效地防止挥发性分子的汽化？只要将这些分子同可与其

连接的大分子放置在一起就行了。例如，我们知道，碘会让带淀粉的食品染上蓝色，因为淀粉中的直链淀粉分子（由相互链接的葡萄糖分子构成长链）会以螺旋状聚集到碘周围。更宽泛地说，在水溶液中，直链淀粉分子会聚集到疏水分子周围，而很多芳香分子就属于疏水分子。直链淀粉分子不是唯一发生此种聚集效应的，还有很多分子也有同样的作用，比如明胶。所以它在调味酱中是有作用的！更普遍地说，若选择得当的话，弹性聚合物能够与芳香分子对接，从而控制后者的逃逸。

分隔处理也是一种留住芳香分子的办法，一种更为根本的办法。例如，细草只有在其细胞入口断裂后才会释放芳香分子。乳状液（油散布到水中或水散布到油中）、慕斯、凝胶、面浆，都是同一类型的物质。同样的道理，厨师也可以使用脂质体，即由类似于细胞膜分子聚集而成的“人造细胞”物质。

我们且从这种微观分隔转向宏观分隔：这就是传统厨艺中使用的肉馅、塞馅儿等手法。

最后，还可以通过向食物中引入香味的方法来留住香味：一块腌制过的肉，或在加入香料的沸水中烹制的肉，其肉质中

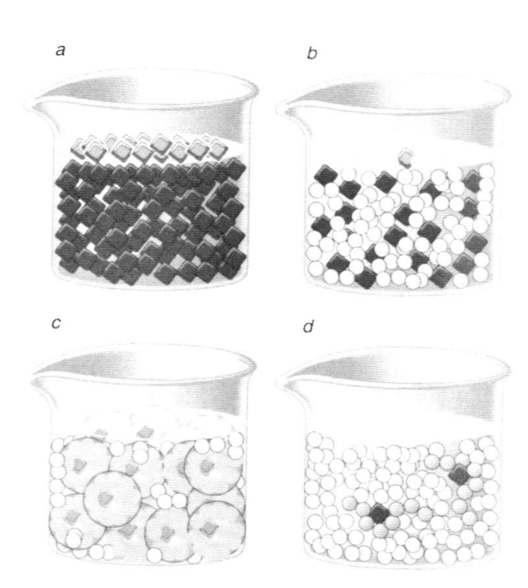

不同状态下观测到的芳香分子：纯粹态（a），溶解态（b），乳状液态（c）和混合态（d）。

的香味分子会增加。因此人们采用了煎熬、浸泡和浸渍等技术。

总的来说，有不少方法能不同程度地留住香味，使其在品尝食物的不同时段释放出来：因此厨师可以创造出所谓的“味潮”，这让人想起“引得慕名者如潮沓来”的葡萄佳酿。

Questions de frites

炸薯条的问题

袋装的第四代生薯条吸油量比速冻薯条小。

法国餐馆里供应的炸薯条几乎全部是袋装的。在大众家中，新鲜薯条始终很受欢迎，因为它有一个独特的优势：吸油较少。它的至尊地位是否会被第四类薯条所取代呢？后者也是袋装的，袋中的空气条件经过了处理，这种产品是法国农业研究所蒙法维分所的帕特里克·瓦罗科（Patrick Varoquaux）和同事们开发的。

饮食习惯的改善将新鲜薯条禁锢在家庭厨房之中……而在食堂或餐馆中，袋装薯条牢牢占据了主导地位，因为消耗量较大，加工费时较多，必须预先作一些处理；而新鲜土豆在切开后暴露在空气中会发黑，而且切割会导致酶及其基质的释放，这些物质原本被封闭在被土豆细胞分隔的小空间里。在空气的作用下，分子会发生反应，组成接近于夏天使我们皮肤呈褐色的化合物。

这种褐色酶效应使得袋装薯条生产商想出预烹制的方法：在去皮和切割之后，生土豆条先被干燥，然后在油盆中预炸（一般用的是价格较低的棕榈油），然后再冷藏。在最后的烹饪中，使用者可将薯条投入油中，但冷冻时出现的小缝隙会吸收很多油；当然也可以在炉子里加热，但这样一来薯条会显得太干。

薯条的气体环境

如何避免上述两个不足？法国农业研究所的科研人员实验了在改变空气条件的情况下对生薯条采取袋装处理：这就是所谓的第四代薯条。为了取得好的效果，他们分析了加工过程中土豆变黑的原因。首先，土豆应尽量采取喷水去皮，这种技术可以避免过多地损害细胞。然后，在切土豆条时应使用不锈钢刀片，而且刀片应尽可能锋利。

切好的土豆条应在大约4℃的条件下保存，这样未受损害的细胞的代谢会尽可能减缓。土豆在经过离心机或鼓风机沥干之后，应装入密封性非常好的袋子中，袋子中应以不含氧的惰性气体来调节。这样，土豆条可以在4℃下保存10天而不变质。不过，在贮存过程中，土豆组织会发生糖聚合，这会使土豆在烹制时发黑，这种反应类似于导致面包皮发黑的反应。随后炸制的薯条从口味和质地上都更像新鲜土豆条；用油比例也相似，比速冻薯条的用油量低两倍。

油炸时应谨慎

如何炸薯条？对这个简单的问题，厨师们的看法不尽相同，因为每个人都有自己的方法。先考虑一下人们的期待，再据此来寻找合理的操作方法，最后再做决定吧。

我们应该注意，高质量的薯条，其内部肯定应该是柔软的，含油量应尽可能少，质地松脆且不能发黑。还应该注意，烹制的原理在于热量从外向里的传导，随之而来的有两个主要现象：外壳的形成和内部的煮熟。

实际上，土豆是由主要包含水和淀粉颗粒的细胞构成：当热量经传导到达薯条内部时，某些细胞分解，淀粉颗粒将其长分子释放到热水中。在薯条表面，当水完全汽化之后，脆皮就形成了。

在一个炸制薯条的实验中，人们使用了热电偶（一种比温度计更为可靠和迅速的测量工具），结果表明，薯条受热的速度非常慢：即使油温高达 180℃，薯条内部需要几分钟才能达到 85℃，因为土豆的导热性很不好。换句话说，如果初炸时油温过高，薯条表面发黑了，但内部还没有熟。

薯条内部温度（蓝色曲线）缓慢爬升至 100℃左右。

相反，初炸油温也不能过低，否则薯条表面脆皮的形成就太慢，吸油也会太多。实际中的做法是，12 毫米薯条以 180 ℃油温炸制 7 分钟后效果不错。二炸工序使其更加完美：油温升至 200℃，薯条呈可人的金黄色时即可起锅。

La purée et la sauce blanche

土豆泥和白酱汁

蛋白质改变水中淀粉的性能。

为什么加入牛奶制作的土豆泥，其黏性小于加水制作的土豆泥？国内农业研究所南特分所的雅克·勒费弗尔和让-路易·杜布列（Jean-Louis Doublier）证明，蛋白质可以改变淀粉的上浆和凝胶性能，这个成果为解释一种古老的厨艺学问敞开了大门，并为如何在酱汁中使用面粉提供了有益的指导。

面粉与土豆的共同之处是，它们都富含颗粒态的淀粉，淀粉颗粒中含有两类分子：一类是直链淀粉分子，是由数百个葡萄糖群构成的线状链，另一类是支链淀粉分子，是类似于第一类分子的聚合物，但呈枝状；每个淀粉颗粒中，两类分子都呈晶体状。

面粉淀粉颗粒因麦粒研磨而暴露出来，但土豆淀粉仍处于水性介质中，因为土豆细胞黏膜束缚了这种介质；淀粉不会溶解，因为支链淀粉分子很难溶于水，直链淀粉分子只在具有相当热度的水中溶解（温度高于 55℃）。

当把土豆置于热流质（气体、水或油）中烹制时，热量通过传导向其内部传递，同时出现上浆现象，这个现象类似于在制作西班牙酱汁（即白酱或奶白酱汁）时，向面粉中倒入煮沸的液体（水、牛奶或清汤）后的反应：水分子溶解直链淀粉分子并进入淀粉颗粒之间，瓦解支链淀粉晶体，并使颗粒大为膨胀。在这些变化过程中，淀粉颗粒软化，溶液变得黏稠，因为直链淀粉分子溶解后造成阻塞。因此，当人们往酱汁中加入面粉时，酱汁会变稠，这既是因为膨胀的颗粒相互阻碍，也因为颗粒散布其间的溶液变得黏稠了。

虽然厨师们可能对酱汁变稠的分子变化细节认识不清，但他们都知道，酱汁应该保持热度：比如白酱变冷时，会变成胶状物，因为当水性溶液中的直链淀粉分子部分结合在一起并形成网络时，就会出现凝结现象；直链淀粉分子的网络会将水、膨胀的淀粉颗粒以及所有溶解物困在一起。

杜布列和勒费弗尔已经证明，上浆和凝胶现象是可以改变的，只要存在酪蛋白之类的分子。酪蛋白是牛奶的蛋白质，酪蛋白能在牛奶中聚集成称为胶束的结构，散布到水中，或围聚到脂肪类小滴的四周。从牛奶中提取的酪蛋白，在整个食品工业中被广泛用作乳化剂，用于制造冰激凌、酱汁、奶制品和蛋奶冻等。

这类蛋白质能大大降低上浆过程中淀粉颗粒中游离出的直链淀粉分子数量，也能限制淀粉颗粒的膨胀。随后，酪蛋白能够加速直链淀粉分子的胶凝，因为它导致各相与液相的分离：富含蛋白质的水滴与富含直链淀粉分子的酱汁的其他部分（连续相）分离。因此，连续相中的直链淀粉分子浓度上升，从而有利于胶凝化。

土豆泥的蛋白质

这些现象如何在制作土豆泥的过程中发挥作用？当我们烹制土豆时，淀粉颗粒上浆不完全，因为细胞内部水量不足；在水中碾压土豆可继续上浆过程，直链淀粉分子也继续转向溶液，淀粉颗粒继续膨胀：于是总体看来就形成了一堆黏性物质。相反，如果在牛奶中碾压土豆，则牛奶因含有酪蛋白而限制淀粉的上浆：于是土豆泥入口感觉颇佳。

酱汁师傅也应该考虑这个现象，尤其是当他们以面粉来给酱汁勾芡时：因为酱汁中的明胶像牛奶蛋白质一样，也能对面粉上浆产生影响。

南特的研究者根据黏稠度的变化速度来考察黏性的变化，他们提出的另一个要点有益于厨艺操作，这就是：完全上浆的淀粉颗粒是摇溶态，即淀粉颗粒在流出时会发生变形，在口中形成一种溶液，该溶液的黏稠度比调味盘中以面粉勾芡的酱汁要低，因为在后一种状态下，上浆受蛋白质约束，因而酱汁维持一种几乎恒定的黏稠度：一些进入溶液的直链淀粉分子排列在溢出的方向上，但膨胀不明显的淀粉颗粒变形很小。

蛋白质（绿色）溶解在溶液中，该溶液中散布着上浆的淀粉颗粒（淡黄色小球体）。这种蛋白质可以导致富含蛋白质或富含直链淀粉分子（红色）各相的分离。

Les fibres des algues

藻类纤维

藻类含有的纤维具有营养学上的研究价值。

自古以来，亚洲人就在汤和沙拉中使用藻类，或把它们当作蔬菜的传统。在法国，藻类通常被用作碘、肥料、胶凝剂或纤维添加剂的原料。最近法国卫生部门认可 11 种藻类可以作为蔬菜，但目前对它们的化学成分及其代谢的认识仍不够清楚。不过对其纤维的分析表明，它们具有营养价值。

纤维的流行开始于 20 世纪 70 年代初，当时美国医生博基特（D. Burkitt）发现，一些消化、代谢、心血管疾病与某些富含纤维的食品摄入太少有关。纤维的大分子能阻止人体酶的消化，它主要是些植物细胞隔膜构成物，如纤维素，以及各种由单糖链构成的分子。纤维化学构成的复杂性曾一度让博基特引发的热情冷却，但今天的研究者已经有足够强大的分析工具，可以继续此项工作。

纤维和消化

在法国农业研究所南特分所，马克·拉蔼（Marc Lahaye）与同事们利用这些工具来研究大海藻的食用纤维。纤维在进行各种酶处理后，可根据其溶解性来分类。可以区分出能溶于水的纤维：某些果胶（能使果酱凝胶化的水果多糖）、藻多糖和某些半纤维素；非溶解性纤维，如纤维素、另一些半纤维素，以及木素。可溶纤维通常具有流变学上的特性，看来能够降低血液中胆固醇的浓度，加速碳水化合物和脂类的代谢。另一方面，不可溶纤维能加速食物通过肠道的速度。

各研究团队都证明了这些大致的特征，但南特的研究者对藻类食用纤维的分类进一步细化，其具体途径是改变分离的"重力测定"法：最初，人们是在对大分子进行酶处理、清除淀粉和蛋白质之后，将其投入不同的介质（如水或酒精）中；1991 年，法国农业研究所南特分所的研究人员完善了这项技术：他们在介质中融入了一定量的多糖，这就复制出类似于消化道的介质环境。

这种方法被用于各种藻类，它突出了这些藻类的显著特征：在海苔中，食用纤维总含量可达 75%，布鲁塞尔甘蓝仅为 60%，而这种甘蓝已经是陆地上纤维含量最高的蔬菜。这些纤维如何在消化道中发生作用呢？南特的化学家们首先研究了掌状海带，每年都有数千吨这种海带被处理（1992 年，法国的海藻采集者收获了 65 000 吨），以便生产胶凝物藻元酸盐：当时每吨价值 240 法郎左右，所以这种海藻值得关注。被称作昆布糖的多糖（葡萄糖聚合物）主要溶于酸性较强的介质，而藻元酸盐溶于中性介质；不可溶分层纤维主要由纤维素构成。

另外，18 世纪以来欧洲人食用的掌状红皮藻纤维，能连续溶于消化系统的各个阶段。如今，“海莴苣”和“海丝”被当作蔬菜和调味品出售，它们的可溶纤维是硫酸石莼聚糖，不可溶纤维主要是葡聚醣。其增溶溶解更类似于掌状红皮藻。

藻增稠剂

在更好地了解纤维的性质和吸收之后，今天人们开始为无法利用的藻类纤维寻找出路，并研究如何为提取藻元酸盐之后的大量残留物增值。提取过程的第一步是以酸性水溶液反复清洗，此举可清除昆布糖和岩藻聚糖，并将藻元酸盐转变为藻元酸。上述清洗过程会使食用纤维溶解。随后海藻在热碱性介质中发酵（通常采用碳酸钠），不可溶部分以浮选法收回，这个过程因为利用絮凝剂和气流而更形便利：这些“穗子”构成次要的副产品；重要的是纤维素。

圣-吉尔达斯角（卢瓦尔-大西洋省）的一个昆布藻天然养殖场。

在陆地植物加工工业中，甜菜、谷物或水果中的纤维集中于早餐食物中，或被用作各种制成食品的配料。海藻纤维同样有此类用途。

与此同时，海藻纤维化学还让人看到了类似小麦裂化的工艺，此工艺旨在对天然产品的结构进行最佳利用。

不过，虽说淀粉化学已经相当发达，但对构成海藻大分子的单糖的研究才开始，而且有时还不了解它们的准确顺序以及糖之间的化学链接类型。化学家只是对海藻多糖有了最初步的了解；今后将会提出系统有益的见解。

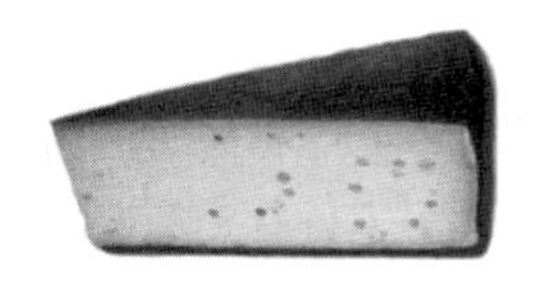

Les fromages

奶酪

奶酪的保管需要预先对其进行分析。

法国如果想保护卡芒贝干酪和其他生奶奶酪，就应该证明，这些奶酪在口味上强于以消毒牛奶制作的奶酪。只要对这两种奶酪的化学构成、质地和香味作一番详细比较就能提出有说服力的结论；为了将来有一天能找出各自的特点，欧洲的一些农业食品研究机构（在法国是农业研究所和孔泰的格律耶尔跨行业委员会）正借助非常出色的探测器（竟然是人）来分析奶酪。

用色谱法之类的手段来对奶酪进行化学分析是不够的：微量物质有时主导了奶酪的香味；不过，人的鼻子是无与伦比的探测器。另外，对于糊状的、易碎的、非均质产品，力学性质测试难以明确其特性，而某些奶酪就是这样。

相反，基本属于主观行为的品尝却能忠实地反应各种味觉信息，虽然品尝者有时很难作细致的区分。因此，欧洲农业食品联合研究项目的框架内，一批奶酪味道分析专家研究如何将品尝委员会的培训标准化，并希望确定一个奶酪特征标准，涉及的奶酪包括硬质和半硬质的。六种地区特产奶酪接受了检验：孔泰（法国汝拉地区），波福尔（法国萨伏伊地区），帕尔米加诺-雷佳诺和冯迪娜（意大利），马洪（西班牙），和阿彭策勒（瑞士）。

奶酪质地

对奶酪来说，质地是关键品质。如果卡芒贝干酪硬得像石膏，格律耶尔干酪口味如橡胶，真不可想象！与油酥饼、阿拉伯树胶糖和开胃雪花酥饼不同，奶酪的感官性质不能简化为某一质地特征，质地应与香味形态有关。

参与这一研究的欧洲各实验室找到了一种评价奶酪质地的方法：比较奶酪的表面特征、力学和几何性质，以及各种口味；为使感知及其强度明确化，研究者们商定，将奶酪与参照物作比较，这类参照物如苹果、饼干、香蕉……

什么样的味觉特征可确定一种食物的质地呢？如何对它们进行系统识别？早在20世纪60年代，美国的农业食品专家就提出食物质地特征的普遍分类法，但对奶酪的研究表明，这个分类法不充分。另外，味觉分析专家提出了鉴定产品的各种方法：如由未经训练的评委来鉴定，由经过训练的评委根据预先确定的描述指标来鉴定，或由经过训练的评委使用直觉术语来分析。要提出一个国际标准就需要有一个严格的方法：这就是由经过训练的评委根据预先确定的描述指标来判定产品特点，当然事先不能告诉他们产品的产地。

在等候进行物理实验以测试力学性能期间，研究者提出，在品尝中应区分如下阶段：观察样品、触摸、咬、使其变形、并在吞咽之前将其咬至丸状。由于质地评价涉及表面、力学、几何和其他四个方面，描述指标也分为四类。每一种描述指标的强度分为一到七等，其中至少有三个参照品作为测量标志。品尝应在温度为16℃下进行。

在表面积为150平方厘米、厚2厘米的平行六面体薄片上，可以看到切口、开口、裂缝、晶体、小水滴和小油滴。奶酪放在手中后，可以发现其表面特征：样品放平，注意力转向截面，鉴定纹理和接触时的潮湿感。测试力学特征的奶酪小块宽1.5厘米，长5—8厘米，是顺着奶酪压制的方向取下的：需要检测的有弹性（通过拇指按压来鉴定）；硬度或抗力，以下颚轻微的运动来判定；变形特性（断裂前的最大变形程度）；易碎性和黏合性。研究者所称的集合特性涉及外形、尺寸、咀嚼过程中感受到的颗粒特点（细沙、微粒、纤维等等）。最后的其他质地特征包括其他的复合感觉，如可溶性，湿度感觉（干燥还是多水），收敛性。

品尝的最后，品尝者有时觉得有必要综合一下各种感知，以便为产品留下一个整体的味觉印象。这时使用的是一些表示状态的描述语言，如紧凑感，糊状，入侵性……

文化参照

为评价奶酪特征而推荐的参照产品是经过选择的，因为它们应是欧洲国家出产的，其制作应该简单、并已标准化。例如，粗糙度是通过与格拉尼·史密斯（Granny Smith）苹果、黄香蕉的外皮、白糖饼干、布列塔尼小酥糕的比较来确定的，溶解度则以长玛德莱娜蛋糕、熟蛋黄和奶油夹心蛋白等物品为参照。

对于硬质或半硬质奶酪，还需分析质地的味觉特征与力学和生化分析之间的相关性。对于软质奶酪，人们已经提出新的欧洲联合研究项目，因为造成生奶酪独特风味的客观原因还有很多不明之处，但对卡芒贝干酪的研究不在这个项目之列，因为缺少工业部门的合作者，卡芒贝生奶酪的优越之处只有行家里手才懂得。

De l'herbe au fromage

从香草到奶酪

动物饲料决定奶酪品质。

乡土……近几年来，食品生产者口中只有这个词，这通常是为了保护和扩展市场。强调地域和美味之间存在特殊联系，任何别处出产的仿制品都比不上原产地的产品，因此，原产地产品应该是唯一配得上“地区特产质量保障”这一称号的。

在葡萄酒方面，农艺学实际上已经阐明气候、土壤、光照的作用，但奶酪的问题看来更为复杂。法国农业研究所克莱蒙费朗分所的古隆（Jean-Baptiste Coulon）与同事们综合研究了北阿尔卑斯和中央高原的各种奶酪，耐心分析了几种优质奶酪的成因。他们弄清了产地与奶酪品质之间的联系……还提出了确定地区特产优质产品的客观标准。

口味和区域

为什么某种奶酪味道特别好呢？其特点可能是地区因素造成的，如产奶的牲畜类型，如制作奶酪的个人。但生产者提出了一个不为人知的原因：他们强调乡土因素，尤其是奶牛生长的周边环境的重要性，其中特别重要的是饲料：绿草、干草、青贮饲料（潮湿态贮存的草料，会在地窖中发酵）……饲料真的能决定奶酪的质量吗？

对这个问题最早的研究，是1990年针对孔泰的格律耶尔奶酪进行的，研究涉及20个干酪制造商，结果表明，奶酪味道和产地地理位置存在明显对应关系。换句话说，我们可以给孔泰特产以客观的定义。随后，在瑞士，对格律耶尔奶酪中挥发性物质的分析也表明，高山牧场奶酪有别于平原牧场奶酪。例如，高山牧场所产奶酪中，萜烯类芳香分子（苎烯、蒎烯、橙花醇）的数量要高得多。为什么会有上述不同？农学家认为原因是植被的差异。

不过，最初的研究并没有考虑到生产方法和牲畜特点：如果人们改变奶牛种类或生产方式，这些差异有可能消失吗？换句话说，如果人们在平原牧场饲养高山牧场的奶牛并采取同样的生产方法，也能取得同高山牧场一样的牛奶吗？

雷布罗雄的乡土环境

古隆和同事们以雷布罗雄干酪为个案分析了这些问题。根据对从几个生产者那里提取的样本的考察，他们证明，在生产技术相似的情形下，奶牛的饲料特征决定雷布罗雄干酪的味道特点，在随后的研究中，他们将奶牛置于同一高山牧场的两个区域，一个区域位于南坡，那里长满鸭茅和紫羊茅，另一个位于北坡，草场上是些稀疏的剪股颖和甘松茅，或是一些产量微薄的植被（青苔和苔草），两个区域产出的奶酪在味道和色泽上都明显不同：南区的奶酪不像北区的那样发黄，颜色也更亮，味道更浓、更有果味、更为刺鼻。

奶酪味道上的差别可能直接来源于奶牛饲料中的分子。胡萝卜素就是如此，它存在于植物之中，并影响奶酪的颜色。另外的影响因素是某些被称为亚毒性的植物，这类植物如毛茛和蹄驴草，它们在北坡草场中更常见；食用这类植物会改变乳房组织的细胞渗透性，有利于某些可改变奶酪的酶进入牛奶中。不能排除第三个方面的原因：草场特有的微生物可能对奶酪的特点有很大影响，但这一点还有待证明。

青贮饲料的作用

最近的研究考察了青贮饲料，在某些地区，这种饲料的使用是有争议的（它可能使得奶酪质量不佳）。这次的研究涉及 20 多个农场，它们都生产品质优良的圣-奈克泰尔生奶酪。60 多块奶酪接受了味道方面的分析研究（有个评委会考察其味道、香气和质地）。

人们发现，主要的差别是由制作方法和奶牛饲料造成的：饲料贮存方式不是影响奶酪的决定性因素。以干草为基础的饲料配给所产的奶酪，并不总是不同于以青贮饲料为主要配给所产的奶酪。在控制得当的情况下，饲料贮存对奶酪特点的影响很小，除了其色泽。

Les saveurs du fromage

奶酪的风味

乳酸和矿物盐分子是山羊奶酪特殊风味的成因。

调味香料在食品工业中起着非常重要的作用：有很多公司为酸奶、汤羹、酱汁生产商提供调味香料。但只含有调味香料的食品只能哄哄鼻子，却缺少滋味，于是滋味分子就显得很重要了。我们对这方面的认识仍十分欠缺，比如这些分子在食品中的作用与在水中溶解后的表现是一样的吗？长期以来，人们就是通过水溶解来了解它们的性质的。法国农业研究所第戎分所的克里斯蒂安·萨勒（Christian Salles）、埃尔万·恩格尔（Erwan Engel）和索菲·尼克劳（Sophie Nicklaus）通过分析山羊奶酪来研究这个问题，这种奶酪可是出了名的勃艮第小干酪！

食物被咀嚼后，滋味分子会通过唾液进入味觉乳头接收器。因此科学家的主要研究对象是可溶于水的化合物分子，即食物中的水溶部分。对奶酪来说，水溶部分主要包含乳糖、乳酸（加工过程中由乳糖和微生物生成)、矿物盐、氨基酸、肽(短链氨基酸)。这些物质中,人们已经了解大部分成分的滋味,但还不知道它们混合后的效应:在奶酪水溶部分的构成物中,一些物质掩盖了另一些滋味分子的作用,另一些则强化了这种作用(增味效应)。

为了搞清楚这些效应,科学家测试了只含有某些物质的溶液,具体含有哪些物质视勃艮第干酪的水溶部分而定。

由于肽不容易检测到,第戎的研究者就把它从20公斤奶酪中提取的水溶部分中分离出去:在离心分离过后,他们通过连续的超过滤分流出奶酪汁,通过膜片的分子量先后控制在一万、一千,最后为四百;膜片留住的是肽。

唯一的特例

为了评估不同物质对各种滋味的影响,一个由16人组成的品尝评委会比较了以同样成分构成的奶酪水溶部分,不过其中有意识地减去了一样或几样成分。显然,这种"删减测试法"是在严格的条件下进行的:产品是匿名的,每个评委有个单独的小间,灯光是红色的,以防止颜色的影响……每个评委都戴上一副能遮蔽香味的夹鼻眼镜。

在评委培训过后举行的评审会上,尝味的评委应就每种滋味按级别打分,参照物是为每种滋味和每个样品准备的专门的溶液。

主要是盐而非肽

初步的味道分析令人吃惊:虽然很多研究都让人感觉肽本身有滋味,但在勃艮第小干酪中,肽对味道并没有直接或间接的影响,不管其分子量多大!为什么先前人们认为苦味是因为这些分子造成的呢?物理化学家们以其他奶酪为例，仅限于阐明这些物质随后对味道可能产生的影响，于是他们在无肽条件下继续研究。

通过对含乳糖与不含乳糖的溶液的比较，研究者发现，乳糖这种物质对样本溶液的味道没有影响。同样，氨基酸似乎没有味道。相反，乳酸和矿物盐分子对味道的影响非常大。酸性主要来源于磷酸和乳酸释放的氢离子，而氯化钠则起到增味剂的作用：因此在含盐的情况下，酸味较重。为什么？问题仍有待解答……

咸味来源于氯化钠的作用。一部分苦味来自氯化钙和氯化镁，当与氯化钠或磷酸钙结合时，苦味能部分被消除或被掩盖。至于甜味和鲜味（主要来源于单谷氨酸盐，后者在酱汁和汤羹工业中使用广泛），研究者因为其味道过淡而无法将它们与某些融水物质联系在一起。

总体味道

这些研究明确了奶酪溶水部分的不同物质的作用，除此之外还能得出什么推论吗？首先，不能把某种味道归因于某种单一物质，更何况，具有不同味道的物质彼此之间有抑制或增味作用。另外，人们现在知道，哪类物质能够强化某些味道，或掩盖某些味道。奶酪产业可能很难利用这些添加物（既有法律上的原因，也因为溶解于牛奶的分子可能沥干时大量流失、无法控制），但美食家们可以在奶酪上撒上各种盐：来点儿氯化物，用点儿磷酸盐吧！

Les yoghourts

酸奶

如何通过改变酸奶成分和制造工艺来提高其滑腻性。

如何制作优质酸奶？问题提得不好，因为有些人喜欢黏稠的酸奶，而另一些人偏爱硬一点的酸奶。问题还有更复杂的一面：更全面地说，人们在研究牛奶的成分和新的制造工艺，以便生产味道和质地更为精细的酸奶。虽说这样的目标还很遥远，但达能集团公司的安娜·托马（Anne Tomas）和德尼·帕盖（Denis Paquet）、第戎农业食品学校的让-路易·古托顿（Jean-Louis Courthaudon）和德尼·洛里昂（Denis Lorient）已经注意到，酸奶的质地取决于牛奶的微观结构，而后者又根据蛋白质和脂肪浓度而变化。

要想理解所提问题的困难之处，最好的办法是亲自制作。我们在牛奶中放入一勺市面上的酸奶，缓慢加热几个小时。牛奶"成型了"，对此物理化学家们称为出现凝胶现象。

牛奶实际上是一种乳状液，它由散布于水中的脂肪小球和酪蛋白（一种蛋白质）构成，而水中有乳糖等各种溶解物。当把酸奶加入这种乳状液之后，实际上就是播种保加利亚乳杆菌和嗜热链球菌，它们能导致乳酸发酵：乳糖通过这两种微生物转变成乳酸，这就导致介质的酸化，并使酪蛋白胶体分子团聚集成一个网络，后者可以约束水、溶解的分子、脂肪小球和繁殖的微生物。

量身定做的酸奶质地

如果不遵照繁复的规章，按前面提到的方法制作的酸奶不会令人满意。实验表明原因何在。如果用两种不同的酸奶来接种两份同质的牛奶，所得产品的味道和质地都不相同。同样，如果借助葡萄糖酸内酯来使牛奶凝结，则这种分子会逐步使其所处的介质酸化，则得到的产品仍不同于先前。还有，如果在两种不同温度下凝结牛奶，结果还是不同。

所有这些实验虽然都很有趣，但并不是食品工业所关心的问题，因为企业家们只想要生产出质量优良的产品。于是就有了我们开头提出的那个关键问题。

由于研究工作还没有得出最终的答案，达能集团公司和第戎的物理化学家转而专门研究酸奶的成分问题：因为工业制造的酸奶，其原料是加入奶粉、浓缩奶和各种牛奶构成物制成的“强化”牛奶，因此应该了解，这种牛奶的构成是如何决定其微分子结构、进而决定酸奶结构的。

由于这些自然产品种类繁多，物理化学家们分析了由可控成分构成的乳状液，具体做法是将牛奶和脱脂牛奶的脂肪混合物植入微型流体容器中（该混合物经高压射入细管中）。对不同乳状液发出的光线的分析能够显示脂肪物小滴的大小。

充足的蛋白质

与先前的研究结果相反，在脂肪或蛋白质浓度发生变化时，脂肪小滴的大小并无变化：脂肪比例增高时，其小滴的增大其实只是同等大小的小滴发生聚合的结果。当然，但脂肪浓度增高时，小滴数量会增加，但蛋白质的数量始终足以覆盖脂肪小滴并使其乳化。

由于蛋白质不是唯一的表面活性分子（即能附着在脂肪小滴表面，一部分与脂肪接触，一部分与水接触），物理化学家们通过添加各种已生成乳胶的表面活性分子，或在微型流体容器中乳化后的混合表面活性分子，以研究由此造成的变化。

开始人们以为，与脂肪和水最具亲和性的分子，应该优先附着在脂肪小球表面，但实验证明，只有当表面活性分子于乳化之前置于混合物之中时，这种情况才会发生。当这些表面活性剂加入已经成型的乳状液中时，包裹脂肪小球的牛奶蛋白质并不受表面活性剂的影响；聚合不会发生改变。相反，在制造工艺开始时加入表面活性剂，则蛋白质的分布会发生变化，聚合现象受抑制。

这些研究为制造一些滑腻程度与高脂肪酸奶相似的脱脂产品开辟了道路。

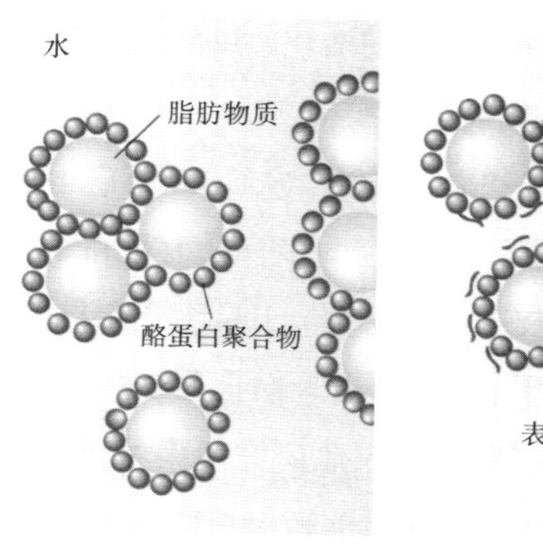

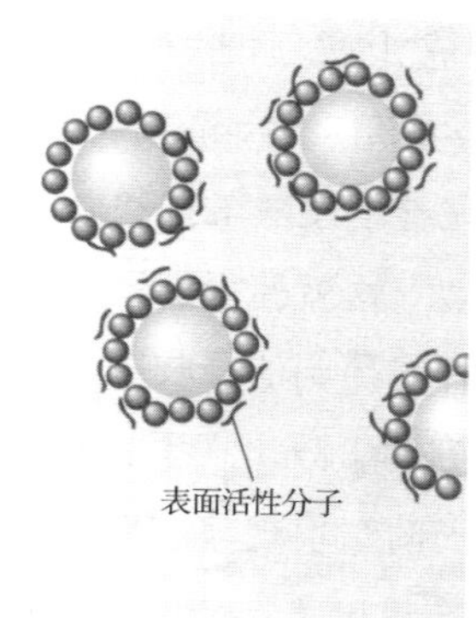

在酸奶中（左），脂肪小球（黄）通过酪蛋白（红）发生聚合。加入表面活性剂分子（绿）后的牛奶，其脂肪小球彼此分离（右）。

Le lait solide

固态牛奶

如何使牛奶发生胶凝而不产生危险。

在绵延许多世纪的时间里，厨师们学会了以液体牛奶制作固体食物。首先是“保存”牛奶的奶酪。人们通过让牛奶处于不稳定态，并在乳清的形式下去除牛奶中的水，从而制成奶酪。酸奶是通过在牛奶中植入保加利亚乳杆菌和嗜热链球菌、经加热后获得的：这些微生物将牛奶中主要的糖，即乳糖，转变成乳酸，后者导致介质的酸化，并在整个液体中形成一个网络（从物理学的角度看，酸奶属于凝胶体）。

最近几年，食品工业完善了发酵工艺和凝结技术，从而找到了决定奶酪质地的准确的固化方法，这就使得乳制品供应的多样化有了可能。奶酪制造中也使用制作酱汁时用到的凝胶质和增稠剂，于是生产出乳制品甜点……但一些意想不到的事故出现了：比如，当人们把明胶加入热牛奶中时，通常会出现讨厌的结块现象。在法国农业研究所南特分所，让-路易·杜布列、索菲·布里奥（Sophie Bourriot）和卡特琳娜·加尼埃（Catherine Garnier）证明，所有增稠剂和凝胶质在浓度过高时都会导致牛奶不稳定。

为什么食品增稠剂和凝胶质性能相同但种类多样？凝胶只是从动物骨头中提取的；淀粉含于谷物和植物小块茎中；卡拉胶和藻元酸盐来自海藻；半乳甘露聚糖（例如胍胶树胶、角豆树树胶）来自谷物；果胶来自植物，苍耳烷树胶从淀粉发酵而来。

不稳定态糖

对这些物质的化学检验揭示了某些共同点：除了明胶，所有物质都是多糖，是属于同一化学家族：糖；很多分子羟基群能与众多水分子连接，从而保证溶液变稠。

但在牛奶中，多糖同样与溶解后的多种蛋白质、与被称作酪蛋白的蛋白质（聚合成胶体分子团）发生相互影响；酪蛋白或分布在牛奶中，或位于脂肪小球的表面。多糖和酪蛋白之间的力看来能将多糖与胶体分子团和脂肪小球连在一起，但为什么此时会出现不稳定态呢？

杜布列及其同事研究了这个问题，他们采用的是激光扫描聚焦显微技术，该技术只能在精确的距离和较薄的厚度下才能观测物体。借助酪蛋白和多糖示踪器，他们研究了富含多糖的区域和富含蛋白质的区域，这些区域都位于肉眼看不到的不稳定态的混合物中……他们发现，所有多糖都会导致相的分离，如果其浓度够高的话；多糖集中于溶液的某些区域，而酪蛋白集中于另一些区域。甚至，对于某些多糖，即使浓度很低也会发生相的分离，只是不是即刻发生。介质越是黏稠，分离就越慢，因此忽视这种分离的制造商，有可能在产品生产出来后到消费之前的某个阶段发现它的分离现象。

不稳定源于平衡趋向

日本物理化学家麻仓（S.Asakura）和小泽（O.Oozawa）弄清了耗乏絮凝机制，这种机制产生于悬浮微粒之中，牛奶中也有此类反应。当微粒之间的斥力（产生于表面带点的分子之间的静电力）大于引力时，会处于平衡态。

但是，如果有某个聚合物不能在邻近的微粒之间安顿下来，这种平衡态就会被打破，但耗乏区域内不会出现这种聚合物。然而，由于分子在溶液中的扩散，每种类型的分子的聚合都趋向于等同。由于聚合物不能向耗乏区域移动，这就使其浓度提高，于是为了降低耗乏区域以外的聚合物浓度，水离开这个区域；当水逐渐逃逸时，这些微粒就相互靠拢。在牛奶中，"絮凝"酪蛋白微粒同样如此，它们形成一些观测区域……出现可怕的凝块。

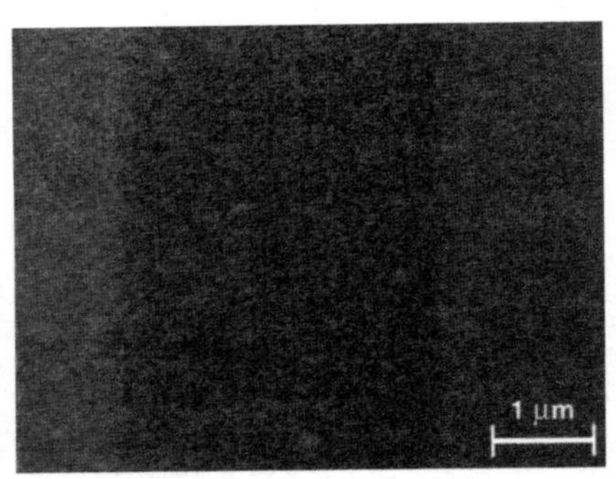

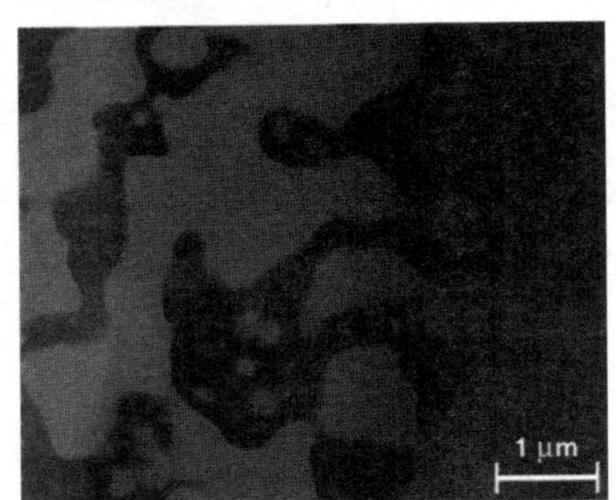

胍胶树胶（红）与酪蛋白（绿）的混合物在胍胶的浓度较低（上）时处于均质和稳定态；相反的情况下（下）处于非稳定态——胍胶与酪蛋白分离。

这一非常普遍的现象，解释了为何可以在添加了各种多糖的牛奶中重现同样的不稳定态。唯一例外情况可能是使用的多糖太少了。

水手常说，"留有余地就不会有差池"：船体、缆绳、桅杆和桁材的尺寸放大一点就能避免断裂。而在食品工业中，这个理念并不适用。

La mousse des sabayons

蛋黄酱慕斯

鸡蛋的凝结作用使它处于稳定态。

梦想过一盘完美的、柏拉图式的意大利蛋黄酱吗？这种食品是意大利萨巴格里奥内甜点的衍生品，将鸡蛋和糖混合，用力搅拌后加入甜葡萄酒便可制成；如果边加热边搅拌，就可以看到这种食品变成慕斯（泡沫）状，可与细水果片一起制成酱汁，也可装在小杯里当餐后点心食用。棘手的问题是制作过程中不起泡沫。如何保证起泡沫呢？

先来看看已经出版的众多制作秘诀：马塞尔·奥克朗（Marcelle Auclan）在《厨艺》（Tambourinaire 出版社）中提示："一个蛋黄，半个装满糖的蛋壳，两个盛满葡萄酒的半个蛋壳（每个人两个蛋黄）。将未来的蛋黄酱放入上釉平底锅中，置于文火之上。转，转……继续转。用不了太长时间，也不是很难，但眼睛要专注，我不知道蛋黄酱开始成型、变得稠腻时会给您带来怎样的感受。此刻您仍要转动，应该让液体浓度更大，睁开眼睛，全神贯注，因为盘中餐可能瞬间就变成奶油状，而且不必煮沸。”

这番话笼罩着某种神秘感，离炼金术差不远，而且失败是随时可能的。我们且把它看做实验的基础吧。在把它转述成精确的话语后，我们试试怎样改变比例：比如，以四个蛋黄和二百克糖来制作两份蛋黄酱；其中一份放入 30 厘升水，另一份只加入 10 厘升。我们先看看第一份慕斯，然后再看第二份。

水是必须的

如何解释这一现象？首先我们要注意，蛋黄以增稠酱汁、硬化慕斯隔膜著称……当然前提是慕斯已经形成。然而，要想让分隔慕斯泡沫的隔膜出现，就需要有足量的水。第二份蛋黄酱看来水量不足。如何确信这一点？我们且在还没有起泡的第二份蛋黄酱中加入 20 厘升水，然后继续边烧煮边搅拌：蛋黄酱最后膨胀了。这就证明蛋黄酱最初是缺水的，但这对厨师也是重要的提示：如果蛋黄酱不起泡，他可以增加水量继续制作。

糖有何作用？当然，它能给食品增味，它的分子（蔗糖）吸湿性很强，可与水分子结合在一起；因此被连接在一起的水不再能组成分隔气泡的隔膜的核心。为检测糖的这种作用，我们来比较第一份蛋黄酱和以四个蛋黄、100 克糖、分别以 10 厘升和 30 厘升水调制的两份蛋黄酱：后面的两份中，第一份起泡很好，但不如先前的好，因为水与鸡蛋的比例较低，第二份起泡也很好，但发生了二次溶解，因为水太多而鸡蛋太少。

要气泡不要水汽

现在来关注一下烹制过程。怎样加热蛋黄酱？在没有理论证明的情况下，观察似乎表明，只有在开始时缓慢加热，随后加热力度再增强时，蛋黄酱才会膨胀得很好。为什么会这样？可以通过研究蛋黄酱起泡的原理来考察这个问题。泡沫是在锅底因水汽而生成，并因鸡蛋凝结而固定下来吗？根据这个假设，当蛋黄酱开始起泡时，我们应该在锅底测量到 100℃的温度。但这个想法与厨师的经验相抵触，他们有时认为，蛋黄酱应该在 80℃时起泡。那原因究竟何在？

不妨推测一下：如果用搅拌器来调制蛋黄酱，这显然是因为人们试图将空气导入酱汁中。因此，烧煮时唯一产生的物理化学变化是蛋黄的凝结，而凝结的温度起始于 68℃。因此可以设想，蛋黄酱的加热温度不用到 80℃，更不要到 100℃，就可以看到起泡（蛋白在周边温度环境下也起泡），68℃足够让成型的泡沫稳定下来，而蛋黄蛋白质的凝固则会使气泡之间的隔膜固化。

搅动蛋黄和糖时，混合物会发白，因为搅动时带入了空气（边缘的暗色球状物和中间的亮色）。如果长时间不搅动蛋黄和糖，蛋黄会在糖晶体的表面凝结，这时糖不再溶解（因此照片中间出现一个结晶体）。

实验证明了对一份优质蛋黄酱的理论描述。应该把加热温度控制在68℃、80℃还是100℃？在老练的糕点师看来，理想的蛋黄酱应该是没有熟鸡蛋味道的。从这一点出发，蛋黄酱的加热温度以68℃为最佳。当然它的制作过程会更长，但对一个美食家来说，为了一份理想的蛋黄酱，这又算得了什么呢？

Les fruits au sirop

糖汁水果

如何使水果中的糖汁浓度达到最佳化。

金秋时节，水果丰收，而当白霜降临，这些累累的硕果就会消失。如何留住它们？从储存法到冷冻法有诸多种，每种方法都是为了避免微生物的繁殖。因为在常温下，富含水分和有机物的水果成分很容易导致微生物快速繁殖。在此建议您关注一下糖汁水果技术。

制作过糖汁水果的人都知道，厨师在可能膨胀破裂的劣果和发生干皱的劣果之间踌躇。善于观察的厨师凭直觉意识到，第一种水果的难题出现在其糖汁不能充分浓缩时，而第二种水果的难题是因为糖汁含糖太多。问题在于：如何调节糖的比例呢？

对研究的解释

这个问题需要对厨艺中的一个现象进行分析。一般来说，厨艺书会建议使用尚未完全成熟的水果，戳孔后浸入20℃的糖汁中，再放到封口的广口瓶在沸水中加热几分钟（以布料垫稳），具体时间根据水果大小而定：醋栗只要两分钟，杏子要五分钟。

此举是以加热的方式来消灭微生物，自从罐头食品发明以来，这个方法已广为人知。实际上，今天的厨师更应该继承这个老方法。他们也知道，消灭微生物的程度是与时间-温度成正比例的。既然温度是确定的，那么决定灭菌程度的就是时间了。然而，人们也注意到，传统方法会根据水果的大小来确定加热的时间。这是个很安全的偏方。不过，要取得同样的杀菌效果，应该对所有种类的水果都进行同等程度的加热……的确，美食家的担心——超小的水果可能被过度烹煮——往往是不被考虑的。

顺便说个细节问题：应该用布料把广口瓶固定住。这种做法暂时没有科学依据证明，只是来自实践经验。当广口瓶在大锅中加热时，水自锅底向上的沸腾会导致瓶子震动，如果不采取保护措施就会发生破裂。

糖汁的浓度

随后是糖汁的问题。制作方法说明书往往简明扼要：20℃糖汁？这个数字明显不是指温度。只有对糖果业比较熟悉的人才知道，波美度和白利度的区别。两者容易发生混淆，波美度等于145—145/S，S是糖的自有重量，白利度表示糖在总重量中的比例。为什么干脆不简单地说，每升水里溶多少斤糖呢？下面我们将会看到，厨师在制作糖汁水果时会摆脱这种复杂局面。

在微生物灭菌工作完成后，糖汁水果的核心问题是水果在过淡的糖汁中会膨胀，而在过浓的糖汁中会干皱。为什么会产生这一现象？水果因渗透作用而发生变化。在糖汁中储存足够的时间后，它会向平衡态转变，使得水果和糖汁中的水含量趋同。

我们把一植物细胞与糖晶体放在一起在显微镜下观察，前者会排出水分，水通过细胞隔膜扩散开，从而使细胞内外的水含量趋同。整个水果就像一个细胞组合体，同样的排水现象会在更为宏观的层次上发生。

糖汁过淡时，水果中的水含量就较低，因而会吸收水分，发生膨胀，最后破裂。相反，当糖汁过浓时，水果细胞中的水会溢出。同样的道理，醋渍小黄瓜或茄子与盐放在一起时会排出水。

然而，对这个现象的解释还不是制作糖汁水果的关键点。糖汁究竟有何作用？要想搞清楚这个问题，可准备几种浓度的糖汁：每升水 10 克糖，每升水 20 克糖，如此累进以致到饱和态，然后把水果（比如作刺孔处理后的李子）放入其中。首先我们会看到，在含糖浓度最高的糖汁中，水果会漂浮起来，而在一些糖汁中则不会。对此不必惊讶，因为糖汁比重随溶入糖的数量的增加而增加。请注意观察糖的作用，这时我们会发现，在发生漂浮的广口瓶中，水果会干皱，而水果下沉的淡糖汁中，水果会破裂。

当然，这种对应关系并非绝对的，因为水果的成熟程度不一样。就漂浮的情况而言，可以看到有些水果发生漂浮，另一些则沉入底部。这是因为它们的构成，尤其是它们的含糖浓度在成熟过程中会有所变化。另外，果核与果肉的比重可能也不一样。

可以做更为复杂的实验：在浓度渐增的各种糖汁中放入整个水果、带果核的水果块、不带果核的水果块，以及仅放入果核。这时会看到果核的下沉，从实验的精确而言，水果的可变性高于果核与果肉之间的差别。

还有一个简单有效的办法，可以确定用于保存水果的糖汁的浓度。先准备一份稍浓的果汁，让水果漂浮起来，然后再加入适量的水。当水果不再漂浮时，浓度就达到要求了。

这样，我们也不必担心冬天的来临了。

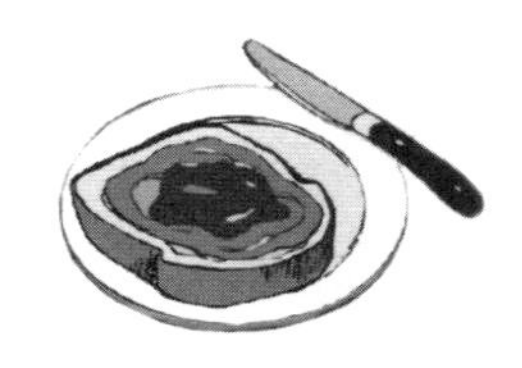

Fibres et confitures

纤维和果酱

通过挤压烧煮提取果胶。

在冬天，厨师们最担心制作果酱时，会出现果酱不凝结的噩梦。比如他想做一份橙子果酱，却并未等来期待中的半固体状，只能无奈的面对果汁仍保持液态的情况。如何避免这一糟糕局面？法国农业研究所南特分所的让-弗朗索瓦·蒂博（Jean-François Thibault）、卡特琳娜·雷纳尔（Catherine Renard）、莫尼克·阿克塞洛（Monique Axelos）和玛丽-克里斯蒂娜·拉莱（Marie-Christine Ralet）回答了这个问题，但他们的工作主要是出于工业上的考虑。他们证明，主要用于制造开胃小饼干的挤压烧煮技术，可以回收大量果胶，即柠檬、橙子和甜菜中的凝胶分子……

制作果酱时偶尔的失败看似难以理解：果胶分子与纤维素和其他多糖（单糖连接组成的长分子）连接在一起，组成大多数植物的植物隔膜，只有谷物是例外。为什么提取植物隔膜不是每次都成功？为了不致使水果中的挥发性香料物质蒸发，只能采取轻度的加热方式，但这不能很好地分离细胞隔膜。虽然存在果胶，但它是不自由的，因此不能结合成占据整个溶液的网状结构从而形成凝胶体。

在工业生产中还有另一个问题：在制造苹果汁或苹果酒时压榨苹果后的残渣，制造果汁后剩下的柠檬和橙子果肉，还有榨取糖之后的甜菜肉，其中都含有丰富的植物纤维，可以期待对其更好的利用。按传统做法，人们从这些纤维中提取果胶，办法是对其进行酸性处理和加热：这样可以分离出果胶，不过随后应对其进行提纯。获得的产品可用作胶凝剂、增稠剂或炸土豆片的糖衣，人们还希望用它来净化污水（果胶与导致水污染的金属离子有很强的黏合性）。

但酸性提取法有几个不足之处：它会切断果胶中的糖链，或改变这些糖构成的化学群（此乃果胶具有凝胶性的原因），从而破坏果胶分子。

从聚合物到食品聚合物

在南特，科学家们几年来一直在为肉类压制和淀粉加工而研究挤压烧煮法，他们想再利用这项技术来加工果肉和提取果胶。食品工业（其方法来源于聚合物工业）采用的挤压烧煮装置中，一个或几个变距螺旋输送器切割原料并将其送至出口管，这时原料被迅速排出。在装置的纵向，几个加热区域将在不同的控制温度下对原料进行加热。

哪些植物原料可用来提取具有胶凝作用的果胶呢？果胶的性质取决于其化学构成，它因植物种类的不同而变化：绿柠檬、柠檬、橙子和苹果果胶能制造出优良的胶凝剂，而甜菜肉没有胶凝性能，但它在经化学处理后能使重离子发生络合，或产生超强吸附力的凝胶体。果胶的性能差异尤其取决于其酯化效应：糖（其链构成分子骨架）承载着羟基酸群（-COOH），后者在不同的水果中能在不同温度下酯化：此时这些群就呈现为 -COOCH3 。根据酯化程度的不同，果胶的组合难易程度也不同。但正是果胶的组合造成了凝胶现象、因此，所有为生产胶凝剂果胶或增稠剂而进行的提取工作应该保护侧链。

挤压烧煮法有几个突出的优点：不仅比传统工艺的设备要求更简单，成本也更低（南特的研究者测试时所用的螺旋器仅一米长），加工速度快而且是自动的。它提取的果胶与传统酸性工艺一样多，而且能保护分子构成。南特的研究者注意到，对植物原料采取挤压烧煮时，切割是个关键因素。由于避免了加热，果胶没有受到损害。

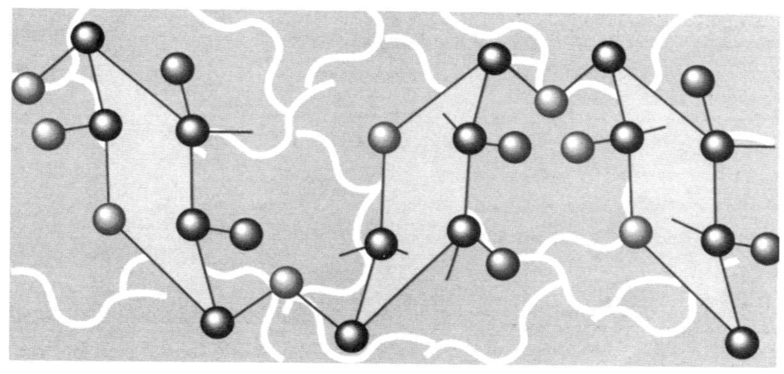

果胶是由单糖链构成的长分子（变形的六边形）。碳原子、氧原子和羟基群（-OH）分别呈黑色、绿色和紫色，羧基酸群呈红球状。相邻分子之间的键保证果酱能凝结起来。

制作原则

如何在日常生活中利用这些成果呢？首先要在冷温下分离果汁和

纤维质，然后捣碎含有果胶的纤维质（在没有挤压烧煮器具的情况下，可利用搅拌机）；再将捣碎的物质倒入果汁中，以文火烧煮。最后，由于果胶分子会更多地与烧锅中的铜原子结合，而不是彼此结合，所以一定不要在烧锅中冷却果酱，最好换个玻璃容器。

Le blanchiment du chocolat

巧克力发白

为避免巧克力发白，请在阴凉处保存。

哎呀，您的巧克力上布满了丑陋的白膜！如何避免这种现象？为什么黑色之中会产生白色？法国科学研究中心的米歇尔·奥里翁（Michel Ollivon）和热拉尔·凯勒（Gérard Keller），以及达能集团公司的克里斯托弗·鲁瓦泽尔（Christophe Loisel）和居伊·莱克（Guy Lecq），已经弄清楚为什么构成巧克力的液体部分的某些混合物会向巧克力表面游离并结晶，并使后者发白。

巧克力是一种由糖晶体和可可油中的可可粉构成的物质。结晶的可可油的作用在于链接固体微粒，就像混凝土中的水泥连接沙子和砾石一样。不过，巧克力凝聚力的获得却不容易，因为糖晶体是亲水的，而可可油是疏水的。可可油克服糖的本质而形成保护层，为了促进这个叫成壳的过程，巧克力师傅们会加入卵磷脂分子。

20 世纪 60 年代以后，人们知道，黑色物质的发白是因为可可油的热学反应：组成可可油的是半固体半液体的油脂混合物，它可以有六种不同的结晶方式（方式 I, II, III, ……VI），而只有通过一种精确的加热和冷却程序，才能形成充分稳定的晶体，而不会产生白色的晶体。冷却过程中的任何差池都可能让巧克力师傅陷入绝望。

X光下的巧克力

为什么会变白？研究者通过测量冷却时黏稠度的变化来跟踪结晶过程。通过 X 射线观察发现，冷却良好的巧克力以方式 V 结晶，偏光显微镜下的观察显示，巧克力刚刚制作好之时，表面是没有晶体的。只有几个窟窿（可能是因为表面气泡破裂后造成的）和几条裂缝看起来比较明显。正常储存时，窟窿和裂缝边缘会渐渐出现小的结晶体，但发白的过程很慢。相反，当巧克力经历过比较大的温度变化后，几天内就会发白：表面和内部都会出现方式 VI 结晶。

如何解释这些现象？很长时间以来，人们认为发白是部分可可油向表面游离造成的，可可油在表面很可能以方式 VI 再结晶。今天人们已经知道，巧克力中油脂的构成不同于表面发白物的构成。贡比涅大学的阿尔维 · 阿德涅（Hervé Adenier）和亨利 · 夏维隆（Henri Chaveron）已经证明，方式 VI 结晶体比方式 V 更稳定。溶化的温差为 1.5 度。此外，方式 VI 比方式 V 更紧凑。当两种方式发生转换时，一部分可可油向巧克力表面移动。

溶化温差自然与物质构成有关。可可油分子是三酸甘油酯，像一把三个齿的梳子。梳子柄是个甘油分子，三个齿是脂肪酸分子。在这些酸中，碳原子通过单键或双键连接在一起，三酸甘油酯的溶化温度随双键数目降低而降低。

溶化的推动

当然，液相比例随温度而上升。与此同时，单一双键三酸甘油酯浓度会增加，后者在低温下能溶化，冷却时的发白与单一双键三酸甘油酯浓度增加部分的再结晶有关。

如果夹心巧克力中的夹心富含脂肪的话，发白的威胁尤其大。当两块脂肪连接到一起，双方的脂肪会发生交换，尤其是当温度较高时（这时液体部分的比例升高、分子变得极易流动）。发白巧克力的结晶体与成团的巧克力的结晶体很不一样，它主要由单一双键三酸甘油酯构成。

而另一方面，发白巧克力的晶体构成几乎是不变的，即便是夹心巧克力，其发白部分的构成也类似于非夹心巧克力的发白部分：夹心的脂肪向表层巧克力的移动导致表层液相比例的上升；与发白研究的成果相

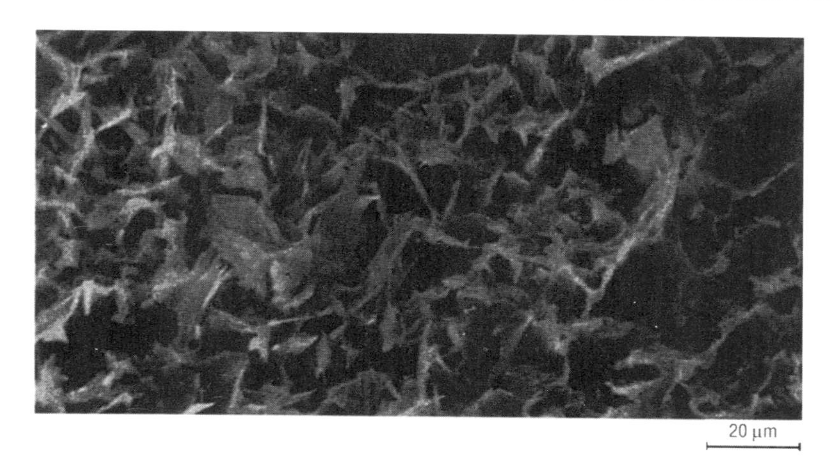

发白巧克力表面的方式 VI 结晶体。

对应的是，液相部分的增长会加速发白过程且不改变构成。

结论：如果您想留住巧克力的香味和形状，请在低温下储存（如14℃）。这样您就会限制因储存造成的巧克力成分的流动。在品尝之前，您只需对心爱的美味加热一下就行了。

Le caramel

焦糖

糖的焦化分子终于弄清。

早在公元前65年，塞涅卡就提到过焦糖。但两千多年来，人们并不了解糖加热时产生独特香味的化学反应的具体细节。在现代分析技术和最近化学研究成果的基础上，格勒诺布尔国家科学研究中心的雅克·德法耶（Jacques Defaye）与何塞·曼纽埃尔·加西亚·费尔南德斯（José Manuel Garcia Fernandez）澄清了焦糖分子（不管是否有香味）形成的机制及其结构。

大部分含糖食品，其烹制过程中可能都发生过两类反应，即美拉德反应和焦化反应，二者各自的比例则取决于食品中糖和蛋白质的数量。

糖在烹制时，焦化反应会改变食物的味道和外形，但这种改变如何发生？这个秘密逐渐有了经济学上的意义。仅在法国，每年食品工业中就生产15 000吨焦糖，用于牛奶、饼干、糖浆和利口酒、啤酒、白酒、咖啡、汤料等产业。

一种科学传统

对焦糖最早的研究是1838年法国化学家艾蒂安·佩里戈（Etienne Péligot）进行的。随后这项工作陷于停顿，一直到1858年。这一年，杰里斯（M. Gélis）、盖哈特（M. Gerhardt）和穆尔德（M. Mulder）提出将焦糖的非挥发部分（占95%）分为三种构成物：焦糖烷、焦糖烯和焦糖宁，这三种物质是先后经酒精和水溶解后获得的。然而，从化学上说，这些物质不好定性，而著名的肉香质则较为容易确定。根据化学家雅克·特纳尔（Jacques Thenard）和布里亚-萨瓦兰的说法，这是构成肉类滋味的根本。虽然人们能通过焦糖沉淀法有效地提取其各个部分，但每个部分并不只是由一类分子构成。

19世纪与20世纪之交，研究有了进展。人们在焦糖中发现了某些腐植酸，这些难以辨明的物质是些令人生厌的还原剂，褐煤中也有。随后有人注意到，焦糖烷与酒精产生反应。同时，人们在焦糖的挥发性部分还发现了其他物质（5-羟甲基-2-糠醛），以及20多种有助于形成刺鼻气味的物质：甲醛、乙醛、甲醇、乳酸盐、乙基、麦芽酚……

然而，非挥发部分的研究难题直到1989年才得以解决，现代分析方法最终检测到一种葡萄糖衍生物。

去除的水分

蔗糖是一种二糖，由与果糖相连的葡萄糖构成。这两种次级组成物每个都有一个由六个碳原子组成的骨架，而这六个碳原子中，五个负载着（这一点很重要）一个羟基群（-OH），第六个负载着一个与复键连接在一起的氧原子，这两个环由一个糖苷键（如-CH2-O-CH2）连接。

曾研究过糖化学的格勒诺布尔的化学家们，再次用其分析方法研究了焦糖的非挥发部分，并澄清了化学变化的大致轮廓。他们特别注意到果糖双二氧化硫的构成，其中果糖的两个环是以两个 -CH2-O- 键连接，而这两个键又确定了二者中间的第三个环。好几种分子都有这种情况，因为糖表现为众多“异构体”，有着同样原子的分子可能并不相同，如果原子键不一样的话。

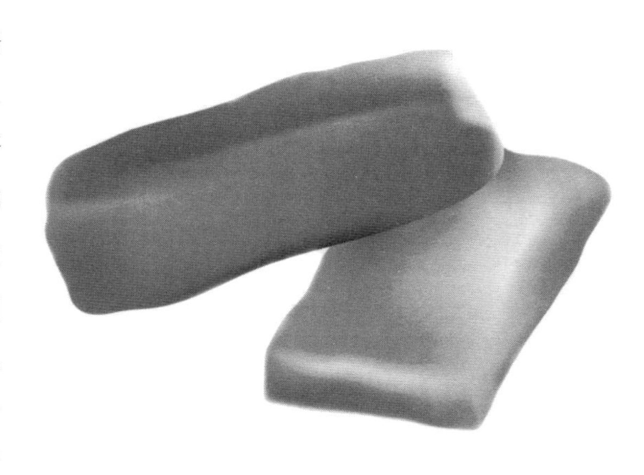

格勒诺布尔的化学家最后证明，蔗糖（以此为例）在焦化时，焦糖的非挥发部分由蔗糖最初分解为葡萄糖和果糖而形成，随后这些单糖重新组合，形成单糖分子数目不相同的各种低聚糖。葡萄糖能与葡萄糖或果糖组合，果糖能与果糖反应，等等。

对工业而言，这些研究结果很重要，因为它宣告，在以糖精取代糖的食品中使用并赋予其质地的多右旋糖，可被视为天然产品。因为焦糖中天然存在多右旋糖，它表现出的规律与其他合成分子并无二致。另外，今后人们可以更为轻松地研究其他糖类的焦化性能。

Pain de mie et biscottes

软面包和面包干

软面包的力学性能与塑料相似。

常温下放置于厨房中的面包会走味。冷冻后面包的变味速度较慢，但是，若想让面包保持出炉时的味道，应在什么温度下保存呢？ 7℃？ 0℃？还是10℃？对于这个问题，第戎法国国立高等食品科学与营养工程学院的科学家利用他们对聚合物的知识给出了答案，而所谓聚合物，就是由被称作单体的次级单位连接而成的很长的分子。这个步骤看来很自然，因为食物中含有很多聚合物，如组成面粉的淀粉颗粒的分子是直线或枝状的葡萄糖分子链（分别叫作直链淀粉和支链淀粉），蛋白质则是氨基酸链……

高温下的聚合物呈液态，分子有充足能量以无序方式运动，所以物质能够流动。聚合物冷却后，首先组成橡胶状固体，其中某些聚合链结晶，但某些链之间仍有可能发生位移。随后，当温度低于玻璃状熔浆转化温度时，链会固定下来，物质呈固态，结晶部分分散在非晶体硬质部分中，或玻璃状熔浆当中。固态相的结构取决于冷却：当冷却速度较快时，黏性会增长过快，分子没有时间结晶，玻璃状熔浆状部分占主要地位。

因此很多食物都是玻璃状熔浆，比如和水一起烹制的糖，在浓缩（因为水蒸发）时会逐步形成玻璃状熔浆，奶粉、咖啡、果汁有时也呈玻璃状熔浆态。新鲜软面包在走味过程中是否会部分出现玻璃化或结晶的橡胶态呢？玛蒂娜·勒麦斯特（Martine Le Meste）、希尔薇·达维杜（Sylvie Davidou）和伊莎贝尔·丰塔内（Isabelle Fontanet）研究了这个问题。他们考察了不同温度下不同的抽样水合物的力学性能，并将面包心与挤压面包作了比较。

当人们加热一块用于制作面包的面团，即主要由面粉和水构成的混合物时，面粉淀粉颗粒将直链淀粉分子释放到水中。当面包冷却时，这些直链淀粉分子构成凝胶体，后者会束缚水和支链淀粉。为了制作不同水合的面包，第戎的研究小组首先将样品在干燥器中放置一个星期，让磷酐吸收样品中的水分，使其完全脱水。接着，再把样品在可控水理环境下进行再水化，并裹上防渗透的硅酮脂。科学家利用黏弹测试器测量样品在以可控方式变形时所传导的力，因此就确定了一个硬度系数，即杨式模数。

这些研究弄清了面包的特性以及人造聚合物的变化：当温度高于玻璃状熔浆转变温度，即-20℃时，面包心呈橡胶态。另一方面，根据含水量而对玻璃状熔浆转变温度进行的分析表明，部分水不会凝结并起着塑化的作用。

冷冻面包请不要高于 -20℃

这些研究结果具有实际意义：综合聚合物专家们的众多研究成果，

我们可以根据其水量和结晶性质，预测一下面包及其近亲的力学性质的变化……特别是，即使冷冻使得可冷冻的水稳定下来，但只要温度高于玻璃状熔浆转变温度，冷冻还是不能冻结食物的变化。在 −20℃到 0℃之间，面包会继续变化。要想保存面包使其不丧失其质地特色，冷冻温度应在玻璃状熔浆转变温度之下。

另一方面，长期以来，面包走味归因于淀粉的变质现象。人们曾认为，直链淀粉分子会逐步结晶并释放其水分，第戎研究小组注意到，直链淀粉和支链淀粉有共同结晶的情形，结成水合晶体。在储存过程中，脂类会延缓走味过程，因为它与直链淀粉组成的晶体，可以延迟支链淀粉和直链淀粉的共同结晶过程。

然而，硬度不完全取决于直链淀粉和支链淀粉的共同结晶，非晶体区域的性质看来起主要作用。水是重要的储存参数，因为它是非晶体区域的增塑剂，并影响结晶的速度和类型。

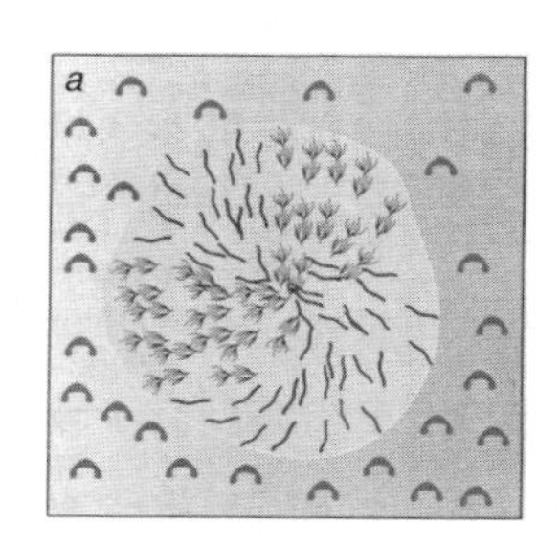

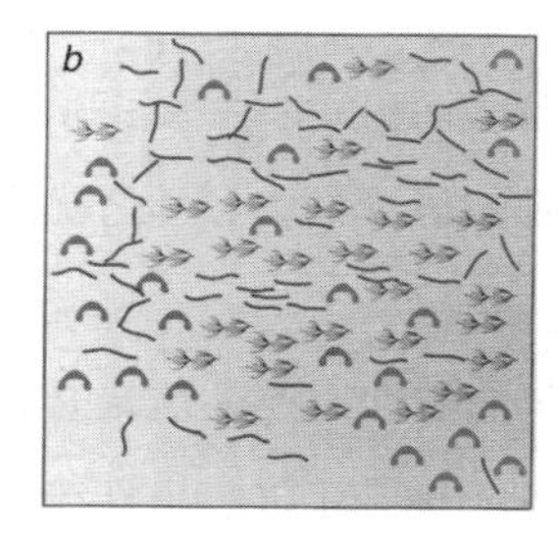

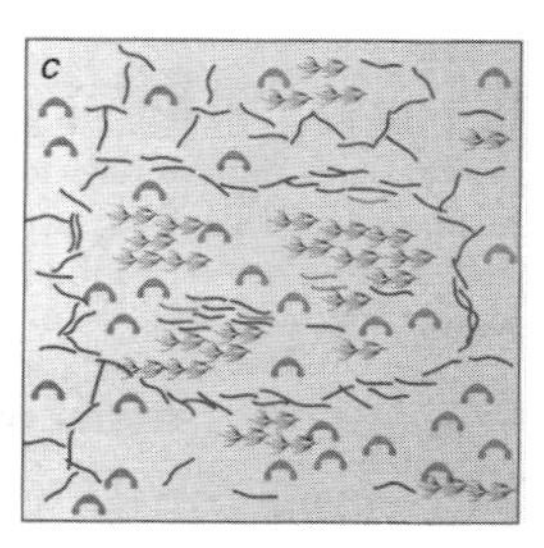

淀粉的膨胀（a），胶凝（b）和走味（c）；蓝色为水分子，绿色为直链淀粉分子，红色为支链淀粉分子。

Terroirs d'alsace

阿尔萨斯乡土

土地环境的开敞是葡萄酒酿造的标准。

葡萄酒和葡萄种植界很少有这样的思考：地区特产是需要乡土环境的。为了考察这个问题，农学家们研究了决定葡萄生长的某些自然因素，如气候、土壤、母岩。科尔马尔农业研究所的埃里克·勒庞（Eric Lebon）和他的同事们分析了阿尔萨斯的乡土特征，他们证实，“乡土开敞”是一个很重要的方面，至少与土壤含水量和光照时间一样重要。

葡萄农把葡萄种植在有利于果实（而非叶子和枝杈）形成、糖（为了发酵）和香味积聚的环境中。然而，在秋天的坏天气导致葡萄腐坏之前，葡萄果实若要成熟，葡萄的生长期应有一个充分的提前量。因此人们一直认为，光照时间是决定乡土环境是否优越的最关键因素。

应阿尔萨斯葡萄酒跨专业中心的请求，科尔马尔的农学家继续了酿酒研究所的热拉尔·塞甘（Gérard Seiguin）及其同事于1970年代在波尔多地区开始的研究。塞甘等人曾分析过土壤及其为葡萄树供水的方式是如何成为葡萄生长的重要因素的。在他们看来，最佳的乡土环境是能够正常供水或存在轻微缺水的环境。这种环境有助于葡萄果实的早熟。

1975年以后，法国农业研究所昂热分所的勒内·摩尔拉（René Morlat）及其同事研究了卢瓦尔河谷的地区特产产地的红色葡萄园（索米尔–香比尼、希农和布尔格伊的纯解百纳葡萄）的乡土环境。他们的研究证实了前面的看法，此外他们还证明土壤在春天热得越快，葡萄就会越早熟，乡土环境也就越有利。昂热的农学家已经预感到，可以通过“乡土开敞”的概念来实现各种气候因素的综合。大家知道，葡萄在凹地和坡地顶部的生长状态是不同的，前者的环境不够开敞，而后者最为开敞。勒庞在半大陆性气候的阿尔萨斯葡萄园中检验了这个想法，这里的环境与昂热或波尔多十分不同。研究的地域在科尔马尔附近的维岑海姆和西格尔赫姆之间。

对阿尔萨斯的土壤和母岩情况人们很早就有所了解，但对这个实验而言，了解的层次还不够。勒庞和同事们把研究用的1500公顷土地，按公顷进行测试，为的是寻找同质的土壤单位。他们以不同的土壤分类标准区分了30多种同质土壤类型，各类型之间挖沟以示区分。为确定乡土开敞度，农学家们以罗盘方向标的八个主要方向的水平基准测量了水平高度。

乡土环境和气候条件

借助安置在沟渠附近的观察所，勒庞和同事们可以测量种植着琼瑶浆葡萄的葡萄园的气候条件。他们注意到，按年平均水平来看，地域性气候条件很少因乡土而变化。地域性的气候特点仅仅表现在较短的时间层次上，例如，多云的天气里，空气温度仅仅取决于海拔高度；在晴朗的日子，白天温度取决于海拔高度、倾斜度、方向、东西水平方向的高度，还有土壤的热学特征。

所有这些观测结果可用来确定中间气候，即地域层次的气候，比如某个谷地的斜坡和谷底的气候，这些地域性结果与气候学的数据综合之后，便可得出乡土气候的准确概念。温度当然很重要，但乡土环境决定了中间气候。

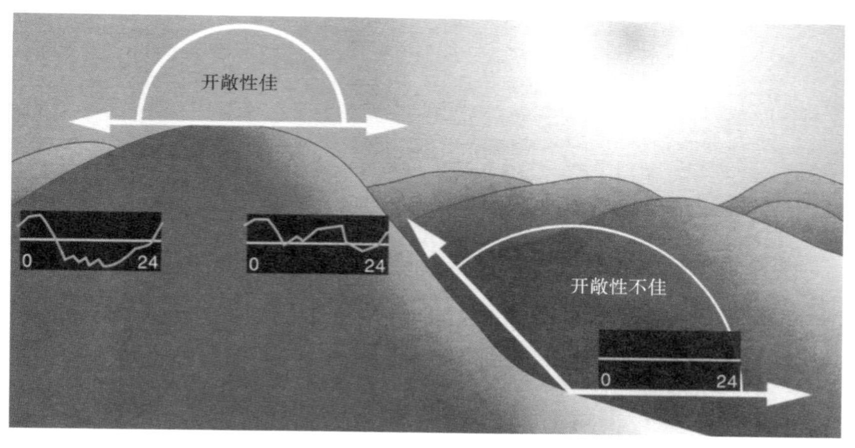

土地环境的开敞性主要综合了葡萄种植区的光照时间和通风性等特征。在三个不同地点，人们描绘了一个光照日子里它们与平原地区的温差（右图）。

一块好的乡土究竟是什么样子？农学家们已经证明，在阿尔萨斯，主要差异来源于收获时节成熟度的差异，这一点比波尔多和卢瓦尔河谷更明显。同时，水的供应条件很重要，它特别决定葡萄开花到果实成熟的期限。当水量充分时，成熟较晚，因为葡萄树的生长主要在叶子上而非浆果上、当水量供应不足时，成熟期也会延迟，有农谚说“要想葡萄结果，就需苦着它”，此话只在有限的条件下才是正确的。准确地说，供水应该适度减少，而且应该是逐步减少。

在阿尔萨斯，乡土论断证明非常有效，还需研究乡土与葡萄酒之间的关系。目前正在进行香味的分析研究。科尔马尔农业研究所的阿莱克斯·舍费尔（Alex Schaeffer）注意到，萜烯酒精及其氧化物的含量有很大变化。

La longueur en bouche

回味悠长

以白沙威浓葡萄酿制的葡萄酒的一种重要香味能被唾液中的酶放大。

生物化学家们很关注葡萄酒的酿造方法，却很少研究品酒生理学。最近的研究澄清了这种生理机制。在以白沙威浓葡萄酿制的葡萄酒中，人们找到了一种芳香分子。它只有在唾液酶将它与其前体分离时才能发生作用，因此入口后需要等待片刻才能感觉到这种香味。

1995年，波尔多酿酒研究所的菲利普·达里耶（Philippe Darriet）和丹尼斯·杜布尔迪厄（Denis Dubourdieu）发现了一种在沙威浓葡萄酒的独特香味中起决定作用的分子，这种分子赋予葡萄酒“黄杨”或“染料木”的气味。这个简单的分子有一个仅由五个碳原子组成的骨架，另含有一个硫原子。科学家们注意到，这种分子是在酒精发酵过程中出现在葡萄酒中的，他们还搞清楚了它的前体。更令人振奋的是，他们还观察到，这个前体向芳香分子的转变方式并不相同，这取决于保证酒精发酵的酵母菌株。波尔多的化学家尝试直接了解前体的结构，他们利用了一种可以释放香味的酶。通过认识这种酶的特殊性来确定这种前体。

在蒙彼利埃的农业中心研究所，巴约诺夫（M.Bayonove）研究了糖苷酶，以及隔离萜烯类芳香分子和同萜烯相连的糖分子的酶。然而，蒙彼利埃使用的酶不能产生在沙威浓中发现的芳香物质，因为它并不与糖连接。

氨基酸和浸硫芳香物质

另一方面，在分隔碳原子-硫原子键的酶之中，化学家们在寻找是否有产生香味的酶。他们尤其关注被称作裂合酶类的酶，它是由一种肠道细菌黏液真杆菌产生，可分隔硫化衍生物和半胱氨酸（氨基酸）。他们的结论是，在葡萄汁中，芳香前体包含半胱氨酸。

从这些结果中能得出什么结论？首先，它确认了葡萄果实具有某种芳香潜质，对此葡萄酒酿造业应该加以控制和利用。葡萄酒酿造师应该选择能够发挥这种葡萄味道的酵母。20 世纪中叶，美食大师库尔农斯基（Curnonsky）要求食品应该具有"它本来具有的味道"。从这个观点出发，化学可以为葡萄酒质量的改进提供帮助。

回味悠长

另外，波尔多的酿酒师已经证明，香味前体在葡萄酒之中含量丰富，芳香分子还与非芳香部分相连。但唾液酶能在几秒钟之内将半胱氨酸和浸硫芳香物质分离开，于是人们就看到了美食家们所称的"回味悠长"的第一个范例，这也确定了一个特殊的单位——余韵，用以衡量葡萄酒进口之后留下的滋味。一些名牌葡萄酒产生的滋味能持续好几秒（或好几个余韵单位），而且，某些时候这些葡萄酒还能产生“孔雀尾效应”，即一度消失的滋味还能回来。虽说波尔多发现的浸硫分子还不能解释孔雀尾效应，但它是第一个让人们理解何以产生余味的物质。

白沙威浓葡萄，波尔多的大部分白葡萄酒就是用它来酿造的。

如何利用这个发现？由于法律禁止葡萄酒掺假，一些为生产商工作的酿酒师们在设法利用这些成果，以使生物酿造确保已知香味的产生达到最佳状态。但手头缺钱的人们想充当“小化学家”，如果他们购买的葡萄酒香味不足的话，可以添加此类物质来自我安慰一下。没有法律会禁止人们延长享受的时间吧。

Les tanins des vins

葡萄酒的丹宁

丹宁的变化降低葡萄酒的收敛性。

葡萄酒如何变陈？长期以来，美食家们一直为科学家对葡萄酒含有的丹宁漠不关心而苦恼，要知道这种新酿葡萄酒中富含的收敛性物质作用甚大。当葡萄酒变陈时，丹宁会发生变化，赋予葡萄酒某种瓦色以及柔和的滋味和浓郁的芳香。有人将这种现象称为“丹宁溶化”了。波尔多大学的约瑟夫·维克特伦（Joseph Vercauteren）和劳伦斯·巴拉（Laurence Balas）完成了伊夫·葛洛里（Yves Glories）首先开始却中断的研究工作，澄清了酿酒专家们此前几乎凭直觉发现的化学变化。

丹宁存在于植物的木质部分。当人们咀嚼玫瑰花瓣或饮用新酿的葡萄酒时，正是丹宁的作用让人产生了收敛的口感。丹宁与唾液中的润滑性蛋白质一起组成络合物，使润滑性蛋白质无法发挥作用，从而导致了口腔中的干涩感。红葡萄酒酿造过程中形成的酒精溶剂会从葡萄的果核、果皮和果柄中分离出丹宁。

1989年，在葛洛里关于"葡萄酒染色物质"的论文发表13年后，波尔多的化学家们研究了发酵过程中的丹宁。他们每两天从两种葡萄酒（塞隆城堡及穆东·罗希尔的菲利普男爵城堡两个品牌）中提取样品，以便跟踪葡萄酒中丹宁浓度的变化。

他们用乙基醋酸盐提取丹宁，但结果令人困惑。虽然一些酿酒专家知道，浸泡时间应在两周以上，以便丹宁能在葡萄酒中积聚，并赋予葡萄酒层次和酒体，但化学家们发现，从所有使用的葡萄（黑梅洛、赤霞珠和长相思）回收的丹宁中，数量最多的是在发酵的第二天。为什么会有这种矛盾现象？是因为丹宁转变成了某种乙基醋酸盐溶液难以提取的物质了吗？

丹宁是一种反应分子，它最初的演变表明，必须继续从头开始研究，应该综合对代表性的丹宁的研究，对其进行化学分析，最后再对葡萄酒中的丹宁进行研究。

因此化学家们开始寻找一种浓缩丹宁的半综合方法，即以黄烷酮为基础的制剂，黄烷酮包含黄烷晶体和几个 -OH 羟基群。他们从道格拉斯松树皮中提取的花旗松素中获取了好几种在他们所研究的化学结构中占支配地位的物质。黄烷酮如何同浓缩丹宁连接在一起？黄烷酮二聚物仅由两个黄烷酮连接构成，但这种情形已经比较罕见了，因为两个次单元可能以两种方式连接。

波尔多的化学家利用核磁共振比较了合成物的结构和各种自然丹宁，但这种方法不能辨识两种不同的键。另外，当丹宁因为 -OH 羟基群被 -OOCCH3 醋酸群取代而发生转变后，矛盾便出现了。这是第一种全面确定浓缩丹宁结构的方法。

这一结果让维克特伦和巴拉很振奋，他们也在寻找葡萄酒中的黄烷酮和与糖连接的葡基化丹宁。化学家们知道，某些羟基功能的葡基化能稳定多元酚，丹宁就属于这一分子类型，但在葡萄和葡萄酒中，人们从未检测到以葡基化形式存在的丹宁。丹宁和糖之间的键不是阻止了这个分析阶段必不可少的操作吗？

波尔多的化学家们深信，浓缩丹宁的逐步葡基化解释了陈酒的收敛性的消失。他们再次采用已经取得成功的方法，对葡基化丹宁进行综合，以确定其特点，然后再分析葡萄酒中的这类分子。

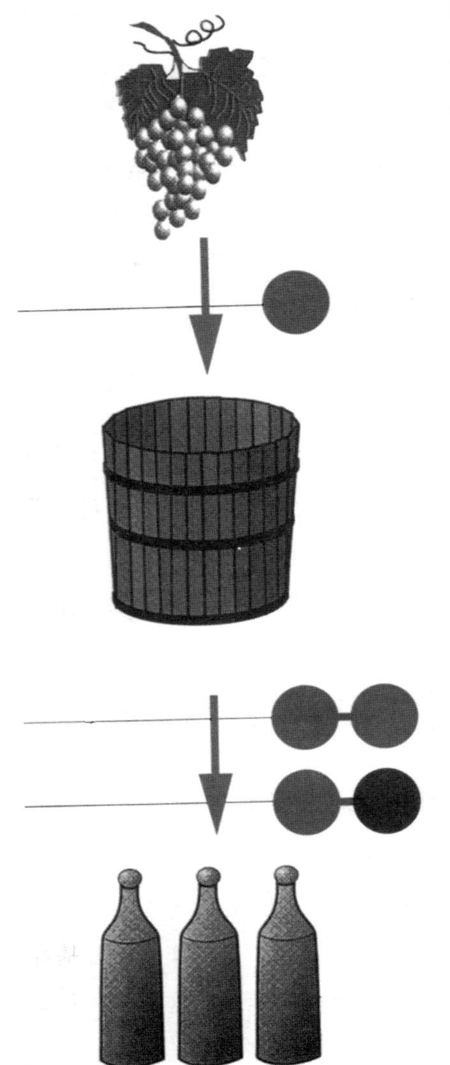

丹宁 / 收敛性

丹宁 / 浓缩而非收敛性

与糖连接的丹宁 / 而非收敛性

葡萄和葡萄酒中的丹宁的演变

用乙基醋酸盐从葡萄汁中提取的物质中富含两种简单的黄烷酮，即儿茶酸和表儿茶酸，因此化学家们开始研究其葡萄糖（葡萄汁所含的糖）葡基化。四种葡基化黄烷酮在乙基醋酸盐中很难溶解，这就确证了最初的假设。如果人们没有在葡萄果实和葡萄酒中发现黄烷酮，那可能是因为萃取溶媒不合适。今天对这些难以提取的物质的分析似乎表明，葡萄汁和葡萄酒中至少存在三种葡基化丹宁。同样能确认的是，丹宁的聚合及其葡基化是酒变陈的两种机制。

Le vin jaune

黄葡萄酒

Sotolon 是使黄葡萄酒具有独特风味的主要分子。

1991 年，法国农业研究所第戎分所的帕特里克·埃迪旺（Patrick Etiévant）和布鲁诺·马丁（Bruno Martin）开始分析黄葡萄酒，这种酒仅出产于汝拉山区。黄葡萄酒的独特口味来源于其酿造技术。酒被多年存放在桶中变陈，上面覆盖着一层很厚的发酵纱酿酒酵母（saccharomyces cerevisiae）。这种葡萄酒也产于阿尔萨斯、勃艮第和盖亚克地区，被称作花酒或纱酒。法国以外只有赫雷斯白葡萄酒、雪利酒和匈牙利托卡伊酒与它类似。究竟是什么分子使其具有独特风味呢？

这种葡萄酒含有上百种挥发性物质，其中 1/10 有香味，因此要确认某种特殊香味所对应的分子是非常困难的，就像是要在 300 名嫌疑人中找出一个。1970 年代初，有人认为 solérone（4- 乙酰基–伽马丁内酯）是黄葡萄酒的主要香味来源，但在 1982 年，第戎的皮埃尔·杜布瓦

（Pierre Dubois）在红葡萄酒中也发现了 solérone，看来这种分子不是主要原因。

随后人们怀疑 4,5- 二甲基 -3- 羟基 -2（5 氢）- 呋喃酮，或 sotolon，这种分子是围绕着由四个碳原子和一个氧原子组成的环构成的。由于 sotolon 和 solérone 在纱酒中的浓度最低，而且化学性质不稳定，因此第戎的化学家研究最佳提取法，以便确认产生“黄香”的分子。

Sotolon的发现

对葡萄酒提取物最直接的分析是色谱法。将样品注入汽化后的溶媒中，由此生成的混合物穿过试管，试管内部涂有一种聚合物，该物质含有各种混合程度不一的物质。在试管底部，我们可以看到分离物质的析出。化学家们的第一步工作是为此技术设计出一个改进版，以便分辨出这些混合物中数量最少的物质。

将葡萄酒样品的色谱与纯 sotolon 溶剂和 solerone 混合溶剂的色谱进行比较，在雪利酒中，sotolon 的含量约为 40—150 /10 亿，solérone 看来独特性较少，其浓度在雪利酒中更高，这就是为什么人们会在雪利酒中首先发现它。

最后，各组成部分的定量配比（辅以对它们单独的气味测试）表明，当 solérone 处于沙威浓（黄葡萄酒就是以这种葡萄制造的）的浓度时，消费者无论是在酒还是在样品溶液中都感受不到它的存在。solérone 不是一种黄葡萄酒的决定性分子，这个看法是确定无疑的。

因此 1992 年以后，化学家们开始全身心地关注 sotolon，以前在甘蔗、葫芦巴、酱油和清酒等物质中都发现了它的存在。它同样存在于某些葡萄孢酒类中，也就是以过度成熟、明显腐坏的葡萄酿制的酒，这种灰葡萄孢真菌造就了索泰尔纳之类的晚熟葡萄酒。红葡萄酒和氧化葡萄酒中都没有发现 sotolon，尤其重要的是，只有达到 15/10 亿的最低标准时，sotolon 才能被确认。

更有意思的是，这些饮品测试表明，纱酒被认为是最独特的，如果 sotolon 浓度够高的话会带有一点胡桃味。当其浓度再高一些时，品酒委员们认为有一点咖喱味。

酵母的死亡

伊利莎白 · 基沙尔（Elisabeth Guichard）也追踪过 sotolon 的痕迹，她设计出了一种快速配比的方法：淡黄葡萄酒（以柳条上干燥的浆果酿制）中 sotolon 浓度为 6—15/10 亿，黄葡萄酒的 sotolon 在酵母呈指数增长的最后阶段生成。在存放期分别为一年、两年、三年、四年、五年和六年的葡萄酒中，sotolon 含量在酿制的初期较低，在酿造期超过四年以后明显增高，尤其是在不十分阴凉的酒窖中。

从发酵纱下酒桶的不同深处抽取的样品显示，在酒桶中部和底部，sotolon 的浓度比紧邻发酵纱处的浓度高两倍。于是人们推测，sotolon 是由纱上的酵母间接产生的，如果酒精度较高的话，酵母将葡萄酒的氨基酸转变成一种酮酸，后者在酵母死去时释放出来并坠落桶底，随后一种化学反应将酮酸转变成 sotolon，先提升桶底 sotolon 的浓度，随后是桶的中部，最后是葡萄酒的最上层。

既然 sotolon 就是造就黄葡萄酒口味的分子，今天人们开始研究能大量产生 sotolon 的酵母菌株，同时也在研究能促进这种味道产生的条件。

卢梭制桶厂为阿尔布瓦的拉班特庄园制作的展示用酒桶。透过透明的表面能看到酵母纱，它能让酒带有汝拉黄葡萄酒独特的黄香味。

Vins sans dépôt

非贮存葡萄酒

供出口的葡萄酒需要稳定，以免产生酒石。

严冬来临，在酒窖里，“酒石”结晶体沉入瓶底，这不会损害法兰西引以为豪的葡萄酒的品质，但对酒的出口会造成麻烦，因为一些挑剔而对葡萄酒缺少了解的顾客不愿意购买这样的酒。如何避免这种尴尬呢？葡萄和葡萄酒高等研究所的穆图奈（M. Moutounet）和法国农业研究所佩什鲁日分所的让-路易·埃斯居迪埃（Jean-Louis Escudier）、让-路易·拜勒（Jean-Louis Baelle）和伯纳尔·圣-皮埃尔（Bernard Saint-Pierre）合作开发了一种电透析葡萄酒均衡法。

酒石酸是一种葡萄特有的物质，但与它连接的盐很难溶解，因此酒石酸氢钾和碳酒石酸从性质上说注定会在酒中发生沉淀，形成人们俗称的酒石。如何避免原酒中的过饱和现象？

不久前，有生产商为了避免产生酒石，把酒瓶放置在低温中十来天，瓶中加入了能促使结晶形成的酒石酸氢钾。寒冷引发沉淀，因为酒石酸盐的溶解性有限，并随温度下降而下降，但多元酚（红葡萄酒中的很多着色剂就属于这种分子）将这些盐控制在过饱和状态，因此导致传统的红葡萄酒工艺缺乏效率。由于葡萄酒的酒石含量有所不同，所以最终的稳定性无法得到保证。

清除酒石

既然问题源自葡萄酒中的酒石酸盐离子（钾离子和碳离子）浓度过高，就应该设法清除它们。现在采用的是电透析法，葡萄酒在两块聚合物膜片之间流动（在与流动垂直的方向上使用电场），负离子被吸引到一边，正离子则到另一边。钾离子和碳离子从一块膜片通过，酒石离子则从另一块膜片通过，于是酒石就被分离开来了。

在已经开发出的技术中，葡萄酒同时通过一沓负离子膜片和正离子膜片，这就对葡萄酒进行了脱离子处理，同时提升了侧旁格子中酒石酸离子、钾离子、碳离子的浓度。与此同时，这些格子中注入了调制的溶液。采用的膜片是 20 厘米长的叶片，由接枝聚砜树脂材料制成，叶片之间相隔 0.6 毫米，每个单元使用的电场为 1 伏特。研究者测试了总面积为 4 平方米、分为 60 个叠放单元的交换表面。他们试图按照模型来调节电透析强度，使其适合于每种葡萄酒特有的不稳定性。酿酒专家因此拥有了一种在大部分情形下都可以运用的工具。

为什么新方法比传统方法能更好地稳定葡萄酒？因为人们利用介质导电性作为葡萄酒负载的酒石的指示器，导电性主要取决于钾离子、钙离子和酒石酸盐离子的浓度。人们可以根据葡萄酒的导电性调节电场和酒流动的时间，因而能分离出平衡葡萄酒所必须的离子数量，试点测试的速率大约每小时 100 升。处理速度取决于酒的淤塞效应，因此每天应该用清洗剂冲洗一遍，清理掉隔膜上的多元酚和附着在它上面的丹宁。

这样会改变酒的品质吗？问题事关重大，备受美食家关注。博若莱、香槟和波尔多的酿酒专家们对这个问题已作了长期细致的研究，他们确信，处理过的葡萄酒和未经处理的葡萄酒在口味上没有任何差别。因此，Eurodia 公司预计将与 Boccard 公司合作生产膜片，并销售这种去酒石产品……一旦这种不受欢迎的物质出现时就可以使用。最初的实验是在一片反对之声中进行的，但 1996 年在布鲁塞尔研究获得了批准。

目前，研究者们继续研究分离离子的再利用问题，并探索以葡萄酒制作的开胃饮品和天然淡葡萄酒的处理方法，因为这些酒用传统的冷却法很难处理。

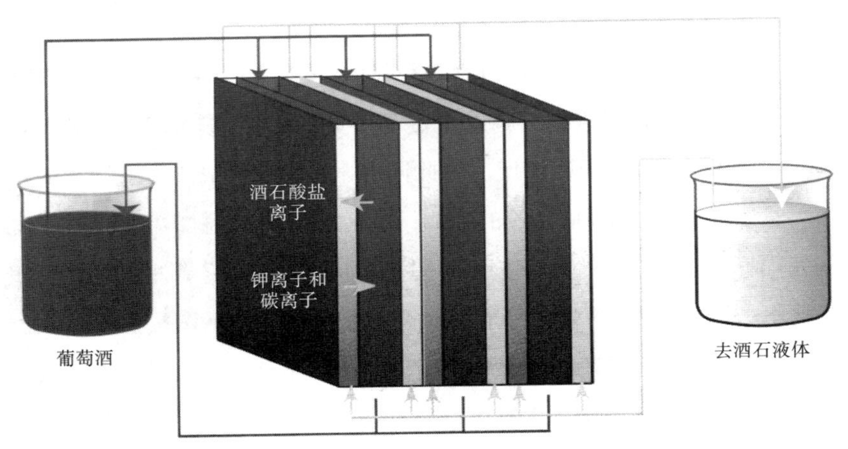

让葡萄酒在隔膜片之间流动可以稳定葡萄酒。

Le soufre et le vin

硫与葡萄酒

葡萄酒中浸硫物质的分子对酒的品质有影响。

葡萄酒中含硫是一种缺陷吗？1960年代，由于某些葡萄酿造者对葡萄酒的储存过度忧虑，导致了谈“含硫分子”色变。因为当用浸硫布条熏酒桶，或用二氧化硫处理收获的葡萄时，一旦二氧化硫加得太多会对人造成头痛。然而最近的生物化学研究表明，不能笼统地排斥硫。在波尔多的酿酒学院，化学家们发现，硫既有坏作用也有好作用，虽然某些硫化分子会造成明显的缺陷，但在白葡萄酒和红葡萄酒中，另一些硫化分子有助于黄杨、染料木、西番莲果、柚子等香味的形成。

长期以来，酿酒学只看到硫化物不好的那一面。的确，硫化氢和二氧化硫的气味令人作呕，但硫化分子只有缺点吗？搞清楚这个问题似乎是改进葡萄酒酿造和发酵技术的关键，于是推动了对其好的作用的发现。1993年，菲利普·达里耶（Philippe Darriet）和德尼·杜布尔迪厄

（Denis Dubourdieu）在沙威浓葡萄酒中发现了一种具有宜人香味的分子，它属于硫醇家族（带有一个硫原子和一个氢原子的 SH 群，后者与分子中的一个碳原子连接）。

还有其他的硫化物也有助于波尔多葡萄酒香味的形成吗？塔克托什·托米那加（Takotoshi Tominaga）、瓦莱里·拉维涅-克吕日（Valérie Lavigne-Cruege）和帕特里夏·布希乌（Patricia Bouchilloux）发明了几种分析方法，但显示硫化物的浓度非常低。

硫和酵母

已发现的很多硫化分子仍属于硫醇，即一种十分活跃的香味物质。乙醇（带有一个羟基群 -OH 的分子）的最低感知界限大约为每升 1 毫克，而硫醇的最低感知界限比它大约低一千倍。因此检测“香味痕迹”（无论有害无害）的分析技术就显得很有意义了。

总的来说，各项研究已经表明，葡萄酒中的很多挥发性硫化物是造成香味缺失的原因，它们的这种作用根源于酵母的活动或代谢。在酒精发酵过程中，酵母改造了葡萄果实的硫化氨基酸以及为储存而添加的二氧化硫。

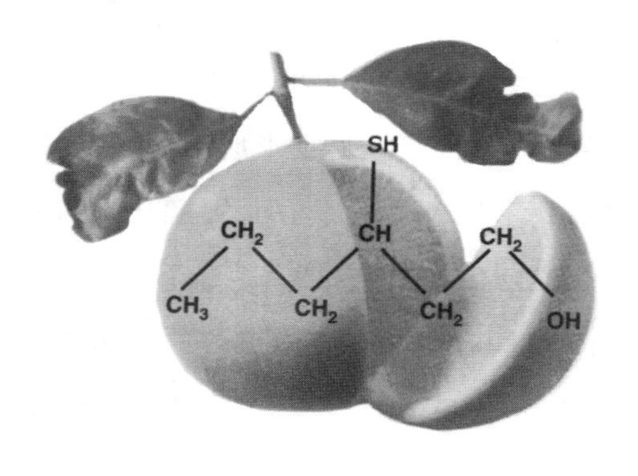

了解这些能避免缺陷吗？降低硫化氢浓度很容易做到，只要减少二氧化硫的用量，或者滗清葡萄酒使其晾吹，但其他的分子，如乙硫醇、甲硫醇及相邻的分子三甲硫丙基醇就

难以控制了。化学家们已经注意到，这些化合物的浓度直接取决于酒精发酵前葡萄汁的浑浊度，而浑浊度（因果汁与酵母的接触）应该降低。

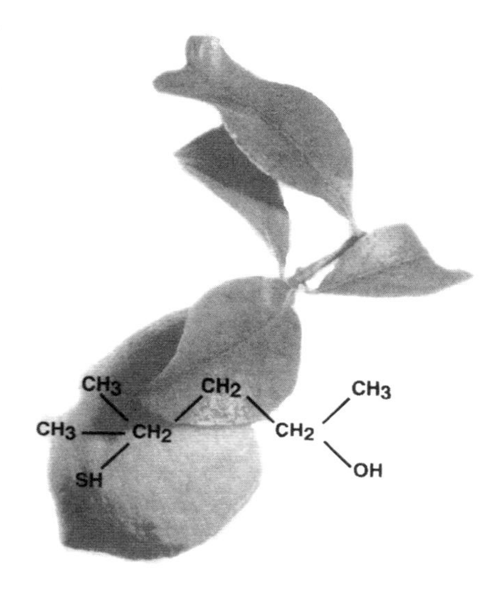

铜的危害

对硫化分子积极作用的研究也产生了积极的收获……这是意料之中的。我们已经知道，某些硫醇与植物（燃料木、黄杨）、水果（黑茶梾子、柚子、西番莲果、番石榴、番木瓜等），乃至某些食物（如烤肉和咖啡）的独特香味有关系。沙威浓葡萄酒品种很多，香味上有些细微的区分。不过，在酒中加入铜之后，这些香味都消失了。因为铜在化学上能与硫醇结合，从而遏制了芳香效应。于是化学家们怀疑，硫醇同样也是葡萄酒香味的一个原因。

1993 年，研究者们在沙威浓葡萄酒中确认了第一种硫醇。它具有黄杨和染料木的香味，浓度在每升 40 微克以上就可感知到。波尔多的化学家已在黄杨和染料木中找到这种硫醇。随后，他们在研究白葡萄酒时发现了其他一些在水果中也存在的分子，比如香味与黄杨基本接近的三巯基已基乙酸酯，它让人联想到柚子和西番莲果，这两种水果中也确实发现了此种物质。另一种硫醇在不同化学环境中呈柚子香或西番莲果香，而在这两种水果中也确实发现了这种硫醇。

红葡萄酒情况如何？化学家们发现当酒中加入少量铜时，梅洛新酿

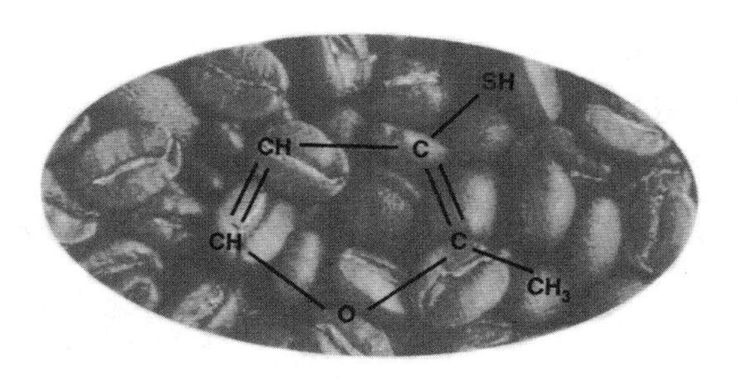

红酒及解百纳沙威浓的水果香、肉香的浓度及其复合性就会降低。事实上，沙威浓葡萄酒中发现的几种硫醇，最近也在梅洛新酿葡萄酒、解百纳沙威浓和白解百纳中发现了。这些硫醇能产生熟水果、黑茶梹子、肉类、咖啡等香味，而且其最低感知含量非常低，每升 0.1 毫微克！

在这些发现的基础上，酿酒专家们今天在研究如何使葡萄酒的酿造最佳化。他们非常清楚，白葡萄酒应在酒渣上保存，因为酒渣中含有酵母的硫化分子，它能逐步提升某些芳香的硫醇的浓度。

Le verre à vin

葡萄酒杯

同一规格的玻璃杯对白葡萄酒和红葡萄酒都合适。

葡萄酒的行家里手没有不关心酒杯的。该用哪种酒杯？几代美食家都在为最佳形态和最佳尺寸的酒杯争论不休，但法国地区特产研究所（INAO）推广了一种称为ISO的酒杯，其杯盏部分的高度约为宽度的两倍。这是最佳选择吗？德国的品酒师推荐一种更接近圆形的酒杯，诺伊施塔特大学酿造系的乌尔里希·费舍尔（Ulrich Fischer）和他的同事布丽达·罗维-施塔宁达（Britta Loewe-Stanienda）探讨了不同大小和形状的酒杯中酒香感受的强度。

在人们获得酒杯大小和形状对感知的影响的准确认识之前，标准化机制的介入已经让品味归于一致化。红酒所用的酒杯一般比白葡萄酒酒杯更大，更柔和的葡萄酒所用的酒杯比干涩的葡萄酒酒杯要更开敞，但这些都是“习惯成自然”。

对蒸发的计算

在对酒杯形状的影响进行研究前，德国的研究者进行了有关的物理–化学分析。从物理学上说，溶于液体的分子蒸汽压力取决于溶媒、溶质和温度。人们还知道，杯子中进入气相的分子会散布在周边的空气中，其速度依赖于杯子的开口度。品酒者如果闻一闻杯子周边的空气就能捕捉到化为气相的挥发性分子，但他通常要吸好几口气。芳香分子还有时间再次化为气相吗？为了解这个问题，德国的研究者们利用了气相色谱法，以分析葡萄酒上面的空气。具体地说，酒倒入杯中后不同时间和不同高度的空气，共有四十来种物质在不同温度下接受了检验。

我们知道，芳香分子释放的速度取决于其化学构成，但还有其他因素。在不同温度下，酯的释放速度变化很小，而乙醇和挥发性酚类的变化要大得多。这就是为什么葡萄酒在冷饮时，脂的浓缩比乙醇快、从而刺激水果味感知。白葡萄酒的饮用温度应比红葡萄酒低，原因也在于此吗？水果味脂通常是白葡萄酒的主要香味，它能在较低温度下快速充分地积聚起来。而要想充分享受红葡萄酒中的挥发性酚类的香味，就应该饮用热的。

总的来说，这些检测结果表明，有经验的美食家品味酒的余味每次啜饮至少间隔 15 秒。如果在酒杯上弦周边的空气中嗅一番，则品味会达到最佳境界。

酒杯的测试

在明确了品酒的条件后，研究者还让品酒师测试了 10 个不同的酒杯，酒杯的最大直径、开口直径和高度都不同。品酒师应为每个杯子给出十来种不同的感知记录，如黄油味、香草味、红果味等。

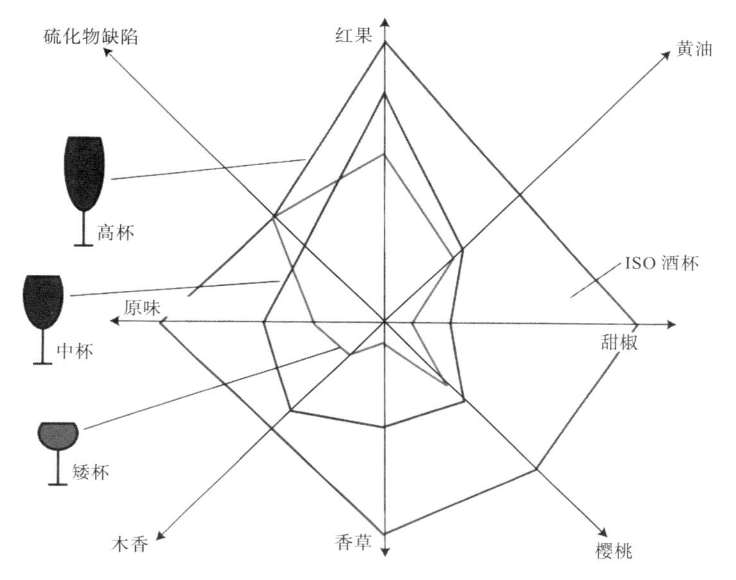

与ISO酒杯直径相等但高度不同的各种杯子中八种香味的感知。八条轴线上，每条上面都有一个远离原点的示意点，表示某种感知的强度。

这个实验很有启发意义。以白葡萄酒为例，与ISO酒杯相比，较窄的杯子能更好地突出某种接近甘蓝的味道及酒中的硫化物品味，中低高度的酒杯产生的味道感觉不如窄杯子浓醇。酒杯容量的增大不会降低感知的强度；有些杯盏开口较大的酒杯（人们认为它特别适合于品尝红葡萄酒）并不比杯盏窄小的ISO酒杯优越……

有三个发现尤其让酿酒专家们感到困惑。首先，所有感知强度都随酒杯类型而变化。其次，杯盏的升高、开口度与杯盏最大直径之间的关系能增强所有感知。最后，与很多制造商的看法相反，品尝白葡萄酒效果最佳的酒杯，同样是品红葡萄酒的不错选择。看来过去的教条主义应该摒弃了。

Le froid et le chaud

冷和热

要冰镇香槟或者使葡萄酒适应室温，不要着急慢慢来。

有人想冷却香槟，应该在冰箱里放置多长时间呢？父母会严厉申斥敞开冰箱门的孩子，因为担心这样会让冰箱里的佳酿很快又变热。这有什么道理吗？用餐之前，需要将葡萄酒从酒窖里取出，使其适应室温，那么应该提前多长时间从窖中取出？用一个热电偶，美食家就能获得很有益的指示，这种器具能准确地测量温度。

我们先看看要进行冰镇处理的香槟。若要知道应冷却多长时间，可将一只热电偶探测器置于酒瓶中，酒瓶放在冰箱门中。香槟酒旁边有些两天前放置的其他酒瓶，温度为 11℃。香槟最初的温度为 25℃，如果每 10 分钟测量一次温度，就能发现冷却的速度很慢。30 分钟后，温度仍超过 20℃，要降到 15℃则要等 3 个小时，降到 12℃要等 6 个小时！测量结果证实了经验主义的看法——玻璃的导热性能很差。众所周知，热量在玻璃中通过传导的方式传播，而在水中则是以对流的形式均匀传播。

开瓶不合时宜

您想饮用凉的，并且已经考虑到酒瓶的导热性很差，但孩子意外地提前打开了冰箱门。那么您费心冷却的香槟有可能变热吗？这个实验中，我们测量到放置酒瓶的地方的温度为 8℃，而外面的温度为 20℃。

冰箱门打开 7 秒钟后，冰箱内温度上升到 11℃，但几分钟后降至 8℃。若将冰箱门打开 20 秒钟，冰箱内温度将上升至 18℃，关上冰箱门以后温度开始有一个迅速的降低，但随后降温缓慢。冰箱内空气的变热十分迅速，因为冰箱中较重的冷空气会从下面流失，代之以冰箱外的空气……但变热的只有空气，而不是酒瓶，后者的热学性质（热惰性）非常明显。对酒瓶而言，暂时打开冰箱门对其温度几乎没有影响，在空气经过几分钟的冷却后，它也继续冷却。

加热

考察过冷却措施，我们再来看看加热的问题。有个被忽略的问题是葡萄酒的室温处理。要准备一顿出色的晚宴，应该将美酒从酒窖中取出，好让有见地的行家品味一番。行家们都知道，葡萄酒应在 18℃时饮用，但酒窖的温度只有 12℃。应提前多长时间将酒取出、使其达到期望中的温度呢？

当然，我们可以利用物理学法则计算所需的时间，但我们也可以做一个简单的实验：测量室温处理过程中的温度。在室内温度为 24℃的房间里，有一瓶初温为 9℃的葡萄酒，根据测量，酒瓶温度达到 12℃需要半个小时，达到 14℃要 45 分钟，达到 16℃要 75 分钟，达到 18℃要 1 小时 45 分钟，达到 20℃要 3 个多小时！

室温处理之所以时间很长，原因也是酒瓶的导热性不好，尤其是当房间温度与酒瓶温度相差较小时，要达到室温是个过程漫长，很难确定最终的时间界限。

酒瓶和酒杯的室温处理

根据初步的测量结果，如果是在夏季、温度为 27℃，我们能推断出室温处理所需的时间吗？很遗憾，不行。还需考虑很多因素，或依据热学理论进行经典计算。但我们可以记住几个大致的规律：当室温为 27℃，酒瓶需要 80 分钟达到 12℃；当室温为 19℃，酒瓶需要两个半小时以上的时间达到 12℃。此外，人们还注意到，酒瓶的上部（垂直方向）变热速度要比下部快，二者温差可达 4 度，这就造成第一口与最后一口在味道上差别很大。那是因为温度升高时，香味挥发会更快。

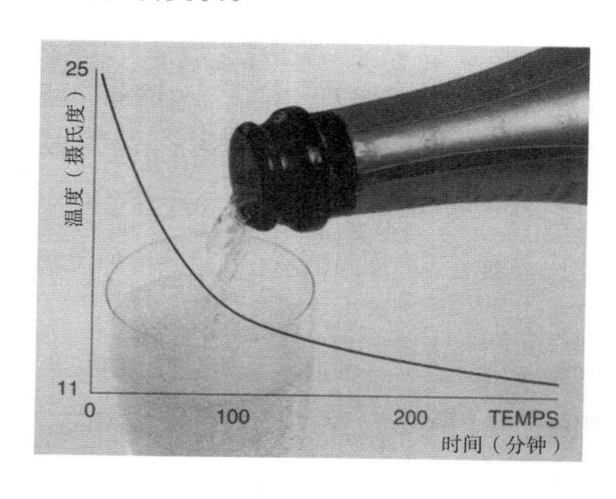

冰镇香槟应提前准备：若香槟在常温下为 25℃，温度降至 12℃需要好几个小时。

现在，客人就座，美酒入杯。若准备饮用的葡萄酒温度为16℃，它需要多长时间可以达到室温23℃呢？在这个实验中，酒杯中的葡萄酒平均每分钟上升0.2℃。正因为如此，我们建议只有在想喝时再把酒倒入杯中。

Le champagne et sa mousse

香槟和泡沫

蛋白质使香槟产生美丽的泡沫。

当我们听到香槟酒瓶塞打开时那独特的响声，就会缄口凝视自己杯中的佳酿。如果泡沫消去很慢，泡沫的环状很细腻很持久，酒体一直在冒泡，那么香槟的品质应该不错。相反，泡沫消失快，没有环状，气泡很大，则显示出香槟质量较差，虽然味道可能也不错。因此如何产生稳定细腻的泡沫，一直是香槟制造商关心的问题。

Moët et Chandon 公司和喜力公司的专家在进行一项欧盟研究计划，研究的对象是泡沫的物理化学特质。是什么分子导致泡沫的稳定？是什么物理机制决定了泡沫的变化？

在最初的研究中，唯一用来评估泡沫的技术是感官评判，但这种做法很不方便。为了进行更可靠的测量，科学家每年很快就设计出两种器具，其中名为 Mosalux 的器具可以测量膨胀和泡沫存在的平均时间。在这个装置中，气体穿过一只烧杯，烧杯的底部有葡萄酒。另一种器具的目的是测量杯中现实条件下泡沫的变化。

这些器具首先用于渗滤研究。葡萄酿造者为使自己的产品清澈会进行过滤，这也是因为他们想在酒石酸沉淀之前降低胶体浓度，胶体可以限制酒石酸结晶。然而，葡萄种植者和酿酒师也知道，过滤会损害酒的口味，酒入口之后会失掉“圆润感”。

过滤对香槟的泡沫有何影响？有人担心会损害香槟，因为过滤会清除蛋白质，后者是“表面活性”分子。这种分子位于气泡与空气的接触面上，它既能控制易溶于水的亲水分子，也能控制难溶于水的疏水分子。蛋白质有利于稳定鸡蛋白泡沫，无疑也能稳定香槟的气泡，因为它能将气泡包裹起来，形成类似骨架的东西，防止单个气泡的变形和相邻气泡的融合。

啤酒酿造师早就注意到，过滤对泡沫不会造成损害，但是啤酒的蛋白质含量比葡萄酒高得多。此外，酿造师们还指出，五千个分子以上的蛋白质群会让泡沫具有良好的稳定性。

1990 年，兰斯大学的摩让（A. Maujean）和同事们发现，蛋白质浓度和随意挑选的 31 种葡萄酒的起泡能力之间有关系，但这还不能决定泡沫的稳定性。Moët et Chandon 研究实验室的若埃尔·马尔维（Joël Malvy）、贝尔特朗·罗比亚尔（Bertrand Robillard）和布鲁诺·杜泰特尔（Bruno Duteutre）用 Mosalux 来研究其稳定性。他们对尚未酿成香槟的葡萄酒进行了强化过滤处理，分离出富含大分子（特别是蛋白质）的部分和含此类分子很少的部分，再通过与原料葡萄酒混合，制成蛋白质浓度各异的葡萄酒。

泡沫测量

研究者将二氧化碳吹入这些实验用葡萄酒中，这时他们注意到同样的反应。泡沫积聚，接着稍许减少并稳定一段时间，最后在停止吹气时减退。对于蛋白质浓度在20%—100%之间的葡萄酒而言，起泡能力的变化颇为相似，但是，当蛋白质质量数超过一万时，实验葡萄酒的起泡能力更为出色。在起泡的最初几秒钟，葡萄酒的起泡能力与大分子的浓度并无关系，但大分子能明显延缓泡沫的减退和气泡的膨胀。过滤对泡沫损害很大，每升葡萄酒中的蛋白质只要减少一毫克（一般总量为十几毫克），起泡能力会降低一半；每升中如果减少两毫克，泡沫的平均寿命缩短一半。

为了完善这些初步研究，科学家还测量了葡萄酒的起泡性能，胶体和一些微粒因为各种过滤而失去了这种性能。当葡萄酒经直径为0.2微米的过滤孔过滤之后，泡沫的膨胀和平均寿命减少一半以上。一年的陈酒若经此类过滤器过滤，其起泡性能最差。过滤孔直径为0.45微米或0.65微米，则葡萄酒的泡沫更为稳定，大分子和微粒对气泡的影响并不总是一致的。

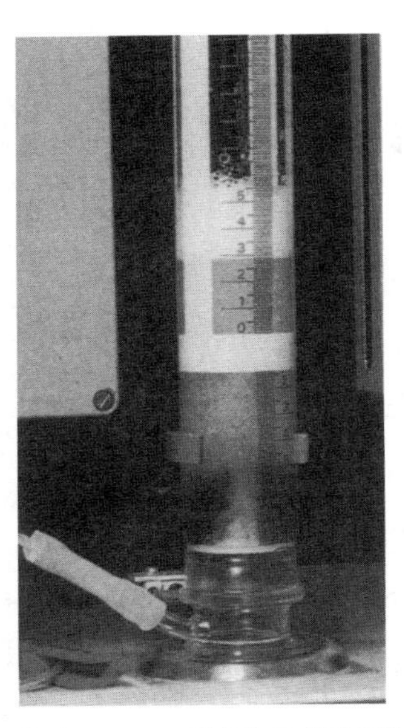

借助Mosalux测量泡沫的稳定性。

它们如何产生影响的？在吹气后的最初几秒钟，分隔气泡的隔膜似乎被表面活性分子稳定下来。一定数量的大分子对界面的稳定化是必须的。接着，在表面活性剂附着在液体–气体界面后，泡沫很快就凝聚起来，因为只包含碳化气体的气泡在与空气接触时不能保持平衡。蛋白质之外的另一些大分子可能与之一块儿起作用（如糖），但非常清楚的一点是……对过滤后的香槟而言，正是过滤影响了香槟的泡沫，所以过滤应该慎重进行。

Le champagne dans la flûte

高脚杯中的香槟

在未用清洗剂清洗的酒杯中，香槟气泡更为稳定。

观察葡萄酒首先应注意其色泽、浓度、亮度、光泽……当瞥见酒里有一点酒石或某些让酒显得发浑的漂浮物，我们的味觉就会事先有了负面反应。其实，香槟葡萄酒应该以其他的尺度来衡量，重要的是要产生气泡，并在杯子中堆积起细腻的泡沫。泡沫应有几毫米厚，但也不能太厚，而气泡应该非常细小。

没有泡沫是香槟品质不佳的标志吗？这个问题让生产商苦恼，因为美食家们经常指责泡沫不正常。这一次，对自己产品信心满满的香槟生产商转向了酒杯制造商，他们想知道，泡沫不正常是否起因于酒杯制造商的多变和不稳定。圣戈班集团公司研究中心的帕特里克·莱约戴（Patrick Lehuédé）及其同事，就玻璃杯对香槟泡沫的影响进行了实验研究。他们证明，不能以有无泡沫作为评判香槟的标准，制作酒杯的玻璃的品质并非其中的原因，但酒杯的清洗和存放能决定酒的起泡情况。

理论上说，气泡的形成很简单。香槟不是处于稳定平衡态，当它与空气接触时，气体会从液体中逃逸，在酒中的杂质（很稀少）上或玻璃表面形成气泡。气泡的大小取决于液体浸没的表面的能量，即表面与其他物质（液体或气体）接触时的难易程度。气泡形成后变大，因为液体中的气体压力大于气泡中的压力，气体分子于是向气泡中扩散。达到一定大小后，气泡承受的浮力增大并高于黏着力，于是气泡脱离壁板并在杯子里缓慢上升。

再具体分析，气泡对于玻璃的附着力与气泡同玻璃的接触面积成正比例，而这个面积取决于表面能量。按传统的见解，表面积可以通过水滴与玻璃的接触角度来计算。当表面能量增高，液体会很好地浸湿玻璃，接触面会很小，气泡几乎呈球形，当气泡直径达到 1/10 毫米左右时就会脱离，干净的普通苏打碳酸杯子就是这种情况。相反，当表面能量很小，即液体没有很好地浸湿固体，气泡就只有在变得足够大（某些塑料质地的杯子需要超过一毫米）时才会脱离。就是说，美食家拒绝使用塑料高脚杯是有道理的，在精心挑选的酒杯中泡沫更细腻。

气泡理论检验

圣戈班集团的物理学家们采用了各种显微方法研究气泡的产生。与人们长期以来的看法相反，玻璃的斑点上不能形成气泡，因为玻璃上的条纹非常少见。相反，显微镜显示，气泡主要集中于钙沉积（即水垢）处，集中于抹布在玻璃表面留下的纤维质上。这说明什么问题？如果玻璃杯没有存放过，而是在无菌室中经处理后立刻装满香槟，它不会形成任何气泡！

不过，莱约戴和同事们证明，高能量表面很快就会被污染（普通酒杯只需几小时），上面会附着空气中的有机分子。厨房中有很多此类分子，只要用手指在炉灶上的花板上划一下就能证明这一点。因此，如果高脚杯长期置于不洁净的空气中，玻璃或晶体对塑料的天然优势就会大打折扣。例如，如果这种杯子长期放在木质架子上，就会散发出有机物的味道，闻起来像木头！

在普通玻璃杯中，气泡膨胀到足够大时会脱离，并会加速形成环状物，后者的高度取决于其数量和气泡的大小，但也取决于其稳定性。有些化合物能够影响环状物的稳定性，如口红生产商在口红中采用了抗泡沫制剂（目的是使用者的嘴唇上不致出现沫子），这种制剂对泡沫有损害作用，因此女士们在饮用第一口香槟时，唇上泡沫较少。这个效应很有戏剧性，您可以用一支口红接触香槟泡沫，娱乐一下。

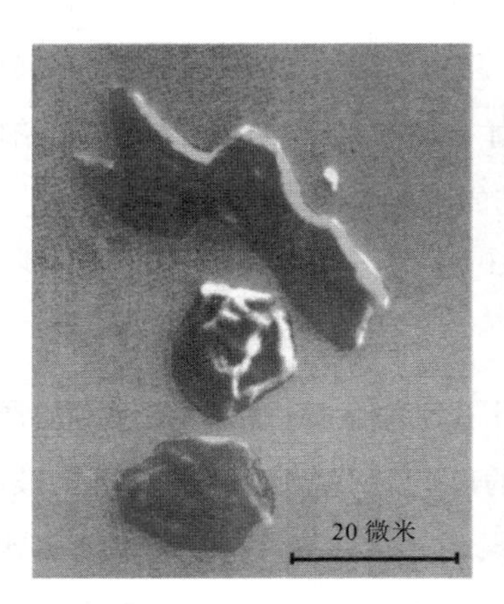

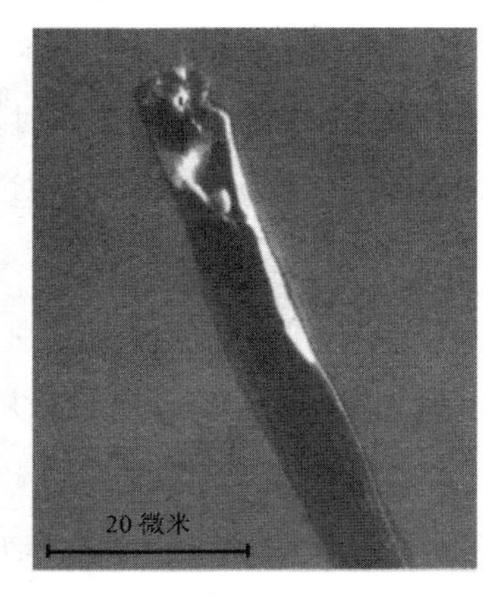

形成香槟气泡的两个主要位置：结晶体（左）和抹布擦拭后留下的纤维体（右）。

Moët et Chandon 集团的研究者发现，经常在洗碗机中冲洗的器具也有同样的反应。香槟倒入高脚杯后，吸附在杯子表面的物质会溶入香槟中。它们不会妨碍香槟起泡，但会损害泡沫的稳定性，一旦气泡到达表面就会破灭。洗涤剂也有损害，但影响较小，因为清洗过程中它们大部分流失了。

Entre le demi et le magnum

小瓶和大瓶之间

小瓶中的香槟更容易变陈。

容量约两升的大瓶香槟是主流，只有一升的小瓶香槟品质并不为顾客认可。这种看法有道理吗？平放储存的香槟会陈酿得更好，因为木塞会保持潮湿，密封性就会保持得更好。在香槟的葡萄酒跨专业研究中心（CIVC），米歇尔·瓦拉德（Michel Valade）、伊莎贝尔·特里博-索耶尔（Isabelle Tribaut-Sohier）和菲利克斯·博凯（Félix Bocquet）研究香槟储存的问题。他们的实验为酒瓶塞在葡萄酒变陈过程中的作用提供了新的理解。

与所有“平静的”葡萄酒不同，香槟是一种能产生泡沫的葡萄酒，普通葡萄酒如果出现气泡简直就是缺陷。那么，是什么产生了泡沫？为什么会这样？因为引入酒中的酵母会消耗糖，将二氧化碳释放到酒瓶封闭的空间中。二氧化碳溶于液体，当打开瓶塞时，它会冒出细泡。因此瓶塞是香槟的关键，因为是它将气体封闭在酒瓶中。

瓶塞的问题

长期以来，人们以为瓶塞是密封的。葡萄酒不是一直留在瓶中吗？酒是这样，气体却未必。酿酒师们知道，香槟酒瓶在酒变陈的过程中会丧失压力。放气现象促使专家们对瓶塞的作用进行更为细致的分析。在酿造过程中（直到美食家开启瓶塞之前），生产者会使用带有密封垫的瓶盖，而且应该在软木密封圈和塑料密封圈之间挑选。比较两种瓶塞技术，酿酒专家注意到，软木塞的渗透性不规则，正因为如此，每瓶酒并不是完全一样的。

合成材料密封垫规则性较好，但它能阻止气体渗透吗？品酒委员会已明确认定，采用这种密封垫的酒变化较慢。它们的熟果味道较淡，而这种味道通常与氧化有关。为什么会有氧化？氧气会通过瓶塞渗透进来吗？表面看来，瓶塞与酒体存在一定关系，这种关系能解释大瓶酒与小瓶酒之间的差别吗？

陈酒测试

品酒师们不久前已注意到这种差别，但还只是一种印象，而非证明。为研究酒瓶大小造成的不同，酿酒专家比较了在同样条件下存放在采用传统软木垫瓶塞的酒瓶中的同一种香槟。在经过一年的变陈后，研究者让品酒委员会来评判。大瓶里的酒总是比小瓶的酒更鲜嫩，小瓶里的酒变化更快。

上瓶塞时密封在瓶中的少量氧气与酒体有交换吗？没有，因为测量表明，密封的氧气或融入酒体的氧气完全被酵母消耗掉了，剩下来的只有氮和二氧化碳。

酒的演变能以透过瓶塞与空气的气体交换来解释吗？测量表明，酒变陈时，如果瓶的容量较小，通过瓶塞进入的氧气量的比例较高。对三种酒瓶而言，氧气量大致接近，但在小瓶中，与氧气反应的液体容量较小。虽然二氧化碳从瓶中逃逸不难理解，但如何理解氧气进入酒瓶呢？因为酒瓶外部的部分氧气压力（约占空气的 1/5）高于香槟中的部分压力（几乎为零）。

酒瓶的摆放

香槟酒瓶的摆放对酒质没什么影响，但对瓶塞有影响。当酒瓶竖着摆放时，瓶塞的机械性能保持较好。更准确地说，拔出瓶塞所需的力更大。瓶塞被拔出时呈现出蘑菇形状，这是因为酒在与瓶塞接触时会逐步渗入软木中，并改变其机械性能。

最后，葡萄酒跨专业研究中心考察了葡萄收获前月亮对提升果实含糖量的影响，因为曾有人怀疑有影响，但初步结果表明影响并不存在！

平放（左）与竖放（右）保存的酒瓶瓶塞。

Terroirs de whisky

威士忌的乡土环境

数据统计分析告诉人们如何品尝苏格兰威士忌。

苏格兰出产最好的威士忌！它在那里被称作苏格兰威士忌(scotch)，另外还有几个名字，如“单麦芽”——因为是以一次蒸馏后的发酵大麦制作的，“混合酒”——因为由品质不同的、可能出自好几个产地的烧酒混合而成。显然，单麦芽是行家们偏爱的别名，他们深入研究了威士忌的各种品质，如气味、色泽、醇度、口感和余味。

单麦芽的产地能决定酒的感官品质吗？如果是，能将苏格兰威士忌归结为出产类似饮品的地方的特产吗？为了回答这个问题，蒙特利尔大学的弗朗索瓦–约瑟夫·拉普安特（François-Joseph Lapointe）和皮埃尔·莱让德尔（Pierre Legendre）分析了品酒师迈克尔·杰克逊（Michael Jackson）给出的各种资料，为此杰克逊品尝和评判了苏格兰最有名的109个烧酒厂的330种“单麦芽”。

单麦芽的特色

资料的分析技术源自与单麦芽种类有关的信息。这种酒可以根据其特点（色泽、气味、口感、醇度和余味）来描述，每个特点都可以归为好几类。如气味可以分为芳香型、泥炭型、清淡型、温和型、清凉型、干涩型、果味型、草香型、咸味型、雪利型、香料型、醇厚型；醇度可以有软质、中性、充盈、丰满、蜂蜜、轻柔、刚健、肥厚……

如何把这么多单麦芽按相似性分门别类，从而确定其每类的共同产地呢？加拿大统计专家决定只考察一种蒸馏苏格兰威士忌，以此来分析这 109 种单麦芽。原文如此，似有出入！

为了使印象式评述定量化，研究者将每种印象视为一种特色，如果它与某种单麦芽对应，则后者得分为 1，没有则为 0。随后他们将统计资料归入一个表格中，横栏为人名，纵栏为特点。

接着他们将单麦芽两两组对，将两种酒都有的特点除以两种酒分别具有的特点的总数，然后用 1 减去所得出的数字。所得的这些数量差整体组成一个新模型，模型中每个个案的值表示分别与横栏和纵栏相连的威士忌的数量差。数量差越小，威士忌越接近。

剩下的就是归类了。研究者使用的等级分类形成某种渐进的区分，它将最相近的酒两两组对。组合被看作新的个体，并取代两个被组合的个体（新个体特点的模态是两个原个体的平均数）。可以这样组合下去，直到所有个体都集中于一个家族，于是得到了一种系统树图。为了进行不同的分区，研究者又根据某种基础数量差对系统树图作了某种“切割”。越是接近这个基础数量差，分类数量就越少。

分类研究

从单麦芽得出的系统树图区分为两大类：一类是丰满型威士忌，或干涩烟熏型威士忌；另一类是琥珀色芳香饮料，质地较清淡，入口绵软且带有水果余香。第一类共有69种个体，再细分为琥珀型、肉汁型、果香型、肥厚型和香料型苏格兰威士忌，而另一类饮料则是镀金色，质地柔和清淡，有草香余味。离这个基准越远，分组就越小。

让我们回到地区构成上。苏格兰分成三大威士忌产区：高地地区、低地地区和艾雷岛。这三个地区又分成13个区域。研究者列出了一个新表，将这109种威士忌插入横栏和纵栏中。如果与i和j对应的威士忌出自同一区域，则横栏纵栏相交处数字为0，反之则为1。

如果将这个模型与产生系统树图的模型作对比，会发现地区产地分类与系统树图得出的6或12个分类有对应关系。

更奇妙的是，这种分类所采取的分析法还证明，水、土壤、区域小气候、气温和一般环境，都是决定单麦芽特色的要素。酿造者的秘方和传统只能造成较小的差别。

最后，加拿大统计专家还研究了五种特征之间的关系。他们的答案很明确：气味、色泽、醇度和口感并非独立的特征。

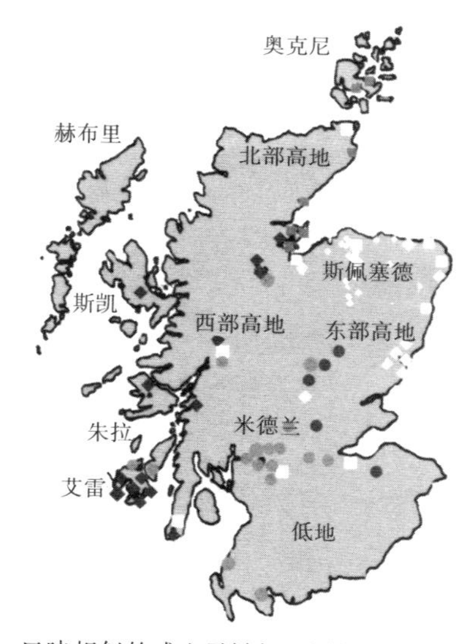

口味相似的威士忌被标以同样的标记。

苏格兰威士忌的色彩与气味和醇度有关。气味与口感有关，较小程度上也与醇度有关。而余味，即饮完之后留在口中的感觉，与气味、色泽、口感和醇度都无关系，因此有一种品酒方法值得商榷：在对色泽、气味、醇度和口感评判之后再吐出口中的饮料，因为此法忽视了一个基本参数。

La cartagène

卡达任酒

当香味压倒酒精味。

朗格多克的特产卡达任酒，其传统做法是将烧酒加入未经发酵的新鲜葡萄汁中，从未获得如夏朗德的黑诗宁酒或者其他类似饮品的声誉。卡达任酒的生产者一直努力争取获得“地方优质特产”的称号。这就要求产品应接受鉴定，应对它有全面的了解并使其标准化。应生产者的要求，佩什鲁日-纳尔榜农业研究所的让-克劳德·布莱（Jean-Claude Boulet）和同事们对酿酒用的葡萄和酿造条件进行了研究。

在这类酒精葡萄酒饮品中，葡萄汁的发酵因为加入了烧酒而受到抑制（烧酒量约占 1/4，卡达任的酒名也由此而来）。因为较高的酒精浓度（最低为 16 度）能抑制微生物的繁殖，而这些微生物通常是葡萄汁的酒精发酵所必须的。

但新酿的酒精葡萄酒烧酒味道太浓，好似是饮用纯白酒。为了使口感更适宜，生产者设法使多元酚、丹宁和在压榨后短暂的浸泡过程中分离出的其他分子发生缓慢而有限的氧化（所谓多元酚就是包含多个苯群的分子，苯群中的多个碳原子与乙醇相连，后者由一个氧原子和一个氢原子构成）。氧化类似于让丹宁“溶于”葡萄酒的过程，它的产生是因为酿酒槽中总会有少量氧气。

为了研究卡达任的氧化，农业研究所的酿酒专家们在实验用酒窖里制作卡达任，他们采用三种红葡萄：西拉（syrah），葛海娜（grenache）和神索（cinsaut）。制作过程有细致的监控措施，其步骤如下：将摘来的葡萄常温下在果汁中浸泡 4 小时，压榨，滗清，温度为 5℃下澄清 2—3 天，加入优质白酒，储存 1 个月，再滗清，然后在不锈钢酒槽中酿制，或用含干邑白酒的橡木槽酿制。这些器皿可以不用进行二氧化硫处理，就是说不用加入二氧化硫，平常人们利用这种化合物的抗氧化性来杀灭葡萄酒中的微生物。这些器皿能产生趋肤浸泡效应，从而提取更多的芳香分子和多元酚分子。另一些由朗格多克葡萄农酿制的卡达任用的是布尔布兰白葡萄或阿里坎特红葡萄，它们是实验生产的卡达任的对照品。

有益的陈化处理

产出的卡达任经过了物理和化学分析，并在不同的酿造期接受品酒委员会的检验。最初某些分子的氧化很明显。用白葡萄酿造的卡达任呈白色，以红葡萄酿造的呈红色，因此色泽是逐步统一化的。另外，化学分析表明，多元酚和丹宁含量比酿酒槽中稍微高一点。虽然使用了含有烧酒的旧酒桶，卡达任和木头之间还发生了交换，而木头则释放各种多元酚。

测试期间，品酒师对多元酚浓度不太敏感。相反，它们对新酿卡达任和陈酒卡达任之间的差别却很敏感。在酿造仅半年的卡达任中，西拉品出了果味，且带有漂亮的红色，但没有氧化特征；葛海娜和神索酿制的卡达任色泽较浅，香味很淡。不同的酿制方法并没有造成明显的差异。在上述三种情形下，酒精浓度都较高，甚至有刺激性。酿制15个月后，以神索为原料、在酒槽和酒桶中酿制的不同卡达任没有出现什么差异，以葛海娜葡萄酿制的酒差异也很小，但用西拉葡萄酿造的酒出现了较大的差异。另外，所有卡达任都出现了有利的氧化。

品酒委员会的结论真实可信吗？纳尔榜的生物化学家们对此进行了核实，他们发现委员会成员给出的答案具有一致性，而且品酒委员会成员分为三组，分别是农业研究所的成员和非卡达任专家，生产者代表，以及给出非典型答案的个人。排除最后一组“糟糕的”品酒

一年酿造期过后，卡达任的色泽和口味既取决于多元酚的氧化，也取决于葡萄种类。由上到下的排列是：白葡萄、葛海娜或神索葡萄、西拉和阿里坎特葡萄酿制的卡达任。

者，剩余的人重新进行了一次品酒，这一次选用的卡达任较清新。结果再次得到确认，不过在酒槽和酒桶中酿制的、酒龄相同的卡达任没有让人感到任何差别。

因此，西拉葡萄似乎比其他葡萄能更快地产生带迷人果味的卡达任，葛海娜和神索酿制的卡达任只有通过多元酚和其他可氧化分子的缓慢氧化，才能获得其独特性，但在香味上也不能超越西拉酿制的卡达任。三种情形都需要至少一年的酿制期。期待更长的酿制期吗？这样会增加制造成本，但它或许能改进产品质量？

Le thé

茶

茶表面的白膜到化学研究。

很多食材包含具有“亲疏”两重性的分子，即一部分能够溶于水，而另一部分无法溶于水，导致很多菜肴和饮料中经常会出现泡沫，比如搅打成雪状的蛋白，还有香槟、啤酒、奶油等等……有时，厨师像要泡沫出现，就要避免抗泡沫剂的干扰，防止蛋黄落入起沫的蛋白中，因为蛋黄中的油脂分子会与蛋白的蛋白质疏水成分结合，蛋白质因而不能与空气接触以稳定水和空气之间的界面。同样，喜爱香槟泡沫的妇女也注意不要涂口红，很多口红包含抗泡沫分子。在另一些情形下，则要避免出现泡沫，比如在制作杏子果酱的过程中就需要随时去除泡沫，这些泡沫是将融化的黄油抹在果酱表面上时出现的。

薄膜让美食爱好者不安

一些英国化学家极爱喝茶，他们对出现在杯中茶表面的亮白薄层很感兴趣，认为这是一个被水的硬度抑制了的泡沫现象。当水质较硬时，即水中含有硫酸钙和氯化镁等盐时，肥皂不会出现泡沫……但他们对另一个现象的发现感到吃惊，并在《自然》杂志上介绍了这个现象。

人们在茶壶或茶杯中看到的膜是一种形状不规则的膜片，似乎是表面污垢。伦敦帝国理工学院化学实验室的迈克尔·斯皮罗（Michael Spiro）和迪奥格拉休斯·雅佳尼尔（Deogratius Jaganyl）发明了一种收集更大表面膜状物（茶表面太小）的方法，并对该物质做了定量研究。

扫描电子显微镜对膜状物的观察（见下页图）表明，其表面有明亮的小微粒：这是碳酸钙。微分子化学分析确认了钙、镁、锰和其他金属的存在，部分是伦敦的水质造成的，部分则是来自茶叶本身，但这些金属可以用盐酸处理掉。其他的有机物在所有测试用溶媒中都不能溶解，但可溶于浓缩原料中。光谱测定表明，这些残留物有各种分子构成，将近有一千种。斯皮罗和雅佳尼尔还研究了膜状物形成的速度，办法是将台风黑茶浸入80℃的恒温水中，并对实验进行计时观测：在浸入之后，研究者取出茶叶小袋，这时水表出现沫子，接着他们观测了膜状物的形成过程。他们注意到，膜状物的形成耗时几个小时，它们的数量在第一个小时内随时间流逝而上升，四个小时后，较厚的膜状物总量的形成与容器表面积成正比。

膜状物形成的速度取决于茶上面的空气，纯氧气体中出现的膜状物多于普通空气或氮气条件下出现的膜状物。很显然，膜状物是因为溶于茶的物质的氧化造成的，这样的物质有多元酚（茶的苦味就是由这些分子造成的）。

英国化学家在蒸馏水泡制的茶表面没有发现这种膜，加入氯化钙的蒸馏水中也没有这种膜，看来只有水中同时含有钙（或镁）与重碳酸离子时，膜才会出现。当以乙二胺四醋酸之类的络合物来络合钙离子，或对茶进行酸化处理后，同样不会出现膜状物。从这个事实来看，柠檬茶表面应该不会产生膜，因为其酸性比天然茶要高，而且其钙离子被柠檬盐酸离子络合。同样，特别浓的茶膜会比较少，因为大量的多元酚会使酸性升高。相反，加入牛奶会使膜大量增多，而且会提高泡茶的温度。

膜中含有的络合有机化合物，是溶于茶（其中含有钙离子和重酸碳离子）的化合物氧化后形成的，这个过程看来与酶氧化现象类似，茶叶生产商会利用这个现象将绿茶变为黑茶。今后的研究能证实这个推测吗？

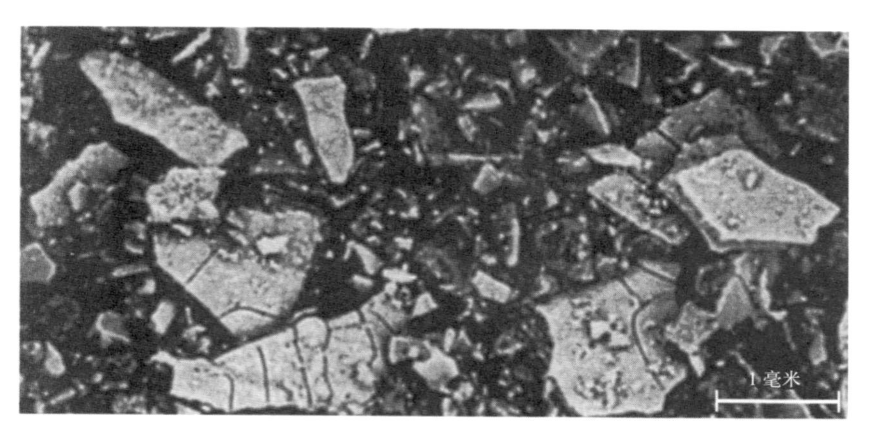

扫描电子显微镜下观察到的茶表面的膜状物。白色小亮点为碳酸钙。

第四部

烹饪的未来

Une cuisine pour demain

Le vide en cuisine

烹饪中的真空

如何利用烹饪中的真空。

如今的厨师们仍然像中世纪时那样过滤。他们将材料放进小漏斗里，借助捣具或者长柄汤勺来压榨，以尽可能多地榨取液体。这种操作的效率自然受到了漏斗网眼的尺寸的限制。那么能否对这种有千年历史的操作方法进行革新呢？来自化学实验室的器材或许会有所助益，它们也带来了有趣的烹饪创新。

过滤，实验室的专长

关于肉汤，问题比较棘手：怎样才能使混浊的液体变得清澈呢？按照传统做法，大厨们会将其提炼：在冷汤中，加入一些蛋白，搅拌，然后缓慢加热，使蛋白逐渐凝结，使固体的微粒积聚浮出。最后用垫了滤布的小漏斗过滤，完成整个提炼过程。

这种操作方法并不尽如人意，因为它会使汤的美味打折。其实，为了补救丢失了味道的肉汤，提炼肉汤的大厨们在加入蛋白的同时，还会加入切成小块的蔬菜和鲜肉。真是代价巨大的工程！为了烹制一锅好汤，辛辛苦苦花上好几个小时，然后再把丢失的部分补回来。

对于化学家来说，过滤是每日必做之事，针对不同情况，他们早就借助相应的器械解决了问题。在那些主要的实验器材供货商们当中，随便哪位手上的产品目录里就有超过40页的此类仪器。其中最常用的，是一种有均匀细孔的烧结玻璃漏斗（它不会像滤纸漏斗一样破漏）。人们将需过滤的物质放在这种漏斗里，将它安装在一个圆锥形的长颈瓶上，瓶中用喷水泵（一种价格不贵可以轻松接在水龙头上的仪器）抽成真空。

我们和斯特拉斯堡Buerehiesel餐厅的大厨安托万·韦斯特曼（Antoine Westermann）一道，用这种仪器对番茄清汤进行了测试，他试图得到完全清澈的汤。最初的做法是在加入了蛋白的水中烹制番茄，经过半个小时的慢慢熬制之后，再用垫了滤布的漏斗滤出金黄色的液体。而实验仪器可以得到更高的清澈度和更棒的口味。家用电器制造商何时才能大批投入这种价格不贵的仪器的生产呢？他们只需提高实验器材的过滤能力并将玻璃结构换成耐损耗的金属。

借着这现代化的势头，我们展望一下真空泵在烹饪中的用途。在牛津大学，尼科拉斯·库尔蒂曾设想制造出一种新式的烤蛋白饼。传统的方法是在打成泡沫状的蛋白中加入白糖，然后用小火将制成的配料进行烹饪。蛋白质的凝结会使蛋白泡沫的蜂窝结构得以保留，而随着水分的缓慢蒸发，糖分会呈现出玻璃熔浆状。库尔蒂的想法是将配料存放在真空中，替代加热。水分蒸发的同时，气泡中最初存在的空气膨胀会使蛋白饼大大地鼓起来。最终得到的点心很轻薄……就像是一枚由风凝结而成的水晶。

从烤蛋白饼到蛋奶酥

它展示了如何在烹饪中利用真空的经验，从烹调水准来看并不完全令人满意，因为真空中制出的蛋白饼嚼劲不足。怎么样既保持强劲的膨胀又有筋道的口感呢？这就需要选用比烤蛋白饼中的气泡壁更厚的配料。蛋奶酥和泡芙都是厨师们绞尽脑汁想要使之充分膨胀的。

这种情况之下，真空发挥了什么用处呢？当用泵抽出空气时，放置在抽成真空的钟形罩里的蛋奶酥配料大大隆起，因为配料中存在的气泡发生了膨胀。但重新送入气压后，鼓起来的面团又会塌下去。为了保持膨胀，需要在鼓起的状态之下进行烹制，比如借助缠绕在钟罩里的蛋奶酥模具上的热电阻丝。烹

上置烧结玻璃过滤器的真空烧瓶。

调过程令蛋白质凝结并使气泡中充满水蒸气，使蛋奶酥在送入气压时得以保持其结构。

这就是真空的几个妙用。毫无疑问，如果允许充满创意的厨师们用现代方法进行料理，他们还会发现其他用处。

Arômes ou réactions

香气或化学反应?

化学家们鉴定出了两种赋予食物滋味的方法。

东西要有它本来的味道，美食家库尔农斯基在20世纪上半叶如是说。当今的厨界人士在谈到味道的“本真”时，曾多次借用这句名言。但这句话是否恰如其分呢？厨师的角色难道不是在烹调中对食物进行改造吗？

如果目的是获得一些特殊的味道，如何让这些味道在菜肴中相辅相成？要么添加香料，要么制造化学反应，使其本身组合成香料。

在食品加工业中施行的最简单的技术，是使用带香料的配料、自然提取物或者分子合成溶液。它们在烹饪中的用法很简单（在菜肴中倒上几滴），但是要合成它们需要“大鼻子”们助阵——这些艺术家擅长将各色香精分子溶液合成在一起，重新组合成人们熟悉的味道：草莓味，姜味，迷迭香味……

厨师们不会任由“大鼻子”们所取代，因为较之工业合成的百里香或迷迭香（“大鼻子”们通常收集不了与存在于自然产物数量相同的香料分子），自然香料（烩杂蔬中使用的真正的百里香和真正的迷迭香）的使用往往会得到更醇厚，显然也更变化多端的香味。

那是否因此就该排挤工业香料呢？这或许就失去了一次丰富美味的机会。为什么不用乙醇加深橄榄油的“绿调”呢？为什么不在一道肉菜里面加入 1- 辛烯 -3- 醇，使之带有蘑菇或是灌木（注意剂量，浓度过高的话，同样的成分会散发霉味）的味道呢？为什么不用 β-紫罗酮来给甜点增加点紫罗兰的味道呢，毕竟花朵本身的芳泽是如此难求。

另一方面，要添加滋味，而非香味，厨师会使用谷氨酸钠或类似的分子，调出一种叫作“鲜味”的味道，这种味道也可以由洋葱或番茄提供。他可以使用甘草或甘草酸，这会带来特殊的味道，不咸，不甜，不酸，不苦。

火候的高阶用法

厨艺的进步仅仅局限于调配香料的未来吗，更现代点儿的，类似添加香草或香料？当然不是。厨师很清楚，烹饪改造了菜品的口味。火是厨师分不开的助手，而化学可以帮助他使用火。

比如，改变用来加热的糖的种类，可以轻松改变焦糖的口味。我们就是如此烹调出了葡萄糖焦糖，果糖焦糖，或者其他更普遍的，像蔗糖（餐桌上吃的糖）。任何人都可能有此体验，这些蔗糖可能已经被用于烹饪了。

经验建立在厨师们一个似乎荒谬的发现之上，在准备酱汁时，他们在平底锅里放入切好的冬葱和白葡萄酒，收汁。然而，某些白葡萄酒在锅中一点残液也留不下。为什么？因为它们缺少葡萄糖、甘油和很多其他成分。实践得出的结论：如果葡萄酒有过度蒸发的可能，我们就在收汁前加入葡萄糖……我们将会得到对收汁后的酒味有所助益的葡萄糖蔗糖。

收汁的悖论

尽管有此法帮忙，这样的收汁仍显不妥。为什么要将葡萄酒中的香味分子精华蒸发掉呢？同样的问题也出现在厨师们加热肉汤使之浓缩成底汁的时候。假如浓缩会去除香味分子，为什么底汁仍然很可口，香喷喷的呢？

来自于芬美意公司的安东尼·布雷克（Antony Blake）和弗朗索瓦·本兹 (François Benzi)，用层析法比较了浓缩了 3/4 又掺水恢复原始分量的汤和未经加工的同样的汤。浓缩物中的某些芳香化合物确实减少了，但是加热产生的化学反应生成了一些其他化合物，构成了汤汁多种成分中的一部分。剩下的就是鉴定这些用以改善——谁知道呢？——底汁制作的化学反应了。

谈烹饪中的化学

化学的可能性是无穷无尽的，在我们的厨房储物架上有一大堆几乎是纯净物的产品，如氯化钠，蔗糖，三酸甘油酯（在油里），乙醇，醋酸，等等；而且，在书架上，那些化学著作详尽地描述了分子的化学反应。我们今天为什么不能来做个总结呢？

发生于胺酸和糖之间，被称为“美拉德反应”的化学反应，生成了美味的棕色的化合物，常见于烤肉和面包的皮，咖啡或巧克力的香气……但是化学家们知道这种反应会因反应介质的酸度而变得不同。有一天我们在把家禽的胸脯肉放上烤架之前，先将其浸入醋或者碳酸氢钠里，会创造出新的口味吗？要重新找到口味合适的酸度，化学反应一旦发生，就得用碳酸氢盐中和酸性物，或者相反……

Le beurre, un faux solide

黄油，伪装的固体

怎样使之变得便于涂抹?

黄油是一种奇怪的固体，把它从冰箱里拿出来之后，有时需要等个一刻钟才能让它比较容易涂抹面包。为什么呢？怎样能避免这种等待呢？能否制造出一种一从冰箱里拿出来就能抹面包的黄油呢？

这个问题在1988年就提出了。法规给予了那些乳脂肪中小水滴扩散形成的产品以黄油的名称，就像针对黄油的做法一样，只要这些产品是以物理方法进行区分的。人们也可以设想出售不同档次的黄油，它们由最初从黄油分离出来的不同部分混合而成。

怎样分离这些不同成分？怎样将它们重新化合？1992年，奶制品企业Arilait的研究小组委派了多个实验室，进行分析乳脂肪和鉴定可涂抹面包的黄油的组成规律。研究进行得很艰难，因为构成乳脂肪的分子多种多样，并且是“多晶型”的。根据先前不同的处理方式，每一种分子有多种结晶方式，而晶体要静止很长时间才能得到化学平衡的形态。

在乳中，脂肪以分散在水中的小水滴的形态呈现。每一颗水滴，直径几微米，被酪蛋白的胶体分子团所包裹，每一颗胶粒都是多种蛋白质的集合体，由磷酸钙结合在一起。香味分子溶解在水滴状脂肪中，而多种分子（维生素、糖，比如乳糖、矿物质盐、蛋白质）溶解于水。

由 Arilait 赞助的团队首先对脂肪进行了研究，其构成甚至会随季节更替而改变。然而，统一不变的是乳脂肪基本为三酸甘油酯分子，它是由一个甘油分子和与之相连的三个脂肪酸分子构成的。乳包含了超过500种不同的脂肪酸。由于每个脂肪酸分子都可以与任何甘油分子的碳原子相结合，可能存在的三酸甘油酯的数量超过数千种。

奇特的黄油的聚变

这种多样性导致的最突出的结果之一，就是黄油在聚变时发生的奇特现象——纯净化合物在固定温度发生聚变，比如水（零度）。与之相反，黄油的聚变从零下50℃开始，至40℃左右止。乳类中不同的三酸甘油酯分子以均质化学族为单位，主要分三个步骤发生聚变：从-50℃到10℃，人们观察到分子的聚变中，脂肪酸很短小或者在碳原子之间具有一些双重化学键；之后，在10℃到20℃之间，轮到了只具有一个双重化学键或者一个短碳原子链的分子；在20℃到40℃之间，分子聚变中三个脂肪酸分子达到饱和（只和碳原子之间的单化学键一起发生）。

物理化学家们更多地是对聚变的相反现象进行了研究——聚变后的黄油的结晶。为了将不同的部分分开，人们进行了“部分化结晶”，将融化的黄油缓慢冷却，然后将同一温度下出现的晶体分离出来，所有晶体包含相同的分子。

新的黄油

按此种方法，研究人员将各部分分离并进行鉴定，弗雷德里克·拉维尼（Frédéric Lavigne），米歇尔·奥利翁（Michel Ollivon）和同事们当时寻找着一种方法，一种刚从冰箱里拿出来就能涂抹面包的黄油混合物的组成方法：他们推行的是，将高聚变温度下的三酸甘油酯分子（它们在常温下会保持固体形态），和一定比例的低聚变温度下的三酸甘油酯分子（它们在常温下呈液态），混合在一起。

这样，人们得到了一种看起来是固体的化合物，像典型的黄油一样，包含一定比例的液态分子（甚至在乳中，脂肪"滴"一部分是固体：固体的比例在 4℃时达到 70%，但在 30℃时只达到 10%）。低聚变温度分子成分的加入使涂抹面包变得更为容易。接近高聚变温度的部分使用在面点（它仍属于黄油的范畴，因为规定如此），尤其是千层酥的制作中。

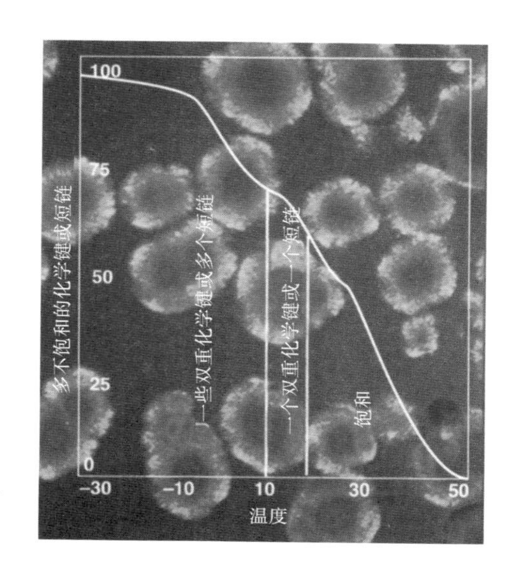

乳脂肪的不同分子主要以三个步骤结晶。

为什么一个包含了液体的固态物仍然看起来像个固体？因为晶体碰到一起时会相互交错。用刀刮一下，黄油看起来变柔软了，这并不是因为它被加热了，而是因为晶体被分离了。

如何将这一发现运用在烹饪中呢？我建议您试验一下部分化结晶。将黄油融化，回收逐渐形成的固体部分，就像物理化学家所做的那样。您将有可能通过混合，组合您自己的黄油，并且得到随心烹饪的成分。

Mousses de foie

肝脏慕斯

其味道取决于其构造。

食品加工业致力于使产品更清淡，减少其脂肪含量，提高水分，又不破坏其口味。即使是以高脂肪构成著称的肝脏慕斯，也脱离不了这个趋势。在南特，米歇尔·拉罗什（Michel Laroche）和他的法国农业研究所食品分子相互作用研究实验室的同事们一道，对加入了大量淀粉的肝脏慕斯进行了研究，以测定此类产品脂肪量可以减轻的最大程度。他们采取的物理化学方法和感官分析揭示，掺入淀粉的肝脏慕斯的减脂限度，主要取决于最终的“肝脏浆汁”，对脂肪的感受不取决于被替代的脂肪含量，而对香味的感知直接取决于构造。

肝脏慕斯的减脂是很棘手的问题，因为人们试图保持它易涂抹面包的特性，这种特性，在传统的慕斯中，似乎取决于脂肪的高含量（甚至达到 50%）。1985 年，在南特，勒内·古特方热（Réné Goutefongea）

和让–保罗·塞缪尔（Jean-Paul Semur）曾经展示过如何通过在肝脏慕斯中添加水胶——即长分子在水中的扩散物——来保持这种可涂抹性。最近的实验测试了用产自法国的植物性小蚕豆淀粉浆来部分或全部替代脂肪的办法，最初的研究引起了人们的兴趣。

在按照传统做法以捣碎的猪肝、蛋白、乳清、明胶、亚硝酸盐、盐、胡椒、洋葱、冬葱和干邑白兰地酒制成的肝脏慕斯中，南特的研究者们在第一系列的产品中，将多种比例的脂肪替换成了15%的小蚕豆淀粉浆，在第二系列产品中，用一定量的不同浓度的淀粉浆进行替换（这样减脂量为50%，但淀粉的比例是不同的）。这些配料同当地市场买来的产品进行了对比。

不同的操作方法使这些不同的慕斯各具特色，有10位受过训练的品尝者接受了试吃。在一个不太明亮的红房间里，品尝者们将对肝脏浆汁——代表了样品的口感度，对脂肪的感觉，粒状结构——代表了颗粒感，以及香味的浓度进行评鉴。最终他们要按喜好给出一个总体的打分。

首先是肝脏浆汁，它在第一系列的替换产品中的得分随着淀粉含量增长，而在第二系列产品中随之减少。粒状结构似乎并不随着淀粉含量而变化，可能除非在含量很高的时候。在不同脂肪含量的产品系列中，对脂肪的感觉看起来与脂肪的实际含量没有关联，相反在第二系列产品中，它随着淀粉含量增加而减弱。对香味的感知具有相似的变化性，它在第一系列中不发生变化，而在第二系列中随着淀粉含量而减弱。

四种感官量值紧密相连，而肝脏浆汁和香味感知之间的联系是最值得关注的。在第二系列中，淀粉含量的增加与肝脏浆汁和香味感知的减少相符。芳香化合物被淀粉，或是水吸附了吗？这些猜想被第一系列中得到的结果所证实，其中淀粉含量的增加，与产品水分和肝脏浆汁的大量增加是相辅相成的。

既然产品的组成无法解释肝脏浆汁与香味的关系，似乎肝脏浆汁的增加——这使其更好嚼烂——加强了对香味的感知，或者，当构造不成比例时，品尝者很难感知到受测慕斯中其他品级成分。

当肝脏浆汁是令人满意的，按重要程度排序，得分是和肝脏浆汁、脂肪感知度、香味和粒状结构密切相关的，而且四种被研究的感官参数，与水化程度和机械阻力紧密相关。哪种淀粉浆比例是最终令人满意的呢？如果使用的是占水分 15% 的淀粉浆，可以替换 2/3 的脂肪，而不会影响满意度。当替换率更高时，产品会过稀。

这些研究测定了三个现象。首先，肝脏浆汁是最令人满意的量值，它的影响是首当其冲的；第二，对脂肪的感觉与被替换的脂肪量无关；第三，对产品香味的感知取决于它的构造。最后一个结果，可以与帕特里克·埃提耶旺（Patrick Étiévant）和他在法国农业研究所第戎分所的同事们在 1990 年取得的结果相对照：在草莓酱中加入果胶，也会降低香味的品质。

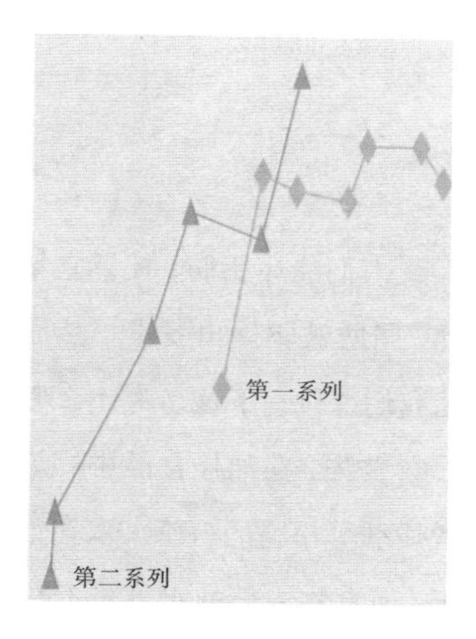

香味的品质取决于质地。

Éloge de la graisse

脂肪的赞歌

尽管脂肪是人体组织中的多余部分，但在烹饪中是必不可少的。

人们痛斥脂肪，控诉它堵塞了动脉，无法再容忍它带来的肥胖，因此，脂肪被驱逐出餐桌。然而脂肪却是厨师们必不可少的助手。那么，让我们探讨一下这是为什么吧。

首先，在油炸食品中，高达200℃甚至更高的温度赋予了炸薯条或者炸糕等松脆的口感。水在如此高温之下沸腾，油炸物表面的水分被烘干，而食物内部的水分来不及和外界接触，由此形成的外皮便拥有了松脆之感。人们在将所炸之物放入高温加热的炉子里时，不能避免其浸泡在油中吗？这也许很困难。布里斯托尔和南特的化学家们曾经论证过，脂肪会参与一种发生在糖和酸性物之间的化学反应，它被称为“美拉德”。反应生成的物质在有无脂肪参与时是不同的，并且油炸食物表面那层被炸成棕色的部分的好味道，恰好就是由于脂肪的参与。这样，用薄片肥肉包鹌鹑来烤的行为就得到了合理解释。

还有烧烤，也许用水质的卤汁淋浇肉类是个错误，它都流到了滴油盘里。水构成了卤汁的主要成分，它会使脆皮变软（我们已经看到了，脆皮是水分被蒸发掉之后形成的外皮），这似乎是和要达到的目的背道而驰的。结论如下：脂肪还是有必要的（一个带沉淀功能的滴油盘也许是理想的，可以将融化的脂肪回收，同时去除水分）。

从烤肉到乳化液

无论油或黄油，脂肪对于各种乳化液中也是不可或缺的，如蛋黄酱、蛋黄酱调味汁、荷兰酱、奶油酱或其他以黄油或奶油为基底打成的酱汁。这些乳化液几乎只有脂肪物质，酱汁的"勾芡"就是脂肪液滴在水中堆积而成的结果。只有当脂肪液滴相互之间足够紧密时，它们才没有可移动的空间，酱汁才很难流失。

然而，能不能牺牲脂肪的比例，增加水的比例呢？可以使用电子搅拌器而不是叉子，将滴状脂肪物质打得更散、数量更多，但结果很有限。也可以走捷径，比如使用芡粉或者胶凝剂，但是很难达到借助混悬液（比如膨胀的淀粉颗粒）或者浓缩溶液（当把水胶溶解在水里时围绕在大量水分子周围的分子）达到的效果。

在一项实验的基础上，最后让我们将一个小缺点转化为优点。为什么黄油在冰箱里会发出异味？因为大量的香味分子是溶于脂肪的。香水制造商利用这种可溶性来提取最娇弱的花朵中的香气。他们将刚采摘的花朵放在中性脂肪上，过几个小时将花朵扔掉，将脂肪融掉，以回收溶解在其中的香味分子，这就是花香的提取工艺。在冰箱里，黄油就相当于花香提取法中的脂肪，正如由可可油构成的巧克力，或奶油。

香味的分离

这种特性可以更加系统地运用在烹饪中。比如，在芳香植物中加工奶酪，使香气缓慢地溶解在奶酪的脂肪物质中。或者将这个著名料理法的原理运用在鼠尾草身上，这种方法在意大利被广泛用来和面：用黄油烹制鼠尾草叶的时候，热量使鼠尾草的细胞爆裂，释放出香味分子，并溶解在融化的黄油中。

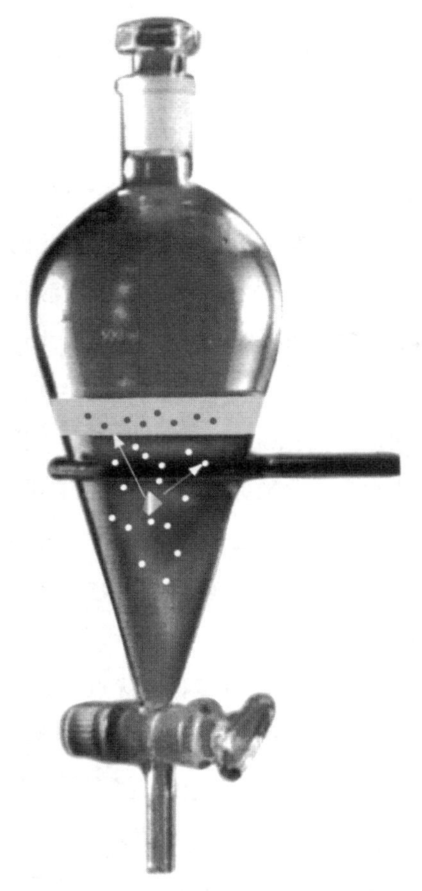

在分液漏斗中，香味分子分离为两种不相溶的液体。

由于并不是所有的香味分子都溶于脂肪，是否存在一种更有效的发挥芳香物作用的料理方法呢？我建议您再次使用化学家们用来分离混合物的分液漏斗。在分液漏斗中，倒入油和水，然后加入芳香食物，比如牛肝菌块。通过摇晃分液漏斗，疏水的香味分子溶解在油里，而亲水的香味分子溶解在水里。

由于在两种溶剂中，香味分子是不同的，这样人们就在一种味道的基础上创造出了两种。如果我们没有分液漏斗，可以简单地使用一个密封的广口瓶。同样在其中倒入油和水，当香味分子将要溶解时，缓缓将上层油脂层倒入另一个容器中，同时保留底部的水质层。

这些添加了香味的溶剂用来做什么呢？如果您之前是用掺了水的蛋白来调配牛肝菌香汁，您以后可以在其中倒入添加了牛肝菌香味的油，同时搅拌：鸡蛋的蛋白质就会成为表面活性分子，您会得到……一份牛肝菌蛋黄酱。

Les mayonnaises

蛋黄酱

或在水中混入油的艺术。

蛋黄酱是一种出色的酱汁：面对油和水的不相溶性，厨师巧妙地利用蛋黄将二者混合在了一起。让我们保留蛋黄酱的精髓，来制作一些花样，充实厨房的储库吧。

当把油加入醋和蛋黄的混合物中时，会发生什么？在肉眼下，配料是均匀的，但是显微镜显示，混合并不充分。大颗的油滴在醋提供的少量水分中扩散，水分来自芥末——如果加入了芥末（芥末酱本身是以醋为基础配制的）——和蛋黄。如果油不漂浮而是发生乳化，那是因为蛋黄中极易溶于水和极易溶于油的“表面活性”分子包裹住了油滴，极易溶于水的部分位于水中，极易溶于油的部分位于油中。

在显微镜下，人们看不到这些表面活性分子，它们分散在油滴周围，阻碍了聚合的发生。人们也看不到醋和盐，两者扮演了重要的角色。

它们令蛋黄中的表面活性分子保证了油滴的电斥力，因此使得酱汁保持稳定。

用一个蛋黄可以配置多少蛋黄酱呢？由于油被认为是过量的——这是最不缺少的基底——这里存在着两个限制：给油滴提供活动场地的水的分量，以及表面活性分子的分量。简单计算表明，如果水的分量充足，一个蛋黄的表面活性分子足以配制好几升的酱汁。那么为什么用将近一大碗水和一个蛋黄配制的蛋黄酱还会失败呢？因为水的分量会逐渐变得不够用。当油滴紧密到难以移动时，蛋黄酱会变得坚硬起来。在这个阶段，为了避免酱汁变质，就要在继续加入油之前加入水。至于制作家庭用蛋黄酱，您只需用一滴蛋黄就足够包裹您的酱汁的所有油滴了。

不加蛋黄的蛋黄酱

更了不起的是不加蛋黄的蛋黄酱！明白了蛋黄酱是一种乳化液，即一种油滴在水中的扩散作用物，就能以变化配料为乐了。首先以替换表面活性分子作为开场。这种分子在食物中很常见，尤其当人们打蛋白时，会将其打成泡沫，这是因为它们是一种表面活性蛋白质的溶液，这些表面活性蛋白质会将气泡裹起来。

这样，让我们在蛋白中加入一滴醋，少许盐，少许胡椒，先缓速再快速地加入油，同时加以搅拌，细小的泡沫开始形成，之后泡沫消失，而油恰如在蛋黄酱中一样被吸收了。在加入大量油之后，就得到了没有蛋黄的蛋黄酱。传统，你在哪儿？

不加鸡蛋的蛋黄酱？

让我们继续探索完全不用鸡蛋的表面活性分子来配制蛋黄酱的特

殊理由。为什么不试一下明胶呢？在厨师们的实践经验中，明胶的表面活性是为人熟知的，它可以用来制作某些热的酱汁。让我们融化一块厚厚的胶冻，在其中加少许醋，少许其中缺少的盐，少许胡椒，加入油的同时进行搅拌。油再一次很好地被吸收了，并形成了显微镜所显示的那种乳化液。

它称得上蛋黄酱这个名字吗？要回答这个问题，就得知道这种酱汁到底为何物。如果这是一种水油混合的凉乳化液，那么三种配料都是蛋黄酱。如果生蛋黄的味道很重要，那么只有传统的蛋黄酱才称得上蛋黄酱其名。

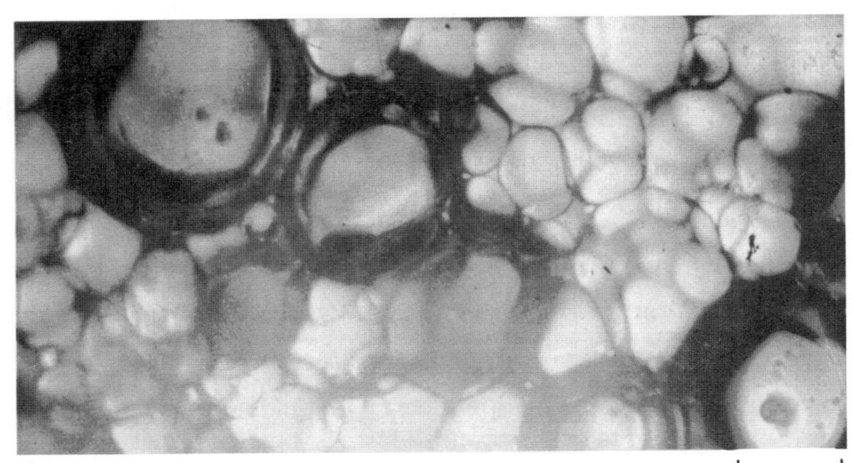

“不加蛋黄的蛋黄酱”，通过将油加入放了醋、盐和胡椒的蛋白中，然后搅打而成。众多气泡构成了乳化液，也就是说油均匀散布到了蛋白的水分中。

然而，我们要注意的是“名副其实”的蛋黄酱的配方也是变化多端的。19世纪的“厨界拿破仑”，伟大的安托南·卡雷姆（Antonin Carême）制作的蛋黄酱不用芥末，但使用木勺加入艾克斯省产的橄榄油，而其他厨师发誓只加芥末酱……所有口味都是合理的。

另外，“不加鸡蛋的蛋黄酱”——让我们暂时接受这个称呼——具有高度的烹饪自由性。如果以薄荷冻为基底，就可以制作薄荷蛋黄酱，搭配英国羊后腿肉。也可以用加入了明胶（粉状或片状的）的不同溶液配制蛋黄酱，如厚厚的海螯虾底汁，迷迭香冲剂，百里香，橙汁……

Derivés d'aïoli

橄榄油蒜泥酱的衍生物

在任何蔬菜，肉类或鱼类基础上制作的美味的乳化液。

让我们从橄榄油蒜泥酱开始。真正的橄榄油蒜泥酱，依照普罗旺斯的做法，是在捣蒜时加入橄榄油，不添加蛋黄。这是一种乳化液，即在蒜汁中的油滴的扩散作用物。

为什么油和水的混合物是分离的，而这种酱汁却相对地很稳定呢？因为蒜提供了具有表面活性的分子，它们将油滴裹住，防止了融合。橄榄油蒜泥酱是一种类似于蛋黄酱的酱汁，其中来自蛋黄的蛋白质分子和卵磷脂具有表面活性。

让我们抛开传统的配方，创造第一批衍生物。冬葱和蒜同属一个植物家族，它也包含帮助我们制作“橄榄油冬葱泥酱”的表面活性分子吗？洋葱也可以制成“橄榄油洋葱泥酱”吗？实验后得到的答案是具有概括性的，只需将冬葱或洋葱伴着橄榄油捣烂，就可以得到新的乳化液了。最坏的情况就是要加入少量水，使制作过程更容易（在某些橄榄油蒜泥酱的配方中，有人建议加入一块浸了牛奶的面包）。接下来就尽情想象一下使用这两种新酱汁的菜肴了。轮到厨师们大显身手了……

其他植物，比如百合也包含表面活性分子吗？厨师们知道，如果方法得当，芥末酱可以实现酸醋调味汁的乳化，因为芥末酱也含有对乳化液有助益的表面活性分子。但在其他蔬菜当中呢？

细胞膜的功效

所有细胞，不管是植物细胞还是动物细胞，都包含着由细胞膜隔成的隔间。细胞膜由磷脂分子构成，带有脂质的尾巴，不溶于水。在活细胞中，这些磷脂分子组成了双层结构，因为在不同的细胞隔间中，疏水质的尾巴聚合在一起，而它们亲水性的头部与水发生接触。这些分子数量众多，具有很好的表面活性。我们可以利用它们来配制乳化液吗？

作为范例，让我们捣碎一个西葫芦，同时一滴一滴地加入油，于是我们得到一种稠厚的酱汁。按其类型，我们将其命名为“橄榄油西葫芦泥酱”。接着，让我们从植物王国来到动物王国，动物细胞也同样包含细胞膜。让我们捣碎一方牛肉，同时加入橄榄油，于是就得到了“橄榄油牛肉泥酱”。这样我们就知道了，无论哪种植物或是动物，都可以用来做乳化的酱汁，只要我们使之释放出磷脂分子，伴着橄榄油——比如说——一起捣烂即可（当所选的配料水分太少时，我们需要在配制开始时加少量水）。

要注意磷脂分子并不是植物或动物细胞中唯一的表面活性分子，蛋白质同样也具有很好的乳化特质。证据就是一个伴着油打散的蛋白会形成稳定的……但是味道拙劣的乳化液，蛋白和油在一起搭配不出什么美味。相反，蛋白质分子对保持各种以肉类、鱼类或植物做出的酱汁的稳定性有所助益。

新式慕斯

现在让我们从乳化液过渡到类似的物理体系：慕斯。慕斯是由扩散在液体或固体中的气泡构成的。在后续篇章中，我们将探讨一种将巧克力乳化液进行搅拌得到的巧克力慕斯，即“尚蒂伊鲜奶油巧克力”。我们可以将这种方法进行推广吗？

在这里，建议使用奶酪，奶酪中的脂肪含量很高，富含表面活性分子——酪蛋白，它可以帮助奶酪中的乳脂肪液滴进行扩散。要制作奶酪慕斯，首先让我们制作一份奶酪乳化液，将放入了水和奶酪——比如辣味

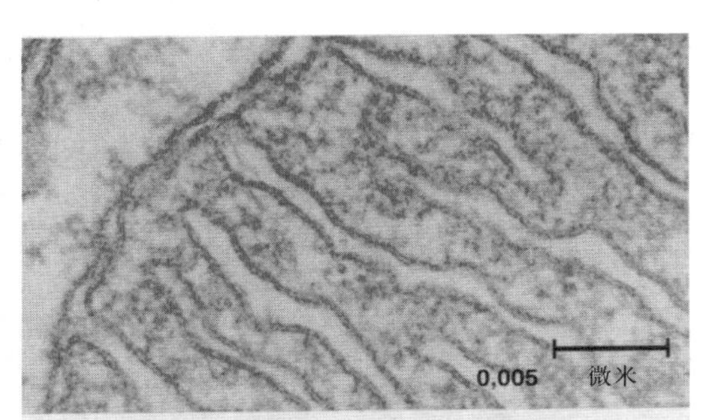

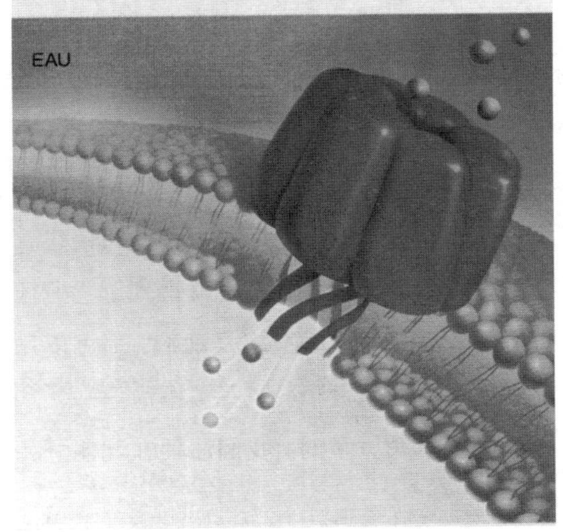

植物或动物细胞布满了由表面活性分子（上图，线粒体的细胞膜，细胞的呼吸单元）构成的细胞膜。这些分子的排列结构使得不溶于水的部分不会与水发生接触（下图）。

羊奶干酪——的平底锅加热。轻轻搅动：我们会得到一份又滑又稠厚的酱汁，这种酱汁在显微镜下分析，是由扩散在水中的滴状物构成的（要得到更浓厚的味道，我们可以用煮沸的浓缩醋代替水）：由于这种酱汁与蛋黄酱调味汁类似，我们把它命名为“奶酪蛋黄酱调味汁”。

要得到预期的酱汁，让我们再试一下把奶油（一种水中的乳脂肪乳化液）制成打散的奶油的方法：冷却的同时进行搅拌，将平底锅放入冷冻柜十几分钟，然后使劲搅拌：于是我们会得到一份“辣味羊奶干酪尚蒂伊鲜奶油”。这种试验在以罗科夫羊奶酪为底料时同样获得了成功，我们会得到一份“罗科夫羊奶酪尚蒂伊鲜奶油”。

Ordres de grandeur

量值的排序

借助扩散原理可以少得多。

出于经济原因或营养原因，制作奶油鸡蛋布丁的厨师常常试图控制鸡蛋的比例，或者出于同样的目的，增加水的比例。他能够做到什么程度呢？远远超越传统的烹制方法。

要研究这个问题，首先让我们来分析两种相近的情况：用一个蛋黄可以制作出多少蛋黄酱？用一个蛋白可以制作出多少蛋白泡沫？

烹饪书里常说一个蛋黄可以制出一大碗蛋黄酱，而对蛋黄酱的物理化学性的了解可以帮助我们制出好几升的酱汁。怎么做呢？蛋黄酱是一种油滴在水中的扩散作用物，每一颗油滴由“表面活性分子”包裹，其中一部分溶于水，另一部分不溶于水。蛋黄中的表面活性分子数量（大约 5 克）足够以一层单分子膜覆盖一个足球场。并且，当这些分子覆盖住油滴（其平均半径为微米到 1/1 000 000 毫米）时，足以使好几升的蛋黄酱保持稳定。

那么根据烹饪中的观察，为什么在加入太多的油时，传统的蛋黄酱会“变质”呢？因为它们缺少供油滴扩散的水分。通过实验来验证很容易……但是这太浪费油了，不如用一滴溶解于一勺水（或醋，如果您想要品尝一下配料的话）的蛋黄（提供表面活性物质）制作一大碗蛋黄酱。

一立方米的慕斯！

让我们谈谈打成泡沫的蛋白。表面上看，它和蛋黄酱相似，但是油（不溶于水）被空气（极少地溶于水）所取代，表面活性分子——它们“隔离了空气”——就是蛋白质，替代了10%的蛋白。于是得到的物质不再是乳化液，而是慕斯。问题来了：用一个蛋白可以制作出多少蛋白泡沫呢？

同样，量值的计算也很简单。以寻求蛋白中存在的蛋白质分子数量开始，接着测量这些蛋白质可以覆盖的总面积，然后测定能被这些蛋白质覆盖的气泡的数量。用这个数字乘以一个气泡的体积，得到的就是用一个蛋白可制作的蛋白泡沫的最大体积。根据您假定的被蛋白质覆盖的气泡大小和类型，得到的答案是好几升，甚至是好几立方米。

那么为什么我们总是只能制作出一升的慕斯呢？因为缺少的不是空气，而是水。经实验证明：在蛋白中加入水并搅拌，慕斯的体积会增加，不间断的搅拌会使我们得到好几升的蛋白泡沫……然而它比传统的蛋白泡沫更不稳定。慕斯的稳定性实际上取决于液相的黏滞度（它因水的加入而减弱）和气泡的大小（它决定了气泡之间的毛细吸力）。

奶油鸡蛋布丁的极限

乳化液和慕斯都属于扩散作用物。由此产生的一个想法是：存在于烹饪界的其他扩散作用物有没有同样的特性呢？当人们在制作奶油鸡蛋猪肉丁馅饼时，关于烹饪的问题来了。人们在摆入模具里的面团上，加入猪肉丁和鸡蛋牛奶的混合物。然而，犹豫着是否加料太多，或使用多少的鸡蛋的厨师——对他来说鸡蛋比牛奶更昂贵——有时会加入过量的牛奶，使得料理时馅饼仍是液态的。这就产生了一个问题：在一个鸡蛋里可以加入多少水（奶就是水分，它是最接近的），会得到一个相当于布丁的产物？

假设保证凝结的蛋白质是球体的。在凝结发生时，它们要么可以紧密地聚集在一起，一滴水也不会渗入；要么毗邻排列在一个巨大的立方体的棱上，并且包含最大分量的水；要么分布在一个网络——为了方便计算，将其当做一个立方体——的棱边上。

在第一种情况下，参与其中的水的体积几乎为零。在第二种情况下，简单计算可知参与反应的水的体积达到了好几立方米。那让我们思考一下一种中间情况，这种情况建立在对菜肴中的一个鸡蛋的原子等级的显微镜观察之上。这一次，量值计算得出的是相当于一升布丁（物理化学家称之为凝胶体）的体积。

为了验证这个计算，让我们从一个鸡蛋着手，用添水的方法增加它的体积，然后进行烹饪。得到一个布丁之后，重新逐渐地增加水的分量：两倍体积，三倍体积……这样我们会发现我们最终加入了超过 0.7 升的水使之“胶凝”，只使用了一个鸡蛋，这和计算预期的量值是相当的。

其他想法？扩散体系的范围很广泛，我们也探索了在液体中扩散的液体，在液体中扩散的气体，在液体中扩散的固体，但还存在着各种组合。

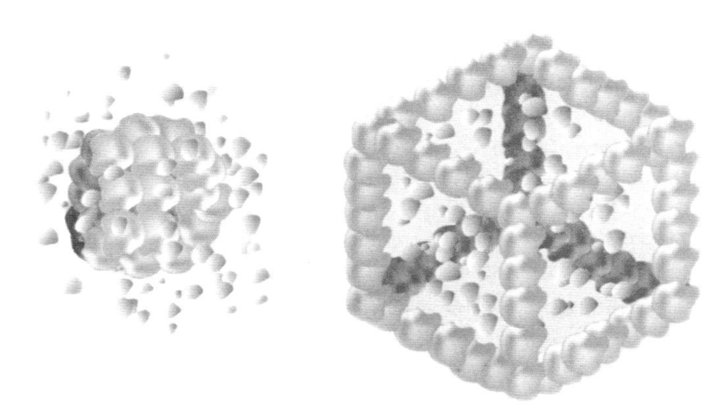

当水（蓝色）参与烹饪时蛋白质（粉色）的两种极端的分布。

Les œufs de 100 ans

松花蛋

关于酸性物和碱性物的试验。

从前储存鸡蛋的做法，是将其放在沙子、锯屑或者蜡里。某些东方民族甚至记录着利用陈化的配方，而不是延缓腐败过程。松花蛋，也被称为“百年蛋”或“千年老蛋”，它象征着与过去的联系和长寿。以化学的眼光来看，这些配方有什么价值所在呢？几个试验揭示了鸡蛋在酸性或碱性环境中出人意料的特性。

中国储存鸡蛋的艺术遗失在蒙昧时代。起初人们将鸡蛋浸在从当地的一种树身上提取的汁液中。之后人们发现将鸡蛋裹进尘土混合物里，放在凉爽阴暗处，会得到同样的结果，但是只能储存 10—12 周。

为什么要如此操作呢？我们可以想出其他方法吗？首先要注意，松花蛋的配方在中国的不同地区各不相同。某些地区更多地是将鸭蛋放入一种包含着不同成分的膏剂中，主要有石灰、硝石、碳酸氢钠、泥浆、香草植物、茶叶、稻草……放置在这种膏剂中至少三个月的时间，据说这样香味会逐渐变得越来越好。

令人惊讶的是这些配料中的某些成分也被法国的一些地区使用着，甚至是像我们一样的现代文明也在使用含有苛性钾的石灰或灰尘。由此，储存方法可分两类：一类是仅仅把鸡蛋遮盖起来，一类是将它们放在碱性化合物中。碱性物质的作用是什么？酸性物质的作用又是什么？不管怎样，法国的配方也建议将鹌鹑蛋放在醋里面。

醋中的鸡蛋

让我们试着将一整个鸡蛋连壳一起放进一个大的透明容器里。当我们用白酒醋将鸡蛋浸没时，马上会有气泡冒出。醋中的乙酸腐蚀了碳酸钙吗？我们把一个点燃的蜡烛放进容器中，结果熄灭了，这说明酸性物质释放出了二氧化碳。它比空气的密度大，在容器中堆积，赶走了空气（可以进行更技术性的操作，在石灰水中收集气体，石灰水会变浑浊）。接着，过了半天的时间，会出现一个薄薄的红色外皮。这就是为什么鸡蛋会有粉色的外壳，碳酸盐的白色和外皮的红色组成了最终的颜色。

让我们继续观察。经过了一两天缓慢的气体释放，鸡蛋看起来好像变大了。这只是一种感觉吗？接下来发生的事情说明变大是真实存在的，最终体积是最初体积的两倍多（见下两页图）。蛋壳完全地溶解了，但是鸡蛋的内里并没有散在醋里，因为酸性物质使蛋白凝结。我们用了多个鸡蛋在不同时间长度下做了试验，研究表明，这种凝结最开始是局限在薄薄的外层上的，然后不断随着蛋白的厚度深入，直到几乎扩展至蛋黄。反思一下，这个效果并不是完全出乎意料的，因为当把醋浇在碗里的蛋白上时，我们也会再次看到这个效果。蛋白的表层凝结，主要因为酸性物质提供的氢离子阻止了蛋白质里酸性基团的电离，而导致了碱性基团的电离，它们因此带有正极电（碱性物质有相反的效果）。蛋白质的带电基团之间的电斥力使蛋白质展开，在硫原子之间被叫做二硫桥的力量联接。这样形成的蛋白质网络将水拦截——这就是凝结。

渗透膨胀

如果蛋壳的溶解和蛋白的凝结很容易解释，膨胀又是为什么呢？渗透现象是膨胀的源头吗？水分子趋向于离开同类密集的区域，流向同类数量较少的区域。然而，如果水在醋中的密集度接近95%，它在蛋白中最高只能达到90%。更进一步讲，乙酸向蛋白（通过测量一个在醋中静置了几个星期的鸡蛋的蛋白酸度，我们验证了这一点）内部流动，而溶解于蛋白的水分中的蛋白质分子个头过大，无法穿过凝结的细胞膜。整体来看，是醋中的水分进入，然后减弱了水的浓缩程度。

为了确认这一猜想，需要将鸡蛋放置在一种浓度超过10%的乙酸溶液中，同样的蛋壳溶解现象发生了，但这一次，鸡蛋的尺寸最终变得很小，因为渗透作用被减弱了。若要将鸡蛋酸化，盐酸溶液中的鸡蛋会产出什么结果呢？最终我们得到和乙酸溶液中一样小的鸡蛋，但是凝结发生得更迅速更明显。

浮起来的蛋黄

现在邀请您做这样的实验，懂得观察的人会得到更多其他的惊喜。比如，当蛋壳溶解蛋白还是半透明的时候，我们会看到蛋黄浮在蛋白中。

那碱性物呢？一个加入了苛性碱的蛋白开始凝结，而一种化学反应生成了一种令人恶心的硫化气体。接着鸡蛋又变得清澈了。很明显苛性碱引起蛋白质的沉淀之后又将其溶解。在灰烬或石灰中，在低 pH 值下，让我们等待……一百年。

左侧，一个新鲜鸡蛋；右侧，在醋中放置了数天的同一枚鸡蛋。

Le fumage du saumon

三文鱼的熏制

用糖和电场加快三文鱼的熏制。

熏三文鱼是一种奢侈的美味，也是法国的特产之一。制造商们购买进口鱼，然后把熏制好的鱼脊肉再销往全世界。法国海洋开发研究所和农业发展研究国际合作中心的一个研究团队最近改良了制作工艺，它既可以加快处理过程又不损害味道。这种方法主要有两种手段：渗透和静电熏制。

熏制——像盐渍和晾晒一样——最初是用来保存食物的，以上三种方法都试图去除食物的水分，来杀死存在于食物中的微生物，避免新的致病微生物的滋生。然而，这些古老的工艺常常导致口味过咸，或熏制过头。

当冷冻系统出现时，熏制的形式经过改造，得以保留了下来，因为它带来的是一种被人们所熟知的美味，比如鱼脊肉。如今的产品不再那么咸或熏制过头，但是它们需要被储存在 0℃—2℃之间。

在这些方法中，鱼脊肉要么被泡在盐水里，要么撒上盐，要么最后被注入盐水。第一种处理方法，大概持续 4 个小时，只去除掉了 2% 的水分。这种方法对卫生的掌控很棘手，处理设备也因此造价昂贵。水分的去除其实只能通过晾晒来保证，在实际的熏制开始之前，在大概 20℃、65% 的湿度之下，晾晒 3—4 个小时。另外，对工艺的熟练掌握也是必要的，因为处理的温度会助长微生物的滋生。

在安托万-科利尼昂（Antoine Collignan），卡米尔·克诺卡埃（Camille Knockaert），安娜-露西·瓦克（Anne-Lucie Wack）和让-吕克·瓦莱（Jean-Luc Vallet）的专利工艺中，盐渍和晾晒是在 2℃的温度下同时进行的。脊肉被泡在一种盐和糖的浓缩溶液中（10%—30% 的糖，90%—70% 的盐），使得少许盐渗透进肉里，使肉干燥。事实上，分子分散的排列使它们的浓度各处均等。当脊肉被泡在饱和了盐分的溶液中，盐分会向肉中流动，而水分会流失。同时，糖作为进入不了鱼肉细胞的大分子，促进了水分的流失。整体来看，浸泡在每升含有约 350 克盐和 1900 克糖的溶液里，肉会失去大约 10% 的水分。更进一步讲，糖和鱼肉里的氨基酸发生了被称为“美拉德反应”（在某些传统的熏三文鱼配方中，鱼被糖涂抹一遍，直至呈现棕褐色。用这种方法，结果是一样的，但因为发生在溶液中，所以更简便）的化学反应，生成美妙的香气。

不用火的熏制工艺

经过快速的漂洗和沥干，熏制过程就发生在一条循环的金属传送带穿过的场地中，传送带位于烤架之上。木屑热解产生的烟（木屑的干加热）经过冷却直至 40℃，然后被注入到房间里，使得芳香的多环碳氢化合物分子——致癌的——发生凝结，不会污染到鱼脊肉。烟的粒子在穿过烤架时被通上电，通过传送带和烤架之间产生的电势能（几万伏特）的作用紧贴在鱼肉上。

用这种方法，熏制工艺由传统的必要的3.5个小时变为15分钟，不需要任何附加的烘干过程。

电力系统可以非常容易地适用于传统熏制过程的生产线，它可以同时处理最多40公斤的三文鱼脊肉，并且新型的盐渍—烘干工艺也可以应用于其他肉类和鱼类。重要的问题，这样处理的产品质量如何？最初它们比现在的产品颜色更深，但熏制前的预过滤可以保证人们得到与现在同样的颜色，口味方面则与传统熏制品相差无几。

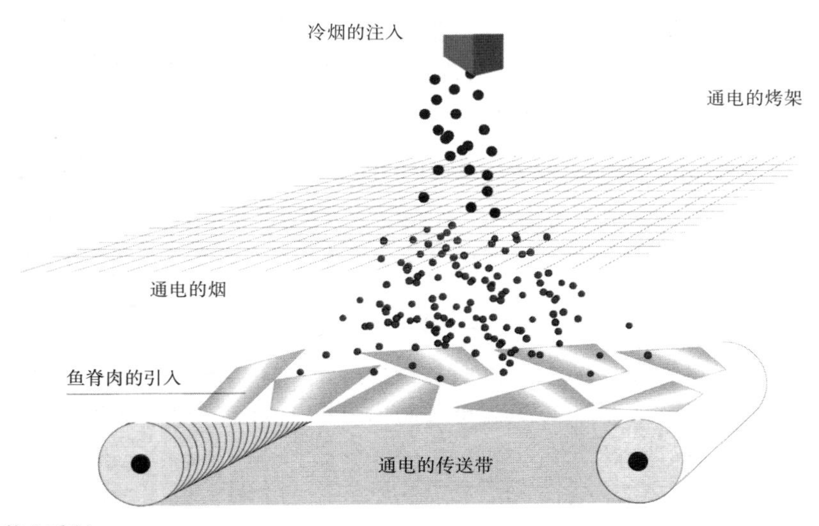

静电熏制。

La recette et le principe

菜谱和原理

新菜谱的创作。

在人类将探测器送上火星的年代，我们还像中世纪时一样烹饪，只是满足于机械地按照菜谱操作！关于烹饪方式，我们将会看到思考和理性如何产生创造性。

某些烹饪方式很“纯粹”，它们只需一个物理现象。最古老的那些是通过热量的传导实现的，唯一变化的是传送热量的材料。

第一种是将需要烹饪的东西与热的固体发生接触。在炭里加热的石头上，在被一种随便什么火加热的铁盘上，在一个盐壳上，在一个用火加热的模具里或者在炉子里（奶油，布丁等等的制作）。

另外，热量可以由热的液体提供。如果这种液体是滚开的沸水，会烹制出“白煮物”；如果是轻沸的水或者酱汁，得到的是沸煮物、烩菜、炖肉、烧水手鱼、灼蘑菇肉丁。而如果产生热量的液体是脂肪化合物，烹饪方式就是炸、煎或者炒的过程了。

人们还可以使用空气进行加热。如果空气是干燥的，超过100℃，就是用炉子烧烤；如果空气是干燥的低于100℃，就是烘干或者熏制；使用潮湿的空气，是焖制，蒸制，包锡纸烤制，包壳烤制。

法国传统的烹饪还懂得运用红外线进行不接触式生热，就是传统式烧烤（在正宗的烧烤中，烤肉应该放置在炉灶前方，而不是上方）。更普遍的是，一种高能量的可见光波发射器可以用来实施同样的操作，效果是类似的。最后要注意，技术的革新（在烹饪的历史初期）带来了微波炉烹饪，这一次，热量是直接被传输到食物上的。作为结束语，某些民族使用一种酸性物来烹饪，比如塔西堤岛鱼的烹饪方法。

双重加热方式

传统的烹饪有时会叠加或连续使用以下多种纯粹的加热方式，比如，烤肉有时是辐射加热和借助干燥的气体加热的结果；传统的蒸煮物的烹制方法是将肉的外部上色，放进热的炉子，接着用轻沸的水加热。

其他的连续加热可行吗？让我们再次运用门捷列夫（Dimitri Mendeleïev）的方法，为了理解无序的化学元素，他制作了一张表，将元素按照原子量的顺序进行分类，同时将特性类似的元素归拢在纵列里。在这里，我们建议构建一个表，其中的数据，无论行还是列，都是纯粹的烹饪类型。在行与列的交点，我们会标示出由一列中的烹饪方式和一行中的烹饪方式两者得出的一种烹饪类型。

表中的某些方法与一些已知的烹饪方法是相符的。比如，第20种方法（用酸性物烹饪，接着在轻沸的水中烹饪）与野猪肉的传统烹饪方

	固体	轻沸的水	滚开的水	温热干燥的空气	热的干燥的空气	潮湿的空气	油	红外线	微波	酸性物
固体	1	2	3	4	5	6	7	8	9	10
轻沸的水	11	12	13	14	15	16	17	18	19	20
滚开的水	21	22	23	24	25	26	27	28	29	30
温热干燥的空气	31	32	33	34	35	36	37	38	39	40
热的干燥的空气	41	42	43	44	45	46	47	48	49	50
潮湿的空气	51	52	53	54	55	56	57	58	59	60
油	61	62	63	64	65	66	67	68	69	70
红外线	71	72	73	74	75	76	77	78	79	80
微波	81	82	83	84	85	86	87	88	89	90
酸性物	91	92	93	94	95	96	97	98	99	100

首先以这种方法烹饪（行）
随后以这种方法烹饪（列）
双重烹饪数量众多，每种方法都是一种可能性。

式相符。第 63 种方法（用滚开的沸水烹饪，接着煎炸）与某些炸土豆的烹饪方法相符。

期待中的发明创造

然而其他的案例是未知的方法。为什么不能创造与这些案例相符的新的烹饪方法呢？在某些案例中，烹饪方式的机械操作所建议的方法似乎没有意义：为什么我们要用一种固体连续烹饪两次呢（第 1 种方法）？然而，位于对角线上的案例并不是全然无用的，第 67 种方法（两次煎炸）与浸油两次煎炸薯条的烹饪方式相符。在其他位置可以发明出一些方法，比如第 27 种方法与炸薯条相符，也与用滚开的沸水烹饪的方法相符。在这种案例中，油炸的过程中会产生一层干硬的表面，但也有一种特殊的香味。当然，这之后用滚开的沸水烹饪的方式会破坏松脆的口感，但它也可以使第一次烹饪时生成的香味分子重新排列。这样味道会和用煨的方式烹饪得到相当不一样的结果。

这只是一个例子。案例数量众多，全都是新的可能，我们期待着受到启发的大厨们在这条广阔的道路上不断探索。

Pur bœuf

纯牛肉

一种为了使肉类重组的结构添加剂。

为什么今天的法国人比十年之前更少地食用牛肉了呢？部分原因是因为牛肉的质量与它高昂的价格不匹配，能够迅速烹饪的柔嫩的部分，比如牛排一类，非常贵，因为它们只含有20%—30%的骨骼肌。其他部分的肉用来做什么呢，以前人们长时间地烹饪在期待什么呢？

肉类工业提出了一种产品结构重组的解决方案，比如肉糜牛排，和法国长期在售的叫作"樱桃红牛肉"的层状肉制品。剁碎，切割，或者更新的叠片技术（冻硬之后的肉切换成极薄的片），破坏了给大部分牛前腿肉带来韧性的胶原网。然而这种破坏之后接着是重新塑形，街区的肉店老板会将剁成糜的肉用压力机压紧。但是，重新塑形之后的产品，尤其是在烹饪过程中，不总是很紧实。

但是，厨师们知道在蛋白时会形成一种凝胶体，它可以将分散的粒子紧箍在一起，鱼肉羹，水果蛋糕或者奶油鸡蛋猪肉丁馅饼的原理就是如此。受到这个启发的肉类制造业，在试图使被解构的肉类具有黏合力的同时，使用了各种高黏合力的结构添加剂，比如从海藻中提取的藻酸钠。但是，海藻不像来自乳和植物的化合物，无法使得产品包装上标为“纯牛肉”。

为数众多的研究者因此试图在肉本身，尤其是经过剔骨和切割等工序之后仍留在骨头上的肉那里提取这种添加剂。约瑟夫·居里奥利（Joseph Culioli），阿哈迈德·乌阿里（Ahmed Ouali）和法国农业研究所克莱蒙费朗分所的团队的研究获得成功，在实验室里利用有效的接合成分正式制造出肌凝蛋白。

肌凝蛋白是一种大量存在于横纹骨肌中（20% 的脱水率）的蛋白质，今天肉制品工业掌握了机械回收这种蛋白的技术。肌群中的蛋白质有三种类型：肌原纤维蛋白质，肉质膜蛋白质和结缔组织蛋白质。肌凝蛋白是肌原纤组织的主要蛋白质，它呈厚厚的筋状。在钙离子和三磷酸腺苷（活细胞的“碳氢燃料”）的参与下，这些筋和其他更细的由肌动蛋白组成的筋连接在一起，肌凝蛋白和肌动蛋白之间的滑移就会使肌肉发生收缩。

肌凝蛋白凝胶体

由于蛋白质的特性取决于它们的氨基酸序列，所以并非所有的蛋白质都具有同样的胶凝力。肌凝蛋白的胶凝能力最强，克莱蒙费朗的生物学家们开发了肌凝蛋白的热胶凝，它同时会参与到煎火腿、面团和香肠等等的料理中。为了明确生成最坚固的凝胶体的条件，生物学家们优化了肌蛋白的提取条件，并比较了不同来源的肌凝蛋白的效果（白肌肉比较快，保证短促强烈的效果，红肌肉比较慢，在氧气的参与下发挥机能），这些肌凝蛋白是在动物死亡后不同时间提取的。最初，肌凝蛋白是从兔子的肌肉中提取的，因为它们更纯粹，红肉白肉分明。

要对肌凝蛋白进行提取，需将肌肉捣碎，然后放在不同浓度的盐溶液中。对蛋白质悬浮物的热胶凝的研究，是借助流速计来实现的，它同时测定了胶冻的黏稠性和弹性。

趁热打铁的凝胶体

这些方法表明热凝胶即使在肌凝蛋白的浓度很低（0.1%—0.5%）时也可以形成，而且得到的凝胶体的硬度随着肌凝蛋白的浓度大幅增长。

纯肌凝蛋白的胶凝从40℃开始，凝胶体的硬度增加，直到80℃。肌凝蛋白溶液的纯度越高，凝胶体的硬度越大。就像对于其他凝胶体一样，硬度取决于盐的浓度和介质的酸度。组成最坚固的凝胶体的肌凝蛋白来自于效果迅速的白肌肉，此时pH值接近5.8，同时有盐的参与，盐促进了高分子链的分解。

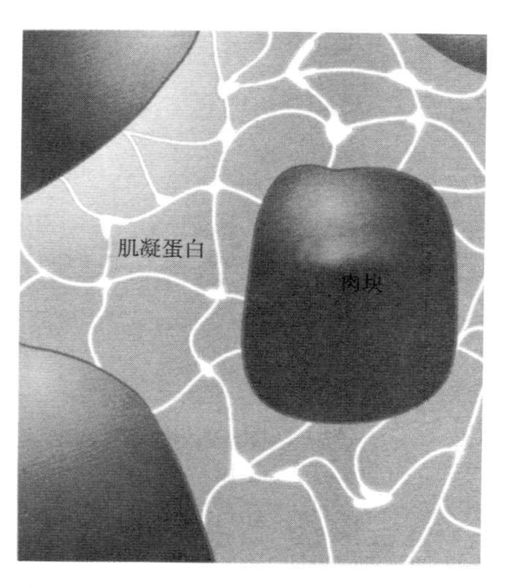

重组的肉和肌凝蛋白凝胶体。

之后的分析证实了牛肉肌凝蛋白对于肉的重组的意义。刚刚屠宰（在尸体僵硬之前，与肌动蛋白和肌凝蛋白之间不可逆链的建立相符）的牛肉中提取出的肌凝蛋白可以形成更坚固的凝胶体。焦磷酸钠（一种和三磷酸腺苷同族的分子）将肌动蛋白—肌凝蛋白之间的结络分解，因此得到了更坚固的凝胶体。这些肌凝蛋白在千层肉里的掺和增强了产品的黏合度，同时限制了汤汁的丢失（被凝胶体拦截）。

Fromages surdoués

超级奶酪

精挑细选的细菌增强了奶酪的口味。

荷兰古达干酪或者英国舍达尔干酪只有在好几个月之后才能拥有其美味的特性，而且很多奶酪即使已经成熟了很长时间，仍然没有人们期望中的那么浓郁的味道。奶酪的成熟问题，是几个世纪以来一直活跃在美食界的论题之一！人们使乳凝结，在其中接种乳酸菌，在成熟过程中，乳会发生酸化：乳糖（“乳中的糖”）被转化成了乳酸，酸化过程阻止了致病微生物的传染，而乳酸菌释放出香味分子，使奶酪获得了香味。在法国农业研究院汝伊昂若萨分所，米雷耶·伊冯（Mireille Yvon）和同事们研究的是产生更多此类芳香化合物的乳酸菌株。

生物化学家们知道奶酪味道的缓慢形成归功于保证奶酪成熟的微生物。脂肪和糖逐渐被转化，蛋白质被分解成氨基酸成分，接着氨基酸转化为多种香味分子。举个例子，叫作白氨酸和结氨酸的氨基酸会产生构成“奶酪基调”的化合物，而苯丙氨酸，酪氨酸或色氨酸铺垫了“花调”或者“苯酚调”（在品尝时由品尝师给出的这些调）。

蛋白质分解为氨基酸的缓慢过程是否限制了芳香化合物的形成呢？不是的，因为自由氨基酸的直接加入并不会增强奶酪的口味，并不会比在乳中接种乳酸菌增强更多，人们已经通过高超的遗传学技术，提高了乳酸菌分解蛋白质的能力：在后一种情况中，氨基酸被大量释放出来，但是口味并没有变化。在20世纪90年代初，生物化学家们得出了结论，限制口味发展的因素更多的是由于氨基酸转化为香味分子的过程。

刺激物的添加

尤其是在荷兰，生物化学家恩格斯（W. Engels）和威瑟（S. Visser）观察到，当在乳酸菌（没有乳成分）里加入蛋氨酸时，可以得到纯正的古达干酪的味道，并且他们确定了似乎是导致这种现象的两种酶。伊冯（Yvon）和同事们同时还观察到，在试管内，乳酸菌降解了某些氨基酸，一些芳香化合物得以形成，比如乙醛和羧基酸。转化过程的第一个阶段是“转氨作用”，一个氨基酸和一个叫作酮戊二酸的分子发生的反应，这会生成酮酸和谷氨酸盐；这种分子在亚洲烹饪或者在很多工业制品中被用作“香味添加剂”，因为它带来一种今天被称为“鲜味”的味道。在转氨反应发生时，一个氨群从氨基酸转化为酮酸，然后酮酸发生化学变化，转化为芳香化合物。

1997年，茹伊的化学生物家们提纯了转氨酶并描述了它的特征，在乳酸乳球菌中，转氨酶确保了白氨酸和蛋氨酸的转化。然而，在奶酪成熟的现实情况中，这种酶的存在并不能导致奶酪香味的明显成长。为什么呢？乳酸菌中反应物的扩散太缓慢吗？乳酸菌缺少可以接受氨群的分子吗？

法国农业研究院的研究者们通过使牛奶变温（使用巴氏消毒法进行了灭菌），对第二种猜想进行了试验，他们给牛奶接种了乳酸菌，然后在其中加入了凝乳素（它使乳凝结并转化为奶酪）；这样就得到了一份经模具压制的凝结物，之后将它浸入添加了酮戊二酸的浓缩盐水中。他们跟踪观察了熟化过程中氨基酸的转化，同时由一个品鉴团对味道的发展情况进行分析。

在没有添加酮戊二酸的范例奶酪中，发生分解的氨基酸极少，味道也很轻。相反，酮戊二酸的加入促进了多种氨基酸的转化。酮戊二酸的转化引发了浓烈的芳香化合物的形成。比如针对白氨酸的异戊酸，针对苯丙氨酸的苯醛。这样，奶酪的味道由于酮戊二酸的添加而加强了（在舍达尔奶酪身上也产生了类似的结果）。

寻找表现优秀的微生物

当生物化学家们在研究酮戊二酸的添加时，他们注意到，同样的谷氨酸——生成于转氨作用——被一种其他细菌生成的酶转化成了酮戊二酸。由于谷氨酸在乳中大量存在——甚至是在成熟之前——他们想要将这种被发现的酶的基因引入到乳酸菌当中，使后者以谷氨酸为基础产出酮戊二酸。

这种引入的效果在试管中和范例奶酪中被追踪观察：被转化的乳酸菌对氨基酸的转氨作用，和加入了酮戊二酸的乳酸菌对氨基酸的转氨作用同样活跃。更好的情况是，引入了谷氨酸脱氢酶基因的乳酸菌，生成了更多的香味强烈的羧酸。

于是我们掌握了有力的证据证明“装备精良”的细菌能够制造更好的奶酪，但是转基因的微生物并没有被消费者所广泛接受。于是，如今生物化学家们在寻找可以自然产出谷氨酸脱氢酶的乳酸菌菌株。在这个项目中，转基因微生物将作为一个研究工具来使用。这不就是它们的重要作用吗？

Le chocolat chantilly

巧克力尚蒂伊鲜奶油

巧克力慕斯的形成。

一提到尚蒂伊鲜奶油，人们就想到了新鲜的草莓，冰激凌，蓬松的点心……因为尚蒂伊鲜奶油是一种慕斯：人们在一个冷却的容器中搅拌奶油来制作它。当搅拌在垂直方向圆周循环时，会逐渐引入一些气泡，这些气泡被酪蛋白（一种蛋白质）和脂肪的结晶所稳定。这种结晶是在凉着的时候发生的，这就是为什么奶油和搅拌用的瓦罐需要提前冷却。冷却也延缓了奶油——搅拌的或不搅拌的——转化成黄油的烹饪灾难；在实际操作中，为了避免灾难的发生，需要在搅拌器上形成了一簇簇慕斯的时候停止搅拌。

既然尚蒂伊鲜奶油使美食爱好者垂涎三尺，我们可以在乳之外的某种脂肪物质身上复制这个原理吗？既然巧克力——举个例子——含有可可油，我们可以制作出巧克力尚蒂伊鲜奶油吗？

巧克力乳化液

基于类似的原理，人们明白如果首先实现一个类似于奶油的生物化学构成——但是以巧克力为基底的——就有制出这种巧克力慕斯的一些可能性。但是生物化学家们知道奶油是一种乳化液，也就是说一种脂肪（乳中的）滴在水中的扩散物（乳中的水分，也会使糖——例如乳糖——和矿物质盐分解；但是这些给尚蒂伊鲜奶油的味道带来贡献的成分对我们追求的结果并不重要）。

在奶油这种“水中的油”的乳化液中，脂肪液滴并不会汇聚在一起，它们是由酪蛋白胶束和磷酸钙保持稳定的：酪蛋白分子由表面活性结构的磷酸钙紧密结合在一起，也就是说它们有一部分是疏水的，与脂肪物质发生接触，而一部分是亲水的，在水中溶解，并散布其中。

要得到“巧克力尚蒂伊鲜奶油”，我们同样需要制作出一种巧克力乳化液。要达成这个目标，我们必须将具有表面活性的水和可可油结合在一起。在实际操作中，我们只需在平底锅中倒入少量的水，出于口味的考虑可以加些增添香味的东西：比如橙汁或者黑加仑泥。接着加入表面活性分子：我们有蛋白中的蛋白质、蛋黄或明胶可供选择，这些都是厨师们用来配制黄油调味汁或者奶油调味汁的（这些调味汁同样也是乳化液）。作为示例，让我们将加入了明胶的水加热，使明胶溶解；接着，一边搅拌一边加入巧克力。一种均质调味汁就形成了；这就是我们所期望得到的巧克力乳化液。

从乳化液到慕斯

现在，让我们以这份乳化液为基底来制作慕斯：将平底锅置于一个放了冰块的容器里，使巧克力凝结在用打蛋器或者电子搅拌器引入的气泡周围。接下来的步骤就和制作尚蒂伊鲜奶油完全一致了：在调味汁冷却过程中进行搅拌。一开始打蛋器会引入大个儿的气泡；接着，调味汁渐渐变稠，当达到了凝结的温度时，调味汁的体积会一下子增大（调味汁发生了“膨胀”），而它的颜色会由深棕色变为浅栗色。

这种颜色的变浅是打蛋器引入了气泡的信号；显微镜可以呈现出这些气泡的存在。气泡的引入同样也改变了结构：在打蛋器上液体形成了簇状物，就像发生在尚蒂伊鲜奶油身上一样的情况。从整体来看，我们得到了一种与传统慕斯截然不同的巧克力慕斯，它不是由鲜奶油或者搅拌成泡沫的蛋白变形而来：这是彻头彻尾的巧克力慕斯！

“巧克力尚蒂伊鲜奶油”（右图）比用来制作它的巧克力蛋黄酱调味汁（左图）的体积要大得多，颜色要浅得多。

Tout au chocolat

全部都是巧克力

怎样在所有甜品中使用巧克力。

圣诞节，新年夜……巧克力至关重要，但要把它们用到哪里呢？比如一个巧克力酥皮面团？巧克力豆的爱好者知道巧克力含有可可油，而他想将其替换为正常的黄油，来制作一个酥皮面团。不过他也知道巧克力的硬度阻碍了这种做法。有几个简单的改变现状的想法提供了一种解决方案，这将会使得大部分传统菜谱都改头换面。

要制作酥皮面团，面点师首先用面粉和少量水——有时是用黄油——和出一个“面团”。之后他将面团摊开，在上面涂上一层经加工后软化的黄油。他将面团的边缘在黄油上面再次折拢，使之完全将黄油包裹起来，然后来回折叠压平：将黄油卷放平，对折，连续重复六次，使最后要烹制的面团的面层和黄油层相间开来。

怎么样在其中加入巧克力呢？嚼着吃的巧克力，尽管含有可可油，是不能用来代替黄油的，因为它太硬了。可可油作为巧克力里的脂肪物质（在这里，我们将不涉及那些关于准许在巧克力中加入其他脂肪物质的法规的争论），包含了80%的“三酸甘油酯”，这是一种由丙三醇（通常叫法为甘油）和三个与之相连的“脂肪酸”构成，它们是棕榈酸、硬脂酸和油酸。

融化的掌握

这种构成解释了可可油出众的物理特性。如果可可油只由一种分子构成，它会在固定的温度融化，就像水会在0℃正常气压下融化一样。然而，它是由多种分子构成的，它的融化温度开始于-7℃（对于某些三酸甘油酯来说），终止于34℃。不管怎样，可可油是一种出众的脂肪物质，因为它75%的成分在20℃—34℃之间融化，50%的成分在30℃—34℃之间融化。换一种说法，巧克力不是一种纯净物，但是它离纯净物不远了。

这种性质对于巧克力块的消费是个优点，但是却让厨师们头疼，他们一般都是在仅仅20℃的环境下对材料进行调配的。这就尤其给制作酥皮面带来了困难。要解决这个问题，比较一下可可油和黄油，前者成分更为复杂：巧克力的质地越“不纯净”，它就越有可塑性。这个理念并不是新提出的：厨师们一直以来就习惯用黄油来融化巧克力，以获得更柔软的巧克力配料。不过，我们可以将这个理念更进一步：在加热的中性油中加入巧克力，它们将会完美地融合，并任意改变融化的特性。

这种想法使我们得到了预期中的巧克力酥皮面团（请注意另一种方法是在面粉或奶黄油中加入可可粉），而这种方法会带来所有甜点的大变革。

所有的巧克力甜点!

有了酥皮面成功在前，我们很容易就会制作出塞入巧克力的面团，擀入或者揉入巧克力的面团：只需将黄油替换成改变了脂类结构的巧克力。同样，人们可以做出萨瓦兰巧克力蛋糕，巧克力奶油圆面包，巧克力泡芙面团，不加面粉的巧克力杏仁饼干面团……有时，人们甚至可以将巧克力加入到意想不到的地方，比如加在杏仁酒巧克力奶油中：在融化的巧克力中，加入杏仁粉、酒，然后掺入制糕点的奶油（由蛋黄、糖和面粉制作而来）。

在其他的使用奶油而不是黄油作为脂肪物质的情况中，方案将会有所不同：是奶油被替换成巧克力。这一次，对巧克力融点的操作是不够的，因为奶油首先是一种乳化液，也就是说一种脂肪液滴在水（乳中的水）中的扩散物；滴状物长时间地保持分散的状态，因为它们被“表面活性分子”包裹，一部分亲水（位于水中），一部分疏水（与脂肪发生接触）。

要替换奶油，厨师要制作一份巧克力乳化液……这并不是难事：在平底锅中放入一种水质溶液（水、咖啡、茶、干邑白兰地酒……），然后在加热的同时放入巧克力块；一份巧克力乳化液就出炉了。这种“巧克力蛋黄酱”是和奶油相似的物质。

最后，要制作巴伐利亚巧克力果冻蛋糕，必须要使用新的操作方法。让我们从传统的菜谱开始：通过搅拌糖粉和蛋黄制作一份英式奶油汁，然后加入牛奶，将配料进行烹制；将明胶溶解其中，最后加入搅拌的奶油。

将巧克力加在哪里呢？蛋黄不能被替换，因为是蛋黄的凝结使英式奶油汁得以成形：经过烹制后的鸡蛋集合体浮在牛奶的水分中。明胶也不能被替换成巧克力。那么奶油呢？只有它可以被替换：我们搅拌巧克力乳化液，得到一份叫作尚蒂伊奶油巧克力的慕斯。将被加入到配料里的就是这份慕斯。为巧克力块干杯！

Jeux de texture

质地之妙

对胶凝的乳化液的探索会得到……一份巧克力蛋糕。

乳化液是烹饪创新取之不尽的源泉。不过在这里，它只不过是一个起点，并将我们引向更为复杂的生物化学物质，而每个人都可以在料理中去实践它。

在前面我们已经考查了多种乳化液。最鼎鼎有名的显然是蛋黄酱，这是一种所有关于“软物质特性”的书籍都会提及的乳化液的典范。它由通过蛋黄中的蛋白质保持稳定的油滴在水中的扩散形成。这就是本章的主题；现在让我们谈一下举一反三的变化。

第一种是不加蛋黄的蛋黄酱：我们用制作传统蛋黄酱的方法来制作它，但是用蛋白代替蛋黄。事实上，蛋白是由 90% 的水和 10% 的蛋白质构成，和蛋黄拥有同样的“表面活性”。

在实际操作中，制作步骤和制作传统蛋黄酱一样：在一个碗中的蛋白里一滴一滴地加入油，同时进行搅拌。开始，蛋白开始泡沫化，但逐渐地，被搅拌动作分成越来越小的颗粒的油代替了存在于气泡中的空气。像气泡一样，油颗粒被蛋白中的蛋白质稳定住，因为后者被搅拌器的分叉摊开了，使得其中疏水的部分与油发生接触，蛋白质中亲水的部分留在水中。

第二种变化的例子：不加鸡蛋的蛋黄酱。它是以少量加热的水（可以是甲壳类底汁），半片溶于水的明胶和一边搅拌——像搅拌蛋黄酱一样地搅拌——边加入的油为基础制作的。起初，会出现一种白色的乳化液，由明胶提供的蛋白质将来到水和油的夹层，包裹着每一个颗粒。之后，当乳化液静止并冷却下来，它会发生胶凝，因为明胶分子的端部趋于联结，形成一张网，将乳化液网在其中。

乳化液的胶凝

在显微镜下，这种胶凝由一种不直接的效果呈现出来：在凝胶体形成的初期，油滴一个个地相互融合（见下页图），也许是因为包裹着油滴的明胶分子联结在一起，脱离了水-油的夹层。凝胶体一旦形成，如果我们出于好奇重新将它进行搅拌，它会释放出油（相反，传统的蛋黄酱会更加稳固）：当我们搅拌凝胶体时，就打破了网络，油滴就被释放出来了。

让我们寻找一种新的变化。加明胶的蛋黄酱的原理如下：我们已经制作出了一份乳化液，接着我们将它网在了“物理性”的——就是一种加热会解体，冷却会重组的凝胶体——凝胶体中。我们可以出于乐趣寻找其他的成分来得到举一反三的变化吗？让我们回到蛋白蛋黄酱上来，尝试一下用化学方法进行胶凝。用不那么刻意的话来说，让我们来烹饪吧！这一次，我们预计制作一份化学性的、持久的、非物理性的凝胶体，就像用明胶制作的那种一样。

蛋黄酱的制作

在实际操作中，让我们简简单单地将用蛋白做出的蛋黄酱放进微波炉里加热一分钟左右，使包裹着油滴的蛋白质联结在一起：我们将得到一种拦截了所有油脂的凝结团。我们会重新发现类似于通过明胶发生胶凝的蛋黄酱的物理机制。油被牢牢控制住了吗？挤压凝结团，油就跑了出来。

让我们到厨房找一种可以很好地为这些结构妙用——它似乎只能做出吸了油的海绵——服务的东西。想要将调味汁牢牢控制住？我向您建议下面这种做法：将油替换为巧克力（由大量可可油构成），将其融化在平底锅里，加入少量含有水分的液体，比如朗姆酒，咖啡，橙汁……然后，当这样形成的巧克力乳化液的温度低于鸡蛋凝结的温度（62℃）时，将巧克力乳化液浇在蛋白上，同时搅拌。制作好巧克力乳化液之后，将其放入微波炉加热。预言：蛋白中的蛋白质将凝结，并将巧克力乳化液紧箍在一起。

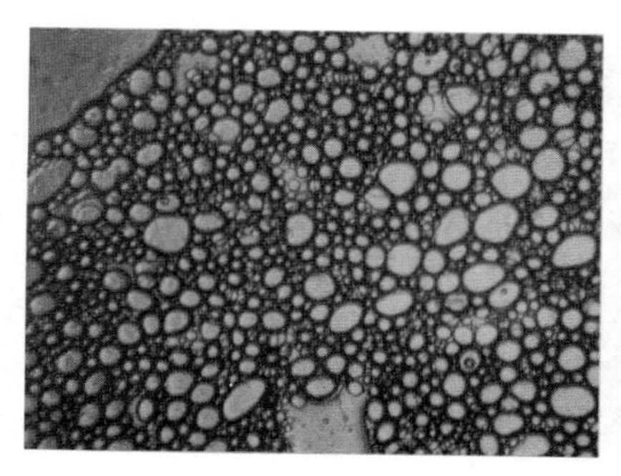

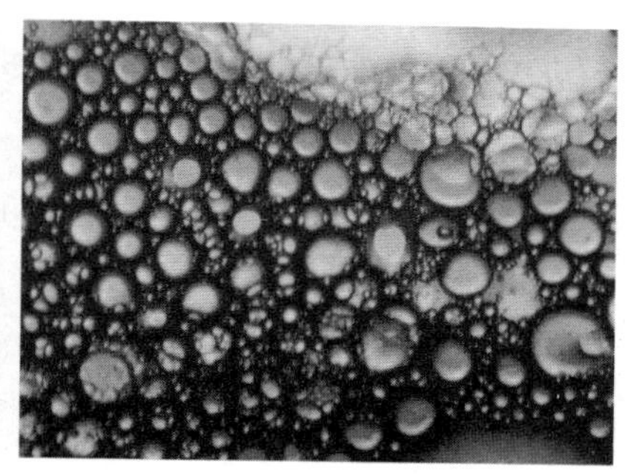

这两张图片展示了在两个连续瞬间，一份“加入了明胶的蛋黄酱”的同一区域。凝结体的形成使相邻的油滴融合（在左图中，它们的平均半径是1/10毫米）。

我向您推荐这个实验：您将得到一份松软的巧克力蛋糕！它的味道远远强于巧克力的味道，也许是因为巧克力处于分散的状态，并且其结构还是原始状态的（我们可以通过改变水和巧克力的比例随意调整它的结构）。我建议您把它称为“巧克力的扩散物”……并且研究一下在上述三种机制中，凝结作用是如何干扰乳化液的。

Recettes de noël

圣诞节菜谱

使圣诞夜更具现代气息的几种思路。

节日到了，要下厨了。两千多年过去了，我们仍像中世纪那样满足于一只火鸡吗？不，让我们发明些新菜吧。不过该怎么做呢？对于受到化学和物理的启发的厨师来说，事情没那么困难！

让我们从一种基于弗朗索瓦·佩雷戈（François Pérégo）的观察的新式烹饪方式着手。佩雷戈是贝什雷勒的油画修复专家，痴迷于化学：在画布上使用鸡蛋的时候，他注意到了乙醇在蛋白身上产生的效果。由此我建议您通过如下实验来研究一下一种新式烹饪法：在一个碗里放入一个蛋白，然后倒入一满杯 90 度的酒。蛋白马上就凝结了。

怎么解释这个现象呢？蛋白是由 90% 左右的水和 10% 的蛋白质构成的。这些分子是氨基酸的连接物（在食物中存在 20 种），它们以其侧链相互区别，根据情况分为亲水氨基酸（溶于水）和疏水氨基酸。

90度的酒的加入改变了蛋白质的环境，并引起了蛋白质的展开；两个相邻蛋白质的硫醇基发生反应，生成了一个联结蛋白质的硫桥——两个硫原子之间的纽带。一种凝胶体——被烹饪了的蛋白，就这样形成了。这个化学步骤当然不能被运用在烹饪当中：蛋白味道很淡，90度的酒的口味也乏善可陈，但是如果我们把90度的酒替换成黄香李烧酒呢？

建立在推理基础上的煨煮

头道上来之后，就是主菜：让我们使用关于加热的肉类的改造的科学数据。在40℃的温度下，蛋白质发生变性（它会“展开”），肉失去穿透性；在50℃，胶原纤维（支撑肌细胞的材料）收缩；在55℃，肌凝蛋白（肌细胞的主要蛋白质之一）凝结，而且胶原开始解体；在66℃，“肌肉的”蛋白质和胶原发生凝结；在79℃，肌纤蛋白（肌肉中另一种重要的蛋白质）发生凝结。

这些数据用来做什么呢？不要在炉子上烹制您的火鸡了，把白肉挑出来，用50℃—55℃之间的温度来烹制一部分鸡肉块，另一部分用55℃—66℃来烹制，以此类推：您的宾客会非常高兴地享受一种肉的不同结构，因为肉的不同成分将会发生作用。

泡沫奶酪

现在轮到奶酪了。我们之前已经研究过了“尚蒂伊鲜奶油巧克力”，它更多地是一种“加入巧克力的”慕斯，而不是“巧克力的”慕斯。这一次我们建议您在奶酪身上重复以前的做法。在一个平底锅里，倒入一杯水或者一杯醋，然后加入一片明胶，一大块奶酪（例如罗科夫羊乳奶酪），一边用小火加热一边晃动。这样融化的奶酪形成了脂肪液滴，在水中发生扩散，被明胶提供的叫作“表面活性分子”的物质包裹。这种“奶酪蛋黄酱”是很多其他厨用乳化液的近亲，诸如蛋黄酱、蛋黄调味汁、奶酪火锅……和奶油。然而当我们在搅拌鲜奶油的同时使之冷却的时候，会得到什么呢？得到的是“尚蒂伊奶油”。同样，当我们把平底锅置于一层冰块之上，并搅拌奶酪蛋黄酱的时候，我们会得到一份“尚蒂伊奶酪”。

厨艺家们将会从这种创新中得到启发：罗莫朗坦金狮饭店的大厨迪迪埃·克莱蒙 (Didier Clément) 也如法炮制出了一种“辣味羊奶干酪尚蒂伊鲜奶油”，用来搭配焦糖小洋葱头。作为一种出色的创新，他使用的焦糖并不是常用的、通过加热白砂糖或蔗糖和少量的水制成的焦糖。不，这一次，化学向他建议了“果糖焦糖”。它具有一种富有特色的糖渍葡萄的味道。

成功挽救的尚蒂伊鲜奶油

让我们以真正的尚蒂伊鲜奶油收尾，它在您搭配甜点时是不可或缺的。它的配制很简单，因为只需搅拌非常新鲜的奶油即可：搅拌器将气泡引入到乳化液中，脂肪液滴会在使之稳定的气泡周围发生结晶。可惜的是，人工搅拌器往往被电搅拌器所替代，后者会大大增加将奶油打成黄油的风险（脂肪液滴会发生融合，空气在这个过程中流失）。

不过一份美味的尚蒂伊鲜奶油的所有成分都还在。只需将它们重新组织起来：让我们通过加热，重新制作一份类似于奶油的乳化液，在平底锅中，加热一汤匙的水，加入被搅拌成黄油的奶油。当所有奶油都这样被加入之后，将平底锅置于冰块之上，重新搅拌：奶油重新出现了。节日快乐！

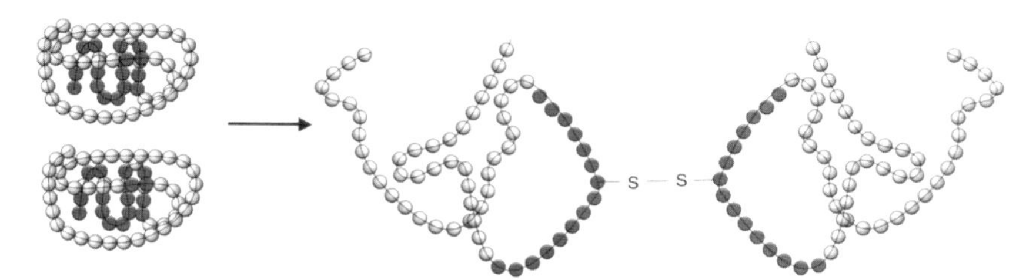

两个蛋白质的展开引发了它们之间的链接，通过一个二硫化物桥的形成，两个硫原子进入其中。这样，酒精使蛋白发生了胶凝。

Le goût caché du vin

葡萄酒的隐藏味道

加入到葡萄汁中的酶使其释放出香气。

葡萄是一个可以表现得更出色的懒惰的差生：由于葡萄酒给人的嗅觉感知度很低，葡萄的芬芳的挥发性成分——主要属于萜烯醇一类（芳樟醇，香叶醇，橙花醇，香茅，α-萜品醇，氧化芳樟醇和多元萜烯醇）——在葡萄酒的特性中扮演了重要角色，它还将大量的萜烯葡萄糖苷——就是指由萜烯醇和与之相连的糖构成的分子——封存起来。这些分子是上等好酒的前质，但是可惜的是，它们对酒的香味没有贡献。

人们可以将这两个作为前质的部分（一个是糖，一个是萜烯醇）通过酸性物或者酶结合在一起，来提高葡萄酒的芬芳吗？由于酶的水解看起来比化学处理更有意义（它生成一种更"天然"的原子），克洛德·巴约诺夫（Claude Bayonove）和他蒙特利尔国家农业研究所香味和自然物质实验室的同事们一道，对葡萄中释放出奠基者中的萜烯醇的酶进行了分析。

生物化学家们首先在亚历山大麝香葡萄酒糖苷中加入了 34 种食品加工业的商用酶配料（果胶酶、纤维素酶、半纤维素酶……），来观察它们其中的一些是否会在其前质的基础上形成萜烯醇。其中的 5 种被测定有效，它们根据不同情况释放出了芳樟醇或香叶醇。所有有效的配料都含 β-葡萄糖苷酶和 α-鼠李糖苷酶或者 α-亚麻籽糖苷酶，研究表明，它们分两个阶段实现了葡萄中萜烯醇糖苷酶的水解（见下页图）。

分析数据之后，人们在试管内用鼠李糖苷酶，亚麻籽糖苷酶和葡萄糖苷酶对前质的水解进行了重组：这些酶不仅释放出了预期中的芬芳的萜烯醇，同时也释放了正异戊二烯，酚的挥发物和苯甲醇，它们是嗅觉感知度很低的气味宜人的成分。

葡萄中的酶

由葡萄糖苷酶保证的苷的水解的最后一个步骤，限制了葡萄和葡萄酒中萜烯醇的释放，因为天然的酶在单糖苷——它有一部分非糖苷成分（叫作苷元）的叔醇（芳樟醇，萜烯醇）——身上作用很小。相反，酿酒酵母中的 β-葡萄糖苷酶在里那基糖苷身上呈现出了一种微弱的活性，后者是葡萄中主要的葡萄糖苷之一。

另一方面，尽管葡萄天生具有 β-葡萄糖苷酶活性，它只有很微弱的鼠李糖苷酶活性，并且不具有亚麻籽糖苷酶活性，这阻碍了第一阶段中的新陈代谢，并且限制了新陈代谢对葡萄中的萜烯醇糖苷所起到的整体作用。

最后，葡萄中的葡萄糖苷酶并不稳定，而且在葡萄汁和葡萄酒的酸性 pH 值下很不活跃：它看起来不能更好地适应葡萄汁和葡萄酒中的苷的水解。植物或微生物中的酶能够比葡萄中的酶更好地使萜烯醇糖苷发生水解吗？植物中的酶只能使伯醇中的苷发生水解，比如香叶醇，橙花醇和香茅；叔醇中的 β-葡萄糖苷酶，比如芳樟醇和 α-萜烯醇糖苷，更难被水解，它们只能在被研究的两种酶中的一种的作用之下发生水解。

今天研究者们研究的是由吉斯特布罗卡德斯公司配制的外源酶配料，这种配料来自立法批准的基因库。他们在寻找一种对温度具有极强活性的理想的酶，它们富含葡萄汁或者酿酒用植物汁中的糖分和酸性物质。

品鉴团的评审们对果汁或者添加了酶的葡萄酒香味的提升非常敏感，但是酶配料的使用仍有待探索。尤其是对于其他苷的发现，比如最近发现的芹菜苷以及相应的酶湿法，都将需要外源酶配料的改良。

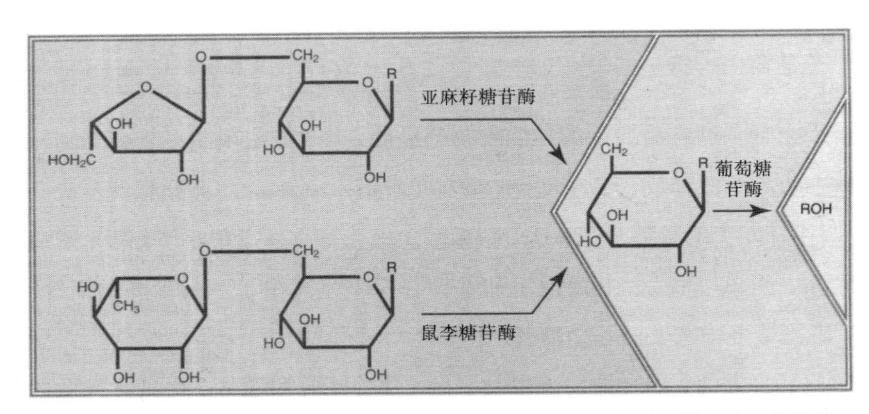

葡萄中的葡萄糖苷酶的两条酶水解路径。芬芳的萜烯 ROH 逐渐脱离没有香味的前质。

La téléolfaction

电子嗅觉传播

何时出现这种新的电子通讯形式？

让我们回想一下音乐的腾飞，就在一个多世纪之前，所有使用上电话的人都能够欣赏到伟大的演奏家的精湛表演。在那个年代，图像的传播似乎是天方夜谭，但是不到二十年后德国的保罗·尼普科夫（P. Nipkow）就成功地实现了视觉传播：这一次的受益者，是波利海妮娅、特普斯歌利、依蕾托、梅耳珀弥妮和塔利亚等缪斯女神们的信徒。

还有什么传播的国度仍在等待人们探索呢？得益于带有电压晶体的可以记录和释放压力的手套，触觉的传播正在被掌握。但是气味呢？滋味呢？电子嗅觉传播和电子味觉传播的滞后令美食家们着实不甘。

嗅觉刺激

嗅觉和味觉来自于香味分子或者味道分子与位于鼻子和嘴巴的受

体细胞之间的联系。人们设想了两种远距离传递这种感官的可能性，要么对这些感官引发的大脑电活动进行分析，将这些分析数据远程传送，然后借助电极刺激接收方的大脑：里昂大学的安德烈·霍利（André Holley）和安娜–玛丽·穆利（Anne-Marie Mouly）就是按照这种方法，通过刺激老鼠的嗅球得到了它们的条件反射。

要么，就像针对颜色的做法，可以分析气味或味道分子的混合物，将其人为分解为基础促激素；之后，在接收时，再将基础分子混合，以复制初始的感官。

香味传感器有时被昵称为“人造鼻子”，它们对于这种系统的运用而言——可以达到更远的距离——是非常有用的元件。出于食品加工业的需求，这种传感器已经在一些工厂中确保了针对产品发散出的不稳定成分的客观测评。这里存在着好几种类型。

人工鼻子

在位于国家农业研究所戴克斯所，让–路易·贝尔达格（Jean-Louis Berdagué）和同事们使用了一种质谱测定系统，这种系统可以分析样本中不稳定成分的整体情况。这些样本在一个加热过的安瓿瓶中受热解体；烟雾分子被分割和电离，进入到质谱测定仪中：电场或磁场使这些荷电的碎片发生了与它们的质量和带电量成比例的偏移。戴克斯的研究人员们在分析仪中得到了受测物的记号。最后颇有成果：根据这些记号，分析仪定位来自于法国海岸的牡蛎的来源（哪一位美食家能做到这一点呢？）。

另一种方法是使用可以吸附挥发性化合物的有涂层的半导体：有涂层的半导体的电阻，会随着挥发性化合物短暂而可转移的吸附作用而减小。如何使用这种探测器呢？在法国农业研究所第戎分所的实验室里，帕特里克·米耶勒（Patrick Mielle）和他的同事们对由陶瓷基质构成的探测器进行了研究。探测器被电阻加热，上面放置了一个半导体，比如氧化锡，表面涂上了氧化锌、氧化铁、氧化镍或者氧化钴。根据涂料的不同，探测器在吸附分子时产生了不同的反应：挥发性化合物在通过探测网时产生了一种记号，人们对这个记号进行了处理。

这种网络的运用仍然很困难。首先，由于不同探测器的信号会随着时间缓慢地发生改变，第戎的研究人员们使用了一种快速转移分子的样本，在探测器网络开始投入使用之前来对其进行检定和分析。另一方面，人们观察到探测器根据温度的不同会产生截然不同的反应：这种需要在校准中被掌握的特性，是一个优点，因为在不同温度下进行的不同测量可以得到同一个探测器的不同反应；这样就可以人为地增加了使用的探测器的数量。

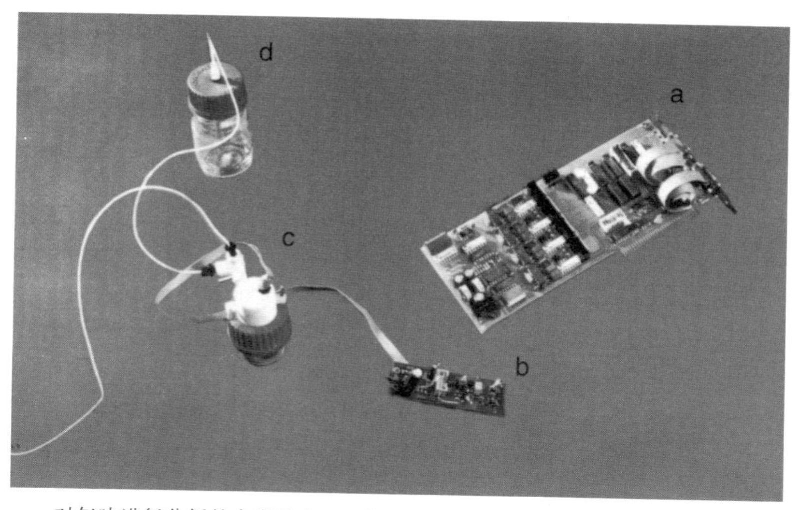

对气味进行分析的全套设备：一个获取数据的电路板（a），一个装置着探测器的卡片（b），一个测量原件（c）和一个样本元件（d）。

最后，由于信号的录入和不同混合物中记号的识别需要繁重的数据处理，这使得探测器的数量被限制到低于十几个，米耶勒和他的同事们提出，在样本被注入到测量元件中后，在不同时间对信号进行记录：试验点的数量就会增长很多。

今天，测量元件收集了 80% 的气体相位的分子，而由六个探测器组成的受测网络在四种温度之下进行着测量，可以在十几秒之内对不稳定成分进行分析：人类鼻子的优异性不再遥不可及。

Questions

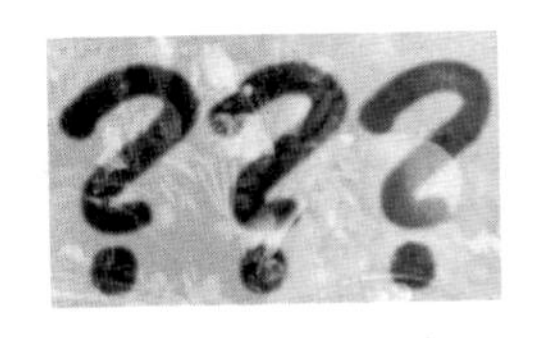

Questions

问题

简单的实验足以解决烹饪中的那些经验之谈吗？

在之前的章节中，我们介绍的经常是一些简单易行的烹饪实验结果。某些问题只能通过细致的分析才能解决，但是其他一些问题是有简单装备的实验者也力所能及的：一个精确的天平，一个用来测量温度的带刻度的试管，pH值试纸……我在此罗列一些从过去的或现代的烹饪书中搜集来的问题。在任何情况下，不要马上去看解释：研究原因之前，先确认一下效果。另一方面，优先考虑烹饪时的操作条件，当脱离了当时的背景，给出的指示有可能是错误的。

请尽管把您的实验报告寄给我。

1. 变红的梨：在1838年出版的《巴黎厨师》一书中，大厨贝尔纳·阿尔伯特（Bernard Albert）写道："由于梨很难保持白色，最好能让它们完全变成红色；只需在烹制梨的糖浆中放进一小块薄薄的锡；这块锡可以无限使用，并且对健康不会有任何损害。”一个镀了锡的平底锅可以达到同样的效果，但是如果它曾经作其他用途，需在使用前，去除所有可能粘在表面的残留物。

这个实验并不难做；如果您没有一块薄薄的锡，可以使用锡焊条或者在镀锡的平底锅里料理果泥。大厨并没有给出糖、水和水果的比例，但这些重要吗？您自己作出评判。

2. 在《圣安姬女士的美味料理》中，作者写道，在切准备做成烩串烤野味的禽类时，它们必须是温热的：“如果刚从烤架上拿下来就切，那么它们所有的汤汁就都从肉里流出来了。”这是真的吗，为什么会这样呢？要解释这个现象，我们不要忘记在烹饪时，肉的外部会比内部流失更多的汤汁。正是出于这个原因，厨师们都提倡要将烤肉放置一会儿。同样要注意的是某些厨师建议将烤鸡装盘放置在高处，胸脯朝下，尾部向上，“使汤汁流向最干的肉里。”

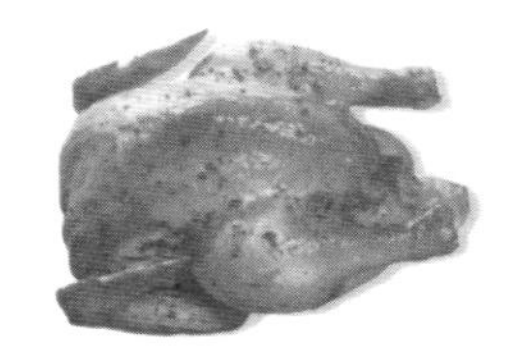

3. 在《最美味，最简单》一书中，巴黎大厨若埃尔·罗比雄（Joêl Robuchon）指出，“要使放入锅里的洋葱变成棕色，不要放盐。”为什么会有这种效果呢？要研究这个现象，可以回想一下，洋葱是由包含了水的分子构成的。通过渗透，接近洋葱分子的盐的晶体会引起细胞内部含有的水分的流出。在研究这个问题之前，我们建议您在未加烹饪的洋葱上测试一下盐对它产生的效果。我们会观察到什么呢？

4. 还是圣安娅女士，她写道："在摊鸡蛋饼上加入的牛奶必须是生的；如果是煮沸的牛奶，它很难和鸡蛋混合在一起。"要解释这个现象，如果您确认过了这个效果，想一下牛奶是由多种盐，一种糖——乳糖，和可溶解的蛋白质构成的溶液；在其中分散着脂肪液滴和叫作酪蛋白的蛋白质分子团。摊鸡蛋饼是用鸡蛋做的，也就是说是一种蛋白质的水质溶液。

5. 据说，把生菜叶子浸没在加了少许糖的水里，会变得更脆。这个说法确切吗？其他的说法提到，把生菜叶子泡在冰水里会使它变得更脆。哪一种方法更好呢？要解释这个，我们可以想一下生菜是由包含有水和不同盐分的分子构成的，会发生渗透作用。

补充问题：一种日本的说法是生菜叶子遇到盐会干瘪。如果把盐覆盖在非常干枯的生菜叶子上，您会观察到什么？为什么呢？

6. 一种家庭实验或朋友们一起做的实验：据说如果在一份过咸的汤里放进一个削了皮的用水煮过的土豆，可以予以挽救。这有效吗？

要进行这个实验，身边需要有几个品尝者，来进行"三角"实验。我们发给每个品尝者三个碗，其中两个碗是相同的。我们随机决定哪一只碗里或另外两只碗里放什么样的汤：过咸的汤，和浸泡了土豆的过咸的汤。尽可以将不同的三件一套的组合发给同一个人：通过记录他们的回答的一致性，来确定品尝者的可信度。

我有许许多多此类问题。有什么食品或者菜品是您特别感兴趣的吗？不要犹豫，来向我咨询有关它的料理方法吧（Hervé This, Collège de Frane, 11, place Marcelin Berthelot , 75005 Paris ; 邮箱 :hthis@paris.inra.fr）; 然后我们将对实验结果进行比较。

Glossaire

专业用语汇编

为什么要有一个专业用语汇编来定义“黄油”、“蛋白”、“醋”、“乳”、“焦糖”、“巧克力”等等?

我来用一个趣闻回答这个恰如其分的问题吧。荷兰物理学家利奥·西拉德(Leo Szilard)经营着一份报纸。一天,他的朋友汉斯·贝特见到他,问他说:

“你为什么要经营一份报纸呢?”

“因为我想要上帝了解事实。”

“但是你不觉得他已经了解事实了吗?”

“没错,但是我想要他了解我的版本的事实。”

到这里,您就明白了,我想要给您我的关于食物、分子或者参与到烹饪中的化学反应的理解。

最后补充一点,我明白任何定义都是危险的,所以我给出的更多的是有关词汇的一些想法，而非严格的定义。

酸性物：从感官出发，举个例子，当一种食物给人一种类似于醋或者柠檬汁所带来的感觉，它在嘴里是酸的。酸性是借助于试纸条或者连接在一个测量电站的电极，由 pH 值为单位来衡量的。是的，由于扁豆更适于在碱性介质而不是酸性介质中烹饪，让我们用碳酸氢盐来调整烹饪用水的 pH 值，烹饪完成后，用醋来进行中和，避免碳酸氢盐轻微的肥皂味。

冰醋酸：一种存在于醋中的酸性物。但它不是唯一的一种！醋的味道还得益于苹果酸，甲酸，酒石酸等等。由酒到醋的主要变化是氧化作用，它在微生物醋化醋杆菌、酒中含有的乙醇或说酒精的作用下形成了冰醋酸。

抗坏血酸：又名维生素 C。我们可以发现它大量存在于柠檬汁中（每 100 毫克有 37 毫克），它保证了其抗氧化的特性。

乳酸：基于乳中的乳糖，乳酸菌会繁殖出乳酸。人们将食物富有特色的酸性——比如腌酸菜——归功于乳酸。

氨基酸：它是蛋白质的基石。在烹饪中，存在着二十多种氨基酸。

肌纤蛋白：一种烹饪中重要的蛋白质，因为它在肉类和鱼类中含量丰富；它位于肌纤维狭长的细胞内部，是肌肉收缩的两个重要功臣之一，另一个是肌球蛋白。

蛋白：旧词，在烹饪书用来指代近似于今天我们所说的蛋白质。现在我们在一些蛋白质的名字中保留这个词，例如卵清蛋白，或者蛋清白蛋白。

苦：这个宽泛的词指示的是一种由味蕾带来的感受。为什么宽泛呢？首先因为我们每个人对于味道的感受不同，并且更糟的是，我们并不了解菜肴的味道。事实上，当一种食物吃到嘴里，它会释放出挥发性分子——它通过鼻腔来到鼻子——和给人刺激感的分子，而嘴巴里力和热的传感器感应到的是结构和温度。总的来说，我们有一种称之为味觉的感官，但是没有人能孤立地看待味道。对苦味的最近一次冲击是在2001年，电生理学家揭示，感受到奎宁的味蕾细胞和感受到苯甲地那铵（另一种苦味的分子）的味蕾细胞是不同的。苦味不止一种，而是有好几种！

淀粉：当我们用水揉和面粉的时候，会得到一块面团。如果我们在细的水流下揉面团，就会出现白色的粉状物：这就是淀粉，一种由小的白色颗粒组成的物质。我们也可以在土豆和其他淀粉性食物中发现它。

支链淀粉：淀粉颗粒主要由两种分子构成：直链淀粉和支链淀粉。

直链淀粉：直链淀粉是一种葡萄糖聚合物：直链淀粉分子是由大量完全相同的亚基和葡萄糖分子的连接形成的。

芳香：一种放入口中的食物释放出的挥发性分子，它们通过鼻腔上升到鼻子里。由嗅觉传感器带来的感觉就是芳香。

阿斯巴甜：一种由两个氨基酸连接形成的糖精：L-天冬氨酸和L-苯丙氨酸甲。

涩：用来指示一种与唾液蛋白相结合并使去除了其润滑性的分子，它会带来一种干燥、发紧的口感。大量的多酚是涩的，因为它们的羟（-OH）会与蛋白质结合在一起。

自动氧化：脂肪腐臭时发生的主要的化学反应。由于自身激活性，这种反应非常迅速。

碱性物：当人们将它描述为酸性物的反义词时，语言纯洁主义者会大惊小怪。不过这样描述它是最简单的。而学究们并不能保证明确性：当我写道，酸性物释放质子，而碱性物会接受它，除了已经知道原理的人，谁会理解这句话的意思呢？

黄油：初级层面来说，是由15%的水分子和三酸甘油酯分子（脂肪中的）构成的。它是一种乳化液，因为水以被酪蛋白包裹的液滴的形式扩散在脂肪液滴中。

碳酸氢钠：碳酸氢盐，还被叫作碳酸氢钠，或者小苏打，是一种在烹饪中非常有用的碱性物，因为它使扁豆变软，或加快蔬菜的烹饪速度。

蛋白：这是一种透明的黄色的（不是白色的！）液体，其质地黏度不均。仔细观察，我们还能看到一些白色的捻状物和一些气泡。当把它加热时，它会从62℃开始固化，变得不透明，呈白色。初级层面来说，它是由90%的水和10%的蛋白质构成的。近一步在显微镜下观察，它包含着不同类型的蛋白质：卵清蛋白（蛋白中58%的蛋白质成分），卵转铁蛋白（13%），卵类黏蛋白（11%），溶菌酶（3.5%），卵球蛋白（8%）……等等。凝结作用开始于62℃，因为在这个温度下，卵转铁蛋白发生变性，并形成了一个很脆弱的白色的几乎半透明的网，很难将拦截在上面的液体固定住。

棕褐化：被高温加热的肉类会变成棕褐色，放在空气中的切开的苹果也会发生同样的现象。这种棕褐化现象有多种成因：由多酚氧化酶引起的氧化反应和酶促反应、美拉德反应热降解反应，等等。

钙：这种化学元素在食物中不是呈中性的，而是电离形式的：它失去了两个电子。这种二价体使它的离子变得很有意思，尤其因为它可以同时和两个果胶分子相结合。出于这个原因，它会使蔬菜和果酱变硬。所以它既没有益又没有害；把它变为帮手，或者相反，抵制它的存在，完全取决于厨师怎么做。尤其要知道我们可以很容易地用柠檬酸盐离子来拦截它。

焦糖：一种传统上由餐桌上的糖，或者叫蔗糖的热降解反应得到的美味的棕色产品。根据制作方法的不同，人们可以得到不同的焦糖：在酸性介质或碱性介质中，糖生成的焦糖不同。而其他的糖，比如葡萄糖或者果糖，也会生成各具特色的焦糖。

糖焦化：在烹饪中，人们不加区别地用糖焦化来指代肉类的棕褐化或者糖的热降解。然而在这两种情况中，发生的化学反应是截然不同的：如果烹饪想要真正地进步，是时候改变这种模棱两可的语言了。猫不是狗，只有拙劣的生物学家才会把他们混淆起来。

酪蛋白：存在于乳中的蛋白质，它们在其中被磷酸钙固定在一起成为一种聚合体，一种胶体分子团。

细胞：初级层面来说，这是一个装满了水的小袋子。细胞壁主要是一个双层磷脂膜。进一步来看，细胞含有大量有意义的分子：蛋白质，糖，脂类，等等。不要忘了脱氧核糖核酸，或者叫DNA，它使这些袋子成为一个充满活力的整体！

热量：一种借由温度来测定的能量形式。严格来讲，诸如"热量蔓延到了烤肉内部"的说法是错误的。更确切地讲，烤肉的每一个部位的温度都在烹饪过程中上升。或者更进一步讲，在烤肉中，分子的震荡是伴随着在环形上更占优势的平均震荡而增强的。

叶绿素：赋予绿色植物以绿色的分子。这些分子的中心有一个镁原子，在酸性介质中进行烹饪时，它可以被氢离子置换。这种镁被氢替换的过程伴随着颜色的改变：食物从绿色变成了棕色。

化学：核心学科，因为是它使我们生存。另外它使我们在两种意义下生存：其一，我们的器官只有依靠化学反应协调为一个整体才能运转；另外，烹饪是一种制作供我们消耗的食物的化学。某些人试图将化学定义为物质的转化的科学，但是他们言过其实了：很多生物现象（进食行为）和很多粒子物理现象（粒子的湮没现象和它的反粒子）是物质的转化（在第一种情况中，食物被分割；在第二种情况中，物质转化成了能量），但化学并没有参与其中。不，如果说化学创造了它的对象，那么也可以说化学管辖的是原子的群体，它在其中审查着重组织的过程。

巧克力：初级层面来说，这是一种脂肪（每100毫克食用巧克力含有30毫克脂肪）和糖（每100毫克含有60毫克糖）。这种冷冰冰的表述忘记了巧克力具有出色的“刺激感官”的特质和毫不逊色的物理特性。例如，它所含有的脂肪物质非常特别，它融于口（37℃）而不融于手（34℃）。人们曾经愿意容忍在巧克力中添加矿物脂肪物，但今后只有在销售商明确标示真正的巧克力和添加了非可可油的脂肪物质的区别时，人们才准许作坊和工业能够发展商业连锁，才给予其消费者的尊重。这只是个人意见！

澄清：一种在肉汤里加入蛋白然后加热的烹饪操作（人们也澄清葡萄酒，但这里我们更多地涉及烹饪）：蛋白将弄浑了汤的粒子紧箍在一起，使得之后的过滤会得到一份（比较）清澈的肉汤。

凝结：转化作用，其中最典型的一种烹饪是将蛋白（透明的黄色的液体）转化为熟了的蛋白（白色不透明的固体）的转化过程。怎么能够忍受吃熟鸡蛋却不知道这种近乎奇迹的原理呢？

胶原：在肉类中，叫作肌纤维的分子是被一种纤维组织所包裹的，这种纤维组织就是胶原。它由三个相互缠绕的蛋白质构成，呈三螺旋的形状，三螺旋结构接着会结合在一起，有点像（不是非常像）纸浆纤维的结合方式。当人们烹制一块肉的时候，热扰动会传到胶原蛋白之间的连接端，使之成为溶液（冷却时肉汤会凝结，因为蛋白质重新连接了）。

芳香化合物：具有挥发性的分子，这种挥发性足以传达到鼻子里位于嗅觉细胞表面叫作蛋白质感受器的分子。只有挥发性是不够的：一种分子只有在与这些感受器之一结合在一起，引起了嗅觉细胞的兴奋，向大脑示意检测到了一种香味（或者气味）时，才具有芳香性。

滋味化合物：食物中的某些分子在水中溶解，然后与味蕾细胞表面的味觉感受器发生结合，引起这些细胞的兴奋，向大脑示意检测到了一种味道。这个术语是模糊的，因为食物的口味来自于消耗食物时整体的感受：嗅觉，对味道、结构、温度的检测，等等。我们最好将位于味蕾的"滋味"细胞带有的"滋味"感受器对滋味分子进行的检测命名为"品味"。

浓缩（浓度）：这是一种现象和一种度量单位。现象是指空间上和时间上的整体的集合。比如，在体育场有比赛的时候观众会会集在一起。很显然，分子也可以浓缩在一起。比如，在小茴香中含有大量的茴香醛分子。浓度可以用来衡量这种效果。在烹饪中，举例来说，浓缩可以指代烤牛肉的烹饪过程。奇怪的命名：汤汁从肉里流出来，而不是浓缩在一起；芳香分子和滋味分子在化学反应的作用下只形成在肉的表面，并不会在肉的内部发生流动；而烤肉内部的温度比烤炉的温度要低。那这算什么浓缩呢？

传导：在烹饪中，传导主要被认为是热量的传导。换一种说法，食物表面的分子的热扰动和更靠内部的邻近的分子发生交流，而这些邻近的分子本身又扰动着比其更靠近内部的分子，依此类推。正因如此，被烹饪的食物的温度逐渐升高。

果酱：果酱是一种凝胶体：来自于水果的果胶分子在其中联结成一个网状物，这个网状物会拦截水分，糖和多种使水果具有好味道的分子。

对流：一种加快液体中的热量交换的现象，这是由于液体热的部分和凉的部分的浓度存在着差异。一份肉汤凉得很快，因为在表层，和空气发生接触的液体冷却，使得浓度增加；它沉入碗底，而热的液体又上升，然后又冷却，又沉入碗底。相反，一份浓稠的汤汁只在表层冷却得很快，因为它的稠度妨碍了对流。留意一种有趣的菜谱：准备一份加了香料的液体（葡萄酒，热巧克力，等等），您如果将一部分冷的液体装在一个杯子里，然后慢慢地将热的同种液体倒上去，就会造就一种美味出众的感受。由于这种浓度的差异，成层现象将大大延续饮用时间。

英式奶油：作为这些复杂的物理化学机制之一，关于它的研究充分利用了皮埃尔·吉尔和他的学派的物理研究成果（英式奶油是一种悬浮物/乳化液）以及现代化学（蛋白质汇聚为超分子聚合物，如让-玛丽·莱恩研究的那样）。

烹饪：由于其种类繁多，这是一个神奇的现象。蛋白的烹饪不同于塔西堤式鱼的烹饪，也不同于将一条鱼置于数万帕大气压之下的烹饪方式。即使是将范围限制在加热，烹饪也是一种很宽泛的现象。比如，一份烤牛肉即使还是半生不熟的也被认为是烹饪过了；但是半生不熟的肉的温度几乎不高于将肉放在夏天的太阳下面的温度。我的问题是：应该什么时候认为一个食物是烹饪过的呢？

沉淀：化学家们已经掌握的操作之一，如果厨师们打破传统他们可以做得更好。但是谁能担负和前人决裂的责任呢？

煎剂：很古老的化学，而烹饪——甚至是现代烹饪——会区分将材料放在冷水里的浸剂，放在滚开的沸水里的煎剂，和将材料放进滚开的沸水接着很快取出的冲剂。当溶剂是油的时候这种区分就不存在了，因为油在沸腾之前就分解了！

洗除杂质：人们经常用糖或盐对蔬菜、肉类、鱼类进行杂质的洗除，来去除表面的水分，防止食物腐烂。

变性：当蛋白质的形态改变时，它发生了变性作用。

扩散：在烹饪中，分子扩散和光扩散是两种重要的现象。通过光扩散我们才看到白色的牛奶。而将蔬菜或肉类置于盐里进行的杂质洗除，属于水分子的扩散。

沸腾：它不是蒸发。举例来说，一碗长期置于常温，流动的空气中的水，由于水分的蒸发会变空。相反，当烹锅猛烈受热时，水的沸腾伴随着蒸发。适时的问题来了：轻沸的水的温度是多少？

上浆：放入热水中的淀粉颗粒，在发生膨胀的同时，会丢失一些直链淀粉分子。这就是上浆。

乳化液：一种液体颗粒在另一种液体中的扩散，并不溶于前者。蛋黄酱是一种在水中的油性乳化液，而黄油是一种油中的水性乳化液。

酶：保证了其他分子的化学反应的蛋白质。与消耗酶的某些分子相比，酶并不贪婪。

乙醇：一种重要的分子，因为它见于浓度超过10%的酒中，并且酒的香味归功于它。蒸馏的发现——蒸馏可以使烧酒达到更高的浓度——是人类的重要事件。某些动物有一种语言，某些动物有一种表达笑的方式，但是没有一种动物懂得蒸馏！

蒸发：如前所述，它不是沸腾。

香味添加剂：我们所说的是香味添加剂，但是有关滋味的生理学表明这个命名太轻率了。

膨胀：烹饪法上讲煮熟的肉在烹饪时发生了膨胀。然而，煮熟的肉并没有涨大；相反，它收缩了，正是因为肉汁注入到了周围的液体中，引起了肉的收缩。

提取：烹饪时会提取各种食物中的芳香分子或者滋味分子。然而，有时烹饪法会把菜肴的优质错安在提取过程的头上。例如，肉汤的味道归功于肉类中的衍生分子之间发生的化学反应：与之前所说的相反，肉汤的烹制并不是一种"提取烹饪"。

含淀粉物质：含有淀粉的食物。一个很简单的试验就能检测到它，在上面点上碘酒：就形成了一个棕色转为蓝色的斑点。

肌纤维：它们是构成了肉类的狭长细胞（可以达到20厘米的长度）。

香味：一个我讨厌的词，因为它毫无意义。我解释一下：香味应该是一种混合了嗅觉和"滋味"（对香味的检测）的感觉。然而在对味道的整体感觉中，没有人能够把这两种对结构、刺激性或者温度的感觉区分开来……简而言之，香味是不可以被感知的。过去的哲学家们追问一个无人在场的森林中，一棵倒下的树会发出什么声音，同理我也可以问：这种我们无法辨识的香味是什么样的。

果糖：一种我们在某些水果……或者食品杂货店的柜台中可以找到的糖。它具有出众的味道。

凝胶体：一种被联结成网的分子固定住的液体。比如煮熟的蛋白就是一种化学性的凝胶体，因为蛋白质形成了一张持久的网状物。相反，果酱形成的是一种物理性的可逆的凝胶体。

明胶：从肉类中提取的被集为片状或粉状的蛋白质就是明胶。这种分子在热水中会发生扩散；然后当液体冷却下来时，它们的端点会三个三个地汇聚在一起，呈三体螺旋状，形成了一个物理上称之为凝胶体、烹饪中称为胶冻的网状物。

胶冻：见上文。

胶凝：与凝胶体形成相关的现象；一种奇迹，因为一种液体变成了固体！

糖类：旧称为碳水化合物，因为最初被发现的糖类具有一个总的化学式 $Cn(H_2O)n$，水和碳的数量是相同的。然而认为这些分子由水分子和碳原子相连接而形成是错误的。不是的，不同的原子分布不同。整体来说，这种分子有着大量带羟基的化学基团，它们决定了分子的结合能力。我们可以把这些分子称为糖类，就不会有太多谬误了。

葡萄糖：一种很单纯的糖，尤其可以在我们的血液中找到，在其中，它们作为碳氢燃料被运送到组织细胞中。

结块：一种令人不快的构造，典型案例是当我们在水中一下子倒入很多面粉就会得到结块。会形成一堆堆面粉块，其上了浆的周边阻碍了水扩散到干燥的内核。

味觉：是时候承认了，味道是一种品尝时获得的感觉，一种综合的，概括的，来自于嗅觉但同时也来自于视觉的感受，来自于滋味和结构的感受，等等。因此，味蕾不应该被叫作味蕾，因为它只传达了一小部分的感觉。我更建议将其称为滋味蕾，因为他们检测到的是滋味。

油：在烹饪中，它们是几乎全部由三酸甘油酯分子构成的液体。

红外线：由热的物体大量散发出的不可见的射线。人们可以借助温度计，在由三棱镜色散后得到的太阳光谱中，红光的后面，检测到它的存在。

冲剂：茶是一种冲剂。见“煎剂”。

碘：在酒精中的一种溶液存在时，在检测淀粉时很有用。

磁共振成像：利用核磁共振现象可以得到一些图像。然而在医院，核磁共振是一种治疗手段：公众对核磁共振（RMN）的“核”字有种恐惧感，更喜欢说磁共振成像（IRM）。

蛋黄：由一半的水，15%的蛋白质和大量的淀粉组成的出色的物质。有强烈的味道，68℃起会发生变化的出色的结构。

汤汁：谁能有一天有理有据地告诉我，肉的汤汁和汁液之间真正的区别是什么？

库尔蒂：尼科拉斯·库尔蒂（1908—1998）是一名大半职业生涯都在牛津大学任教的物理学家，他在那儿主要发现了核绝热去磁。由于他，我们将那些考察被厨师们付诸实践的化学、物理和生物转化的学科命名为“分子美食”。

乳糖：一种乳中的糖分。它在乳中的存在使人们认为乳是甜的……但尝一下，您可能会发现一种毋宁说是咸的味道。

乳：初级层面来说它是水。然而，它还包含了一些脂肪物质——它们以微小到肉眼看不到的颗粒的形式扩散——和聚集为胶体分子团的蛋白质，它们也同样用显微镜才能看见。

蔬菜：由于坚硬的需要烹饪来软化的细胞壁的存在，蔬菜的分子不同于动物的分子。

酵母菌：酵母菌是一种非常有用的单细胞生物，因为用它们可以做出面包、葡萄酒、啤酒和很多其他菜肴。

脂类：生物化学词典很难给它下定义，因为多种不同种类的分子汇聚在一起。大量可食用脂类是三酸甘油酯或者磷脂。

浸剂：见“煎剂”。

美拉德：1878年2月4日生于蓬穆松，1936年5月12日卒于巴黎，他在南希学习医学和化学。他的医学博士论文研究课题是《关于尿中吲哚酚及其产生的颜色的研究》。他的理学博士论文研究课题使他享有了国际声誉:《丙三醇和糖对 α - 氨基酸的作用》。美拉德在一战时自愿参军,之后他成为了阿尔及尔医学院生物化学和毒理学教授,他的一生都在那里度过,直至在巴黎猝然离世。以他的名字命名的化学反应来自于1912 年科学研究院的一份三页的出版物。

细胞膜:活细胞是以细胞膜为界的,细胞膜是一个双层磷脂结构,在其中分布着多种分子,尤其是蛋白质和糖。

微波:最初被用于雷达中的电磁波。然而工程师们观察到飞过发射器的鸽子被煮熟了,于是他们萌生了制造微波炉的想法。这是唯一一种其原理不被中世纪所认识的烹饪用具。

分子:参见化学专著的现成解释。

谷氨酸单钠:一种亚洲厨师们使用的化合物,因为它能带来一种叫作“鲜味”的出色的味道。

慕斯:一种气泡在液体或固体中的扩散物。一份打成泡沫状的蛋白就是一种慕斯。蛋奶酥同样也是一种慕斯,但是液相是一种悬浮-乳化液。

肌原纤维:肉类是由将肌原纤维封闭起来的分子构成的,肌原纤维保证了肌肉的收缩。

肌红蛋白:一种肌肉蛋白质。它包含了一个铁原子,就像叶绿素包含了一个镁原子一样。

肌球蛋白:和肌纤蛋白一道,是一种对于肌肉收缩至关重要的蛋白质。

神经元:大脑中包含了神经元,它是一种接受神经递质分子形式的信号的细胞。当刺激足够时，神经元“放电”：一种电脉冲传播到它们叫作神经轴突的突起上，并引发包含了神经递质的囊的释放，这将激活其他的神经元。

气味：尤其当我们把鼻子凑到锅上面的时候会有的感觉：加热的食物释放出挥发性分子，它们与鼻子中的嗅觉感受器细胞发生联系。于是人们发明了锅盖，它可以留住热量，这是肯定的，也可以截留住芳香分子。

鸡蛋：从初级层面来看，它是由蛋壳（占鸡蛋总体的10%），蛋白（57%）和蛋黄（33%）组成的。

嗅觉：在菜品上方的空气中，是嗅觉使我们能够检测到被蒸发的，赋予菜肴味道的分子的存在。

肉质香：一个产生于18世纪末左右的错误的概念。人们当时认为，酒精从肉汤里提取出了一种定义明确的“元素”。肉的味道曾被认为是归功于这种肉质香的。为什么这种观点是错误的呢？因为这种酒精提取物是由多种不同的分子构成的。还因为这种“元素”根据肉的种类不同而变化。

渗透作用：一种值得注意的物理化学现象，过去人们通过将猪的膀胱浸到一定量的水中来示范这个现象。人们在猪膀胱中倒入糖水，然后可以观察到膀胱发生了膨胀，因为，由于糖无法从膀胱中流走，是水进入到了其中。这个现象的原理就是不同分子浓度的均匀化趋势。

氧化作用：一种重要的化学反应，但是在烹饪中没有被充分开发。近几年来，某些说法认为肉表面的棕褐化是由于发生了叫作美拉德反应的化学反应。更准确的说法是，美拉德反应同其他的化学反应——例如斯特雷克尔反应或者各种氧化反应一道导致了这种棕褐化。

pH试纸：是时候把它们应用到烹饪中了：不然的话怎么确定酸度呢？

舌乳头：喝一杯牛奶，然后在镜子前伸出舌头。您会看到舌头上一些圆形的区域。这就是舌乳头，有时它们被叫作味蕾，但是我更建议把它们叫做“滋味蕾”，因为它们检测的是滋味，而不是味道。它们由表面带有叫做“感受器”的蛋白质的分子构成。当一个有滋味的分子与这些感受器相互发生作用，分子就被电力激活了，并向大脑传输信号报告它们检测到了滋味分子。味蕾尤其还在应该停止吃东西的时候用来向大脑发出指示。

细胞膜：植物细胞膜是一种多层的出众的结构。在烹饪中，知道它们含有果胶——举例来说，一种保证果酱的形成的复合糖——是很重要的。

面团：对于物理化学来说，面团是一种神奇的物质，因为它很复杂。

果胶酶：某种降解果胶的酶。举例来说，如果您在苹果中加入果胶酶，等其反应片刻，在室温下，您会毫不费力地得到一份苹果汁。

果胶：化学家们说这是一种 D- 半乳糖醛酸聚合物。这是个需要简化的复杂的定义，首先我们会观察到它是一种糖。它的特性归因于羟基（-OH），甲基（-CH3），羧酸基（-COOCH）和甲酯基（-COOCH3）的存在，这些基团位于由分子组成的长链上。羧酸基在烹饪中是很重要的，因为在碱性介质中，它的电荷相互排斥：果胶无法结合在一起。得出的规律就是：要制作的果酱，也就是果胶结合而成的凝胶体，需要使酸性基团被 H+ 离子中和，因此介质要足够酸才可以。

肽：由几个氨基酸链构成的分子。

pH：介质的酸碱度的一种表示方法。pH 的应用范围在 0 至 14 之间。0 到 7 之间的数值代表酸性介质，7 至 14 之间的数值代表碱性介质。

物理：烹饪的基石之一，它并不是指物理粒子或者物理天文学（这个词中没有“美食”一词中那个重要的字母g)，而是称为“软物质”或者“浓缩物的物理性质”的物理性质。乳化液、慕斯、凝胶体都是通过物理和化学的良好合作来进行研究的。

磷脂：我们无法离开这种分子而生存，因为它们同甘油酯一道构成了分隔活细胞的双分子层。它们有一部分是脂类，一部分是含磷酸盐的(一种被氧原子围绕的磷原子)。在实践中，它们的特性归因于带电的部分和含碳氢的部分(只由碳原子和氢原子构成)。

多酚氧化酶：使多酚类型的分子发生氧化的酶，同时形成了醌类物质，这种物质发生反应，生成了棕褐色化合物。切开的置于空气中的苹果变成棕褐色，也是这种酶的作用。

多酚：至少包含有一个苯环(由六个碳原子和与之相连的氢原子组成的六边形)和一些氢基的分子。丹宁是一种多酚，还有很多赋予食物颜色的分子也是多酚物质。

多糖：换一种说法，复合糖。

土豆：同所有其他植物一样是一种分子化合物，土豆的特性在于它的分子中含有小的淀粉颗粒，在烹饪时会上浆。

沉淀作用：阿尔封斯·阿莱说过，水是一种危险的液体，因为只需一滴水就足以使最纯的苦艾酒变浑浊。这种浑浊的原因在于茴香醛的沉淀，茴香醛是一种苦艾酒的化合物。几个世纪以来一直被化学家们研究的沉淀作用，被厨师们利用得更好。

凝乳素：小牛皱胃酶提取物，它用于某些以牛奶为原料的奶酪的制作：酪蛋白胶束在凝乳素的作用下发生化学变化之后，不再相互排斥，而是聚合为拦截脂肪物质的凝胶体。

蛋白酶：降解蛋白质的酶。举例来说，新鲜的菠萝含有菠萝蛋白酶，木瓜含有木瓜蛋白酶，无花果含有无花果蛋白酶……这些酶阻止了菠萝凝胶体，木瓜凝胶体或者无花果凝胶体的形成（形成明胶）。

蛋白质：一些氨基酸链。

腐臭：脂肪在空气中产生的转变。

美拉德反应：它开始于糖和氨基酸之间的反应，但接下来很复杂，关于它的专门描述就得写好几章。简单来说，一旦在起始阶段形成了阿马杜里化合物或者海因氏化合物（根据反应物糖的性质而不同），就会按照几种并行的线路开始反应，生成棕褐色化合物，多见于高温烹饪的肉类的表面。

斯特雷克尔反应：氨基酸在羰基化合物（和 -C=O 基团）的参与下发生反应：这就是斯特雷克尔降解反应。这种反应在烹饪中经常发生，因为美拉德反应是羰基化合物的源头。

感受器：在食物的物理化学中，它指的不是电话听筒，而是在细胞表面的蛋白质，和细胞环境中的化合物在微力作用下发生反应，并引发了多种生理反应：检测到一种味道，一种滋味，等等。

回味：食物在口中时，它会被微微加热并释放出挥发性分子，它们经由鼻腔上升，从口的后部来到鼻子里，在这里它们会被嗅觉感受器检测到。

核磁共振：一种使我们了解分子构造的非破坏性方法。人们为了这个目的利用了某些原子核的磁性和无线电波。这个过程没有放射性。参见（核）磁共振成像。

蔗糖：餐桌上用的糖，它的分子是由葡萄糖和果糖构成的。蔗糖是典型的糖类分子，但还有其他很多糖类存在。

咸：一种盐带来的感觉，其他化合物也会给人咸的感觉。

品味：法语应该采用这个词，它比“味觉”更精确。如果味道的生理学在进步，那我们就应该享受它的成果。这和我们摒弃了比如燃素或热值这种错误的概念是同一个道理，我们应该采用滋味感，不是吗？

调味汁：搭配菜肴的出色的物理化学物质。传统意义来看，它比它搭配的肉类和蔬菜更“软”，而它们的稠度要高于水的稠度。对调味汁的流变特性的掌握，是烹饪的重要课题之一。

味道：人们长久以来认为只存在四种味道（咸、甜、酸、苦），但是神经生理学的最新研究表明，谷氨酸钠——举例来说——具有一种特有的味道，并且多种苦味的分子刺激着味蕾的不同细胞。

盐：氯化钠。它的味道是咸的，但是如果盐没有提纯，它会包含其他的带有苦味的盐分。

蛋奶酥：一种膨胀的慕斯，它的膨胀并不是由于气泡在炉子里受热膨胀，而是因为一部分水分蒸发了。

糖：糖的种类很多。某些糖是小分子：葡萄糖、果糖、乳糖……其他一些是大分子：纤维素、果胶……

甜：餐桌上的糖带给人的味道，但其他糖类也会给人甜的感觉。然而，不同种类的糖给人的感受不同。

悬浮物：由固体粒子在液体中的扩散而形成的物理化学机制。例如，中国的墨就是一种悬浮物……英国调味汁也是，其中鸡蛋的蛋白质聚集物悬浮在由牛奶提供的水中。

丹宁：人们从多种植物原料中提取丹宁，比如木头，它们具有络合蛋白质或者铁的特性。一片浸在浓茶（一种含有丹宁的溶液）里的（蛋白质）明胶引发了浑浊现象，就是由于上面所说的络合。

表面活性物质：在脂肪污垢的表面，肥皂会提供表面活性分子，它们将污垢包裹起来，将它们从脏衣物上去除。不溶于水的脂肪颗粒被表面活性分子这样包裹着，会扩散在水中。冲洗一下，就会带走脂肪和表面活性物质，衣物就变干净了。在烹饪中，同一种类型的分子会包裹住人们想要加入水中的油的颗粒，从而形成了乳化液。

三酸甘油酯：与三个脂肪酸相连接的甘油。这种三齿梳子形状的分子包含食用脂肪成分。当然，梳子齿——脂肪酸——是多种多样的：它们具有不同的长度，某一些有着由双链联结的碳原子。这种“不饱和性”决定了核聚变的特性和营养特性。

香草醛：一种大量存在于香草中的出众的分子。当人们陈酿橡木桶里的酒时，也会生成香草醛：乙醇与木头的木质素发生反应，最终生成了香草醛。这也是为什么某些陈酒会有香草的味道。

肉类：从初级层面来看，它是一大堆狭长的袋子，肌纤维。在这些袋子里，从初级层面来看，有水和蛋白质，就像在蛋白中的情形一样。在肌纤维的周围，一种支撑组织——胶原——使得蛋白质呈狭长状，而不是球状。这些胶原在被放在水中加热时会溶解。还需要更多地描述烹饪肉类时它的特性吗？

图书在版编目(CIP)数据

分子厨艺：探索美味的科学秘密 /（法）蒂斯著；郭可，傅楚楚译．—北京：商务印书馆，2016（2020.8 重印）
（科学新视野）
ISBN 978－7－100－12069－2

Ⅰ.①分… Ⅱ.①蒂… ②郭… ③傅… Ⅲ.①烹饪理论—少年读物 Ⅳ.① TS972.11－49

中国版本图书馆 CIP 数据核字（2016）第 048847 号

分子厨艺：探索美味的科学秘密

〔法〕埃尔韦·蒂斯 著

郭 可 傅楚楚 译

商 务 印 书 馆 出 版
（北京王府井大街 36 号 邮政编码 100710）
商 务 印 书 馆 发 行
北京艺辉伊航图文有限公司印刷
ISBN 978－7－100－12069－2

2016 年 10 月第 1 版 开本 880×1230 1/32
2020 年 8 月北京第 2 次印刷 印张 13⅝

定价：45.00 元